岩石声发射理论与技术

刘希灵　董陇军　黄麟淇　编著

中南大学出版社
www.csupress.com.cn
·长沙·

图书在版编目（CIP）数据

岩石声发射理论与技术／刘希灵，董陇军，黄麟淇编著. —长沙：中南大学出版社，2023.5

ISBN 978-7-5487-5347-6

Ⅰ. ①岩… Ⅱ. ①刘… ②董… ③黄… Ⅲ. ①声发射技术－定位－应用－岩石力学－研究 Ⅳ. ①TU45

中国国家版本馆 CIP 数据核字（2023）第 076890 号

岩石声发射理论与技术
YANSHI SHENGFASHE LILUN YU JISHU

刘希灵　董陇军　黄麟淇　编著

□出 版 人	吴湘华
□责任编辑	伍华进
□责任印制	李月腾
□出版发行	中南大学出版社
	社址：长沙市麓山南路　　　邮编：410083
	发行科电话：0731-88876770　　传真：0731-88710482
□印　　装	长沙印通印刷有限公司

□开　　本　787 mm×1092 mm　1/16　□印张 12　□字数 323 千字
□互联网+图书　二维码内容　图片 7 张
□版　　次　2023 年 5 月第 1 版　　□印次 2023 年 5 月第 1 次印刷
□书　　号　ISBN 978-7-5487-5347-6
□定　　价　48.00 元

前　言

具有现代意义的声发射技术在我国乃至世界的历史轨迹中发展并不久远，然而就是这半个多世纪的研究和实践，声发射技术业已成为一种较为成熟的无损检测手段，开始逐渐应用于机械制造、航空航天、石油化工、基础工程建设、电力、交通运输、材料测试以及医学等领域，并以检测过程简便快捷、检测结果准确和对检测环境要求低等综合优势，成为无损检测的重要方法。

在岩土工程领域，由于诸多岩体工程灾害的发生(如顶板垮塌、岩爆、岩质边坡失稳等)均与岩石破裂失稳有关，深入研究岩石破裂失稳的过程对认识此类灾害的产生机制、预防此类灾害的发生有着重要的意义。而声发射技术以及基于声发射技术和地震理论发展起来的区域岩体微震监测技术不仅是岩体破裂失稳过程研究的重要手段，也是岩体工程稳定性安全监测及预警的有效方案。就目前来说，岩石声发射理论与技术的应用主要包括三个方面：在室内岩石力学试验中，利用声发射技术监测岩石在加载各阶段释放的弹性波，了解岩石受力后裂纹孕育、萌生、扩展、成核的特征，深入认识岩石从微裂纹发展至宏观破坏的过程，为岩石力学研究提供重要的补充；岩石声发射理论与技术应用于对现场局域岩体的稳定性监测，特别是针对地下岩体工程(地下储存库、采场、隧道等)，监测局部围岩的稳定性，构建作业面安全预警系统，为施工人员和设备提供有效的安全保障；通过可控的室内岩石加载试验，模拟地震的发生过程，借助地震学理论和方法，利用声发射技术类比研究地震序列和震源机制问题，深化对地震发生机理和前兆特征的认识，这也是岩石声发射研究的终极目标。

作者在多年的岩石声发射研究和教学中发现，和岩石声发射理论与技术相关的科研论文数量呈现明显的增长趋势，配置声发射试验设备的高校及研究院所也在逐年增多，在各种岩石力学试验研究中，声发射技术已经成为重要的研究手段。从到企业中工作的学生和现场工作人员的反馈来看，声发射技术在工程实践中逐渐被普及，已成为岩体工程安全监测及安全预警系统的重要组成部分。因此，对于岩土工程、矿业工程、安全工程和地球物理等行业领域的研究和从业人员而言，掌握并利用好岩石声发射理论与技术，可以丰富和提高其对岩石力学及工程岩体稳定性监测的认识，进一步促进声发射技术在岩体工程灾害防治中的应用。

　　全书综合了已有的经典研究成果和作者在长期从事岩石声发射研究及教学过程中的一些认识和经验。其中，第 1 章简明扼要地综述了岩石声发射的起源、发展历程和研究现状，以及其在岩石力学试验研究、岩体稳定性监测和地震领域的重要作用；由于岩石声发射信号的分析离不开对岩石力学特性和弹性波传播特性的认识，因此第 2 章介绍了岩石的基本物理力学特征和断裂力学相关知识，第 3 章则介绍了弹性波的传播理论和传播特性；第 4 章介绍了声发射采集设备和传感器的结构与作用，以及在试验过程中声发射系统采集参数的设置方法；第 5 章较全面地介绍了声发射信号分析中常用的各种特征参数；第 6 章就震源定位进行了介绍，给出了几种典型的定位方法及算法；第 7 章简述了震源运动学和震源机制，并介绍了用于岩石声发射震源机制分析的方法；第 8 章具体介绍了几种常见的岩石声发射试验的操作方法及信号的基本特征，并给出了不同试验中建议的声发射采集系统参数设置方案；第 9 章则列举了声发射技术在典型岩体工程稳定性监测中的应用实例。

　　本书是作者对岩石声发射研究中涉及的成熟的理论和方法的总结，对不同的读者而言，书中的部分内容并不全面，加之作者的精力和水平有限，难免会遗漏一些研究成果，这就需要读者根据自身的研究方向查阅相应的文献。书中存在的不当之处，欢迎广大读者批评指正。

作　者

2023 年 3 月

目　录

第1章　岩石声发射现象及发展历程 ································· （1）

1.1　岩石声发射现象 ··· （1）

1.2　声发射、微震、地震的区别和联系 ····························· （3）

1.3　岩石声发射技术的发展历程和研究现状 ························ （4）

　　1.3.1　岩石声发射技术的起源与发展 ························· （4）

　　1.3.2　岩石声发射技术的研究现状 ··························· （5）

1.4　声发射技术的应用 ·· （10）

　　1.4.1　地应力测量 ···································· （10）

　　1.4.2　岩体稳定性监测 ·································· （11）

　　1.4.3　声发射技术在其他岩土工程领域的应用 ··············· （14）

　　1.4.4　声发射技术在其他工业领域的应用 ·················· （14）

参考文献 ·· （15）

第2章　岩石的物理力学特性及断裂理论 ··························· （17）

2.1　岩石物理力学基础 ·· （17）

　　2.1.1　岩石的物理性质 ·································· （17）

　　2.1.2　岩石的力学性质 ·································· （23）

　　2.1.3　岩石力学试验方法 ································ （32）

2.2　岩石断裂力学基础 ·· （41）

　　2.2.1　岩石破坏的基本形式 ······························ （42）

　　2.2.2　裂纹扩展特性及断裂韧度 ·························· （43）

　　2.2.3　岩石断口形貌特征 ································ （46）

　　2.2.4　岩石断裂力学试验方法 ···························· （49）

参考文献 ·· (51)

第3章 弹性波在固体中的传播 ·· (52)

3.1 弹性波的类型及传播理论 ·· (52)

3.1.1 弹性波的类型 ·· (52)

3.1.2 弹性波的运动方程 ·· (54)

3.1.3 波动方程的解 ·· (61)

3.2 弹性波的传播特性 ·· (63)

3.2.1 弹性波的反射透射与折射 ·· (63)

3.2.2 弹性波的波速 ·· (69)

3.2.3 弹性波的衰减 ·· (72)

参考文献 ·· (76)

第4章 声发射采集设备及传感器 ·· (78)

4.1 声发射采集设备的构成 ·· (78)

4.2 传感器和系统响应 ·· (79)

4.2.1 压电传感器的构成 ·· (79)

4.2.2 格林函数(校准) ·· (80)

4.2.3 压电传感器的幅频特性及标定 ·· (81)

4.2.4 响应特性 ··· (86)

4.2.5 其他类型传感器 ·· (88)

4.3 采集参数设置 ··· (89)

4.3.1 采集通道参数设置 ·· (89)

4.3.2 撞击定义参数设置 ·· (91)

参考文献 ·· (93)

第5章 声发射信号特征参数分析 ·· (94)

5.1 声发射信号波形特征 ··· (94)

5.2 撞击驱动的声发射信号特征参数 ··· (95)

5.2.1 时域特征参数 ·· (95)

5.2.2 频域特征参数 ·· (97)

5.3 Kaiser 效应和 Felicity 效应 ·· (100)

5.4 声发射信号特殊参数分析 ·· (101)

　　5.4.1 声发射信号 *RA-AF* 值分布 ·································· (101)

　　5.4.2 声发射信号 *b* 值 ·· (102)

　　5.4.3 声发射信号 *Ib* 值 ··· (107)

　　5.4.4 声发射信号 *S* 值 ·· (107)

参考文献 ··· (109)

第6章 声发射源定位 ·· (111)

6.1 震源定位的历史及方法 ·· (111)

6.2 基于到时的定位方法 ·· (112)

　　6.2.1 P 波到时拾取方法 ··· (112)

　　6.2.2 P 波速度测定 ·· (115)

　　6.2.3 基于到时的定位算法 ······································ (116)

　　6.2.4 基于到时差的定位算法 ···································· (117)

　　6.2.5 其他定位算法 ·· (118)

6.3 基于波形互相关技术的定位方法 ·································· (120)

6.4 定位结果的验证 ·· (121)

6.5 震源定位精度的影响因素 ··· (122)

参考文献 ··· (123)

第7章 震源机制 ·· (126)

7.1 震源表述 ··· (126)

7.2 震源运动学 ·· (127)

　　7.2.1 近场震源运动学 ··· (128)

　　7.2.2 远场震源运动学 ··· (129)

7.3 地震波频谱参数 ·· (132)

　　7.3.1 低频渐近线 ·· (132)

　　7.3.2 拐角频率和高频渐进线的幂 ······························ (132)

7.4 圆形裂纹扩展运动方程模型 ······································· (133)

7.5 震源机制 ··· (135)

　　7.5.1 震源定标律 ·· (135)

　　7.5.2 基于矩张量反演的震源机制解 ···························· (139)

7.5.3 基于 P 波初动极性的声发射震源机制分析 ……………………… (146)

参考文献 …………………………………………………………………… (146)

第 8 章 岩石声发射的室内试验研究 ………………………………… (148)

8.1 静载下岩石声发射试验研究 ………………………………………… (148)

8.1.1 单轴压缩岩石声发射试验 …………………………………… (148)

8.1.2 劈裂荷载下岩石的声发射试验 ……………………………… (151)

8.1.3 围压作用下岩石的声发射试验 ……………………………… (154)

8.2 冲击荷载下岩石声发射试验研究 …………………………………… (157)

参考文献 …………………………………………………………………… (159)

第 9 章 声发射技术在典型岩体工程稳定性监测中的应用 ………… (161)

9.1 声发射监测系统的构成及发展历程 ………………………………… (161)

9.2 声发射技术在岩体工程稳定性监测中的应用 ……………………… (163)

9.2.1 花岗岩体中开挖隧道的声发射监测 ………………………… (166)

9.2.2 盐岩地下储存库的声发射监测 ……………………………… (168)

9.2.3 露天开采台阶面下伏空区顶板的声发射监测 ……………… (169)

9.2.4 水力压裂试验中的声发射监测 ……………………………… (174)

9.2.5 岩体滑坡的声发射监测 ……………………………………… (178)

9.2.6 金矿的声发射监测 …………………………………………… (180)

参考文献 …………………………………………………………………… (182)

第1章 岩石声发射现象及发展历程

声发射技术的兴起可以追溯到 20 世纪中叶，德国人 Kaiser 在《关于测定金属材料拉伸时所产生噪声的认识和结论》一文中系统地阐述了金属材料在力的作用下的声发射现象。此后，美国、法国和日本等国家的各个领域开始逐渐重视对声发射技术的研究。而岩石声发射现象的研究始于 Obert 对美国俄克拉何马州的铅锌矿山微震事件的记载，因为他在地震波监测装置中发现了"伪地震波"，在排除掉设备故障的可能性后认为这是岩石发出的声发射信号，随后 Obert 通过室内岩石力学声发射试验发现岩石声发射信号与矿山内部监测到的"伪地震波"特征相似，于是得出可以通过室内岩石声发射试验类比研究微震事件的结论。至此，人们开始对声发射技术开展大量的研究，研究涉及地质、岩土、采矿、航空、压力容器等诸多领域，声发射技术逐渐成为一项不可或缺的监测手段。

1.1 岩石声发射现象

声发射(acoustic emission，AE)，从字面意思上来看就是声音的放出，为材料变形或者破坏时积蓄起来的应变能在传播过程中释放出声音的现象。这种材料变形或者破坏的声音有飞机引擎的轰鸣声、刹车时车轮与地面或刹车片与车轮的摩擦声、炮弹撞击物体的爆炸声、子弹击针激发底火的撞击声，当然，还有本书研究的岩石材料在高聚能岩体发生岩爆前的"山鸣声"和在超过自身强度极限时的断裂声。因此，岩石材料在外界条件或内部因素的驱动下，由局部应力集中的不稳定高能状态过渡到应力重分布后的稳定低能状态，且以弹性波的形式释放应变能的过程称为岩石声发射现象。

岩石属于典型的较为复杂的固体材料，它与流体(水或气体)弹性介质性能的差异性较大。流体的弹性主要表现在流体的体积和密度发生变化的时候，并且流体中声振动的传播方向与质点的振动方向相同，只有纵波存在。而固体介质在受力变形过程中不但会产生体积变形，还会因为切向弹力而产生剪切变形，因此固体材料中除纵波(压缩波)外还存在横波(剪切波)。纵波和横波以不同的波速在固体介质中传播，在穿过异质面时难免会发生波的反射和折射，其间还会遇到只沿固体表面传播的表面波，声发射传感器采集的信号就是各种波形相互干涉的混合波。我们将释放纵波和横波的部位称为声发射源，虽然声发射的原理较为简单，但是声发射源的种类繁多，特别是对于复杂的非线性岩石材料，存在的声发射源幅度为从小尺度的微观晶间断裂和位错转动到大规模的宏观破坏。下面介绍几种常见声发射源的产生机制。

1）塑性变形

岩石的塑性变形发生在弹性变形之后，时间十分短暂且比弹性变形力学性质更为复杂。岩石在弹性阶段的应力、应变呈简单的线性关系或者可恢复的非线性关系，说明弹性变形并没有改变材料的内部结构和物理力学性质。当荷载突破弹性极限或屈服极限时，岩石进入声发射较为剧烈的塑性变形阶段，该阶段经历着滑移变形、孪生变形和裂纹闭合过程，其中滑移变形又包含着位错运动、滑移带形成和沿滑移面的摩擦活动，而孪生变形又包含着应力感生孪生变形、弹性孪生和孪生带的扩展。

2）断裂

岩石是典型的脆性材料，在发生宏观破裂前只产生很小的变形，然后在破裂时会以瞬态弹性波的形式释放能量。

岩石经过漫长的地质作用，由多种矿物颗粒胶结而成，内部存在大小不同、分布不均的孔洞和节理，因此岩石受载断裂的声发射源要包含两个方面：岩石本身的断裂信号和胶结物中夹杂物的断裂信号。岩石本身的断裂过程最为复杂，首先，在受力初期的压密阶段和线弹性变形阶段，岩石早期存在的孔洞和微裂隙开始闭合并伴随着少许的微裂纹萌生，该阶段的声发射能量较低、现象微弱；接着，岩石进入弹塑性变形阶段后开始出现大规模的裂纹扩展和聚集，声发射信号进入稳定增长阶段，其间包括微观层面上的位错、晶体孪生变形、晶界面移动以及宏观层面上的矿物颗粒、结构面的滑移和分离；不久后，岩石将达到峰值应力阶段，声发射现象最为剧烈，声发射信号激增。

3）相变

相变说最早是关于地震成因的一种假说，认为地球内部岩石在高温高压下会发生体积和密度的变化，对周围岩体快速产生张力和压力，从而形成地震。

近年来，学者们通过室内高温岩石力学试验发现，当花岗岩的温度达到 $500 \sim 600℃$ 时，岩石中的石英晶体会从 α 相转变成 β 相，其晶体结构中的 2 个 Si—O 四面体连接从 150° 拉直成 180°（如图 1-1）。在这过程中石英体积急剧增大 8% 左右，岩石的强度、弹性模量和波速显著降低，渗透率显著提高，声发射信号集群出现。

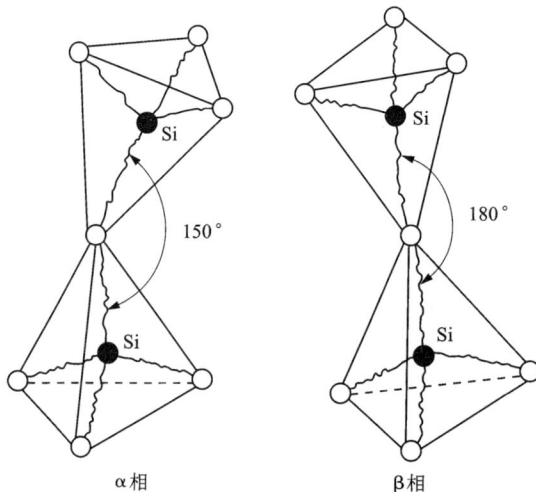

图 1-1　α-β 石英键角变化示意图

1.2　声发射、微震、地震的区别和联系

岩石在受到内部或外部应力作用时会变形并发生破裂，由于其多属于结晶体脆性材料，这些破裂通常来自微观层面上的位错、晶体孪生变形、晶界面移动以及宏观层面上的矿物颗粒、节理、软弱面的滑移和分离，并以弹性波的形式向外辐射能量，这种小尺寸岩样受力后迅速释放弹性波的现象被称为声发射。对于区域岩体来说，其内部的节理裂隙等地质构造在自重应力和构造应力的共同作用下会发生错动或破裂而迅速释放储存的应变能，这种现象称为微震，而更大尺度上的地球内部断层、构造带的错动或破裂释放储存的应变能则会引发地震。

1）区别

受构造应力的作用，地球内部区域板块在构造力的驱动下发生缓慢的错动滑移，板块与板块之间相互挤压且应力相互传递并逐渐积累，当累积的应力达到板块之间的凹凸体或锁固段的强度极限时，板块之间迅速错动并释放出储存的应变能，该过程包含了构造地震的孕育和发生；相较于构造地震，火山下的岩浆在高温高压下沿岩层裂缝和断层逐渐向外蠕动，到达地球表面时挤压地壳，导致地壳变形断裂并释放地震波。微震与地震的触发机制有所不同，微震多与人类工程建筑活动相关，且多发生在矿山开采活动中，比如采空区顶板坍塌、岩爆，以及岩石爆破、水压致裂、开采页岩气、水库蓄水等诱发的局域地质震动都属于微震。而提及岩石中的声发射多为室内小尺寸的力学特性和声发射特性研究，除了荷载作用下岩石内部节理面或软弱面的张拉剪切破坏，更多的是来自位错、晶界面滑移以及矿物颗粒的分离。

可以看出，声发射、微震和地震的区分主要是根据三者触发机制或者破裂尺度的不同。因为声发射一般指的是小尺寸岩样力学试验，所以它的破裂尺度通常在毫米级或者厘米级；地震的触发机制是缘于地壳内部大范围的板块运动和相互挤压，它的破裂尺度通常可达到千米级；而微震的破裂尺度通常介于两者之间。实际上，不管是室内试验的声发射还是工程实践中的微震，或是自然发生的地震，都很难通过人工手段直接测量其破裂的尺度大小，但是研究发现破裂发生时的尺度大小和震源脉冲的持续时间呈正相关，而震源脉冲的持续时间又与弹性波频率高低呈负相关，因此可以得出震源破裂尺度的大小与弹性波频率呈负相关，即岩石破裂尺度越大，弹性波信号频率越低。一般来说，地震信号的频率在几赫兹以下，微震信号的频率在几赫兹到数千赫兹之间，而声发射信号的频率则在几千赫兹到数兆赫兹之间，具体声发射、微震和地震的破裂尺度大小和频率范围如图1-2所示。

2）联系

虽然声发射、微震和地震因为震源尺度的不同产生了其他多方面的差异，但是建立三者之间的联系，从而借鉴三者之间的分析手段，共同促进试验、理论和实践的大发展尤为重要。

从岩石微观层面上结晶体位错分离的小尺度破裂到地球内部断层或构造带滑移碰撞的大尺度破裂，都是岩石在力的作用下发生应变，并一边储存应变能一边局部释放应变能，最后达到变形极限后以弹性波的形式突然释放全部应变能的过程，也就是说声发射、微震和地震都是岩石内部应变能释放的外在表现。

不同的岩石破裂尺度

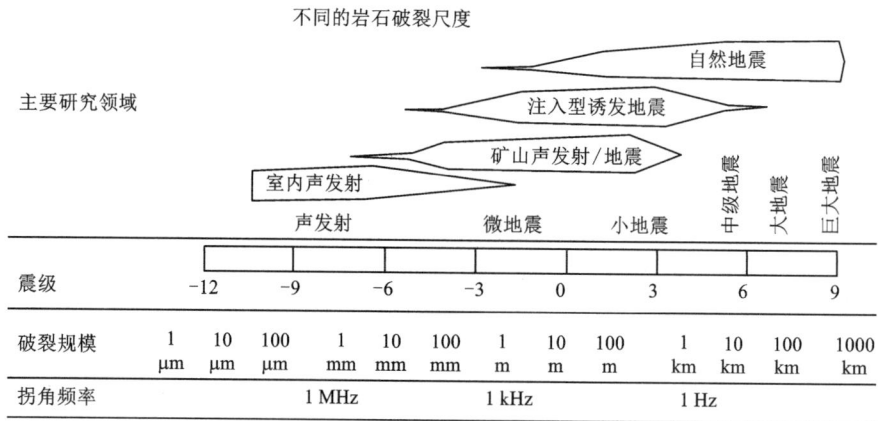

图 1-2　不同尺度岩石破裂主要领域和相关参数示意图

　　进行声发射、微震或地震分析的前提条件都是利用传感器接收从震源传播来的瞬变随机波信号。以压电式传感器（接收器）为例，由于我们无法直接收集弹性波信号，只能利用传感器或者接收器的压电效应记录由应变能转化的电信号，对于声发射、微震和地震，都可以通过压电效应采集每一个弹性波信号。当破裂源以波的形式传递释放的应变能到岩石表面时，传感器或接收器内的压电晶体会在力的作用下发生变形，并在波的激励下沿纵向极化，压电晶体表面产生相应电荷，从而达到波信号持续转化为电信号且便于采集的目的。

1.3　岩石声发射技术的发展历程和研究现状

1.3.1　岩石声发射技术的起源与发展

　　虽然人们所感知的声发射现象可以追溯到数千年前，但是开启材料领域声发射技术研究新纪元的是 Joseph Kaiser 博士的研究。20 世纪 50 年代初，尚在德国做博士研究工作的 Kaiser 通过铜、锌、铝、铅、锡等金属材料的力学试验研究发现其都存在声发射现象，并且得出材料声发射现象的不可逆效应，即材料在达到历史最大应力之前不产生或者很少产生声发射信号，也就是著名的 Kaiser 效应。

　　T. F. Drouillard 分别于 1979 年和 1994 年对有关声发射的研究文献进行了统计，并对声发射技术的发展历史进行了梳理，他指出声发射技术从 1950 年 Joseph Kaiser 的工作开始，发展已近半个世纪。20 世纪 50 年代和 60 年代，研究人员对声发射的基本原理进行了深入的研究，开发了专门的声发射仪器，并表征了许多材料的声发射行为；在 20 世纪 70 年代的 10 年中，声发射作为一种监测动态过程的方法，其独特的能力开始得到认可，不少国家和地区纷纷成立了各种声发射研究组织，研究活动变得更加全面和深入；20 世纪 80 年代，计算机成为声发射数据分析的基本组成部分，声发射技术作为一种无损检测手段在工业上的应用持续增多。

而岩石声发射技术的研究最早可以追溯到 20 世纪 40 年代，Obert 等人开始将微震监测技术应用到矿山稳定性监测中，由于受采集设备简陋和计算机技术发展落后以及经验能力不足的限制，岩石声发射技术并没有取得太大的进步和实质性的应用。从 20 世纪 60 年代 Goodman 在岩石循环压缩声发射试验中也发现 Kaiser 效应开始，人们逐渐重视声发射技术在岩石力学领域的研究与应用。日本的 Mogi、美国的 Schofield 和苏联的一些学者相继开始了声发射现象与岩石强度和变形特性关系的研究，开始将声发射技术应用到滑坡预测和地震预报中。

20 世纪 70 年代是岩石声发射技术的过渡时期，Dunegan 等人对传统的声发射采集装备进行了改革和创新，成功地将声发射探测频率从声频提高到 100 kHz～1 MHz 的超声频率范围，这是现代声发射技术开始的一大标志。这个时期越来越多的国家开始进行声发射技术的研究。我国核工业部门也正是在这个时期开始了声发射技术的研究工作，并在 1978 年成立了中国无损检测学会，至此，我国各个院校和科研单位相继加入声发射技术和设备的研发中。

到了 20 世纪 80 年代，岩石声发射技术已经逐步成熟起来，不管是试验和理论研究，还是现场工程应用实践，声发射技术的地位已经越来越高。声发射技术除了在室内岩石破碎机理研究上有着不可替代的作用，还可以利用声发射图像监测磨矿机的工作过程，同时了解岩石孔隙度以选择适合储存核废料的完整岩层，甚至已经应用到军防工程领域的震源定位中。

20 世纪 90 年代的岩石声发射技术除了进行研究手段的创新，主要的进展还是 PAC 和 Vallen 两大公司开发的第三代数字化多通道声发射监测分析系统。因为岩石的非均质性程度高、破坏过程十分复杂，所以对采集设备的分辨率和计算机化程度要求较高，否则会遗失大量的真实声发射信号导致分析结果的偏差或错误。

进入 21 世纪后，岩石声发射技术主要朝着室内地震机理模拟和解决实际工程问题的方向发展。其中，实际工程中应用较为普遍的是地下岩体工程的稳定性监测，通过布设大量的声发射传感器实时记录岩石在工程扰动和地应力作用下的破坏信息，将采集的信号进行小波分析并以声发射源定位筛选出真实的岩石破裂震源信号，从而对地下岩体破裂状况进行精准预测。

1.3.2　岩石声发射技术的研究现状

1. 声发射参数分析

信号的特征参数法是分析声发射信号历史最悠久的方法，所谓参数分析就是指利用声发射信号波形特征参数来描述声发射信号与岩石力学特性之间的联系，根据实时记录的声发射信号探索岩石在力的作用下发生的损伤破坏情况，从而试图总结出岩石灾害的预警方法。目前所采用的参数主要有声发射事件、振铃计数率和总计数、能量、事件、事件率、上升时间、脉冲持续时间、幅值及幅值分布等。

从声发射参数本身的含义以及声发射信号研究的角度这两点而言，可以将声发射参数分成基本参数和特征参数。基本参数是指时域和频域参数，由仪器直接测量获取。特征参数是指研究者由自己的研究对象和研究目的从基本参数序列中提取出来的有用的有关过程或状态变化的信息，借助数学方法和相关理论所定义或构造的"再生式"的声发射参数。过程参数对声发射全过程或其多个子过程的描述，实时反映了总体声发射过程的行为，属于过程量。状态参数反映的则是在声发射过程中某一状态（瞬间）发生的声发射现象，属于瞬时量。声发射过程中，声发射信号某一特征量的累加值称为累计计数参数，即前面所述的过程量，主要包括声发射事件总数、振铃总计数、总能量、幅值计数、大事件计数等，累计计数参数对声发射活动的总强度进行了整体描述。在某一条件下声发射信号在单位时间内的变化情况，即为前面所述的状态量，包括事件计数率、振铃计数率（声发射率）、能量释放率等，其中变化率参数是对声发射信号瞬态特征的描述，和材料内部变形速率以及损伤扩展贯通速度直接相关。

特征参数法简单直观、通俗易懂、易于测量，是 20 世纪 50 年代以来人们广泛使用的声发射信号处理技术，这极大地推动了声发射技术走向标准化，目前在声发射监测领域仍占据不可或缺的地位。近年来特征参数法有了一定的新突破，但依然存在不足之处，具体体现在以下三个方面：

（1）传统的参数方法通常假定声发射信号是以某一固定速度传播的，而实际上，材料发生局部变形时，不仅会发生体积变形，还会发生剪切变形，从而产生纵波（压缩波）和横波（剪切波）。声发射应力波的传播速度可用下式表达。

$$v_1 = \sqrt{\frac{E(1-\sigma)}{\rho(1+\sigma)(1-2\sigma)}} \qquad (1-1)$$

$$v_2 = \sqrt{\frac{E}{2\rho(1+\sigma)}} = \sqrt{\frac{G}{\rho}} \qquad (1-2)$$

式中：v_1 为纵波速度；v_2 为横波速度；σ 为泊松比；E 为弹性模量；G 为剪切模量；ρ 为密度。

如果进行测试的材料是具有较强各向异性的复合材料，由于传播路径的改变导致产生的声波速度就会改变，从而使得时差等常规的声发射参数方法无法应用。

（2）声发射参数与声发射源如何相互对应，如何通过声发射参数来评价和解释声发射源的相关信息，是声发射参数研究的目的。从当前阶段来看，评价和解释一般都是以往的经验为主，没有形成一个统一的评价机制。

（3）在特征参数法中，虽然可以综合提取出不同的声发射特征信息进行声发射信号研究，但是对声发射参数信息如何进行取舍，以及如何互相理解和利用多个参数之间的数据，仍是亟待解决的问题。

目前分析声发射信号的方法中最常用的是参数分析方法，通过分析声发射信号的统计特征参数，如振铃计数、幅度、上升时间、持续时间和时间差等信息来获取声发射源的相关信息。虽然从硬件实现上来说提取这些参数比较容易，但是用于表征声发射源的数据量很少，而且很容易受到外界的噪声干扰。随着声发射技术应用领域不断扩展，越来越多的领域要求更高的信号分辨能力、信号分类能力、噪声信号滤波能力以及良好的信号识别能力，这些对信号的处理能力都是参数分析方法不能实现的。

2. 声发射源定位技术的研究

声发射源定位是由接收的信号反推到声发射源的问题，声发射源定位需要多通道声发射设备来实现。如图 1-3 所示为目前常用的各类声发射源定位方法，其中，最常用的源定位技术主要有时差定位和区域定位两种定位方法。

时差定位法利用声发射信号到达不同传感器的时差和传感器位置之间的几何关系，联立方程组并求解，最终得出缺陷与传感器的相对位置，是一种精确的点定位方式。但是在实际应用时，需要假定材料波速的各向同性，即波速为常数，因此时差定位的精度主要受到波速结构、信号的衰减程度和被测结构的形状等影响，其中波速测量是否准确、声发射信号到时读取是否准确是影响声发射源定位精度的两个直接因素。

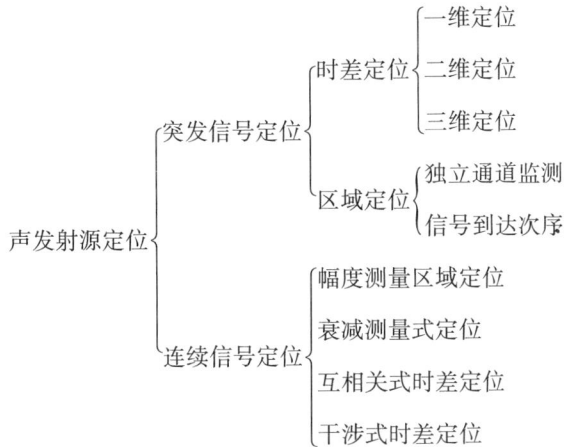

图 1-3　声发射源定位方法

区域定位法是按不同传感器监测不同区域的方式或按声发射波到达各传感器的次序，大致确定声发射源所处的区域，是一种快速、简便而又粗略的定位方式，主要用于复合材料等由于声发射频度过高、传播衰减过快或监测通道数有限而难以采用时差定位方法的场合。随着声发射仪器的发展及设备状态监测要求的提高，目前常用时差定位法来确定声发射源的位置。

对破裂源进行精准定位一直是岩石声发射研究领域的热点和难点，早在 1968 年，日本地质调查所的 Mogi 就在预先测定岩样 P 波速度的情况下，分别利用两通道和四通道的声发射监测仪器进行了一维线定位和二维面定位，但是定位精度并不高。面定位是在一个平面内确定声发射源的位置，至少需要 3 个传感器和 2 组时差。三维定位属于空间定位，其定位流程较一维和二维更加复杂，主要应用于物体内部的失稳、缺陷、破裂监测，如岩石、混凝土、大坝和变压器内部放电。在岩石内部破裂源定位方面，Scholz 首先采用 6 个声发射传感器进行了三维声发射源定位，同时采用 S 波的到时差与最小二乘法，确定了花岗岩在压裂过程中的声发射源，这为实验室多通道拟合声发射源开了先河，从而将室内岩石声发射源定位与工业设备的声发射源定位区分开。1977 年，Byerlee 提出使用线性最小二乘迭代算法，并提出了判断定位结果合理性的准则。康玉梅、刘建坡等采用最小二乘法和 Geiger 法的混合算法来确定声发射源。雷兴林运用当代地震学中的联合反演思想，利用实验室岩石声发射数据进行标本三维各向异性波速场反演及声发射源定位。蒋海昆建立慢度离差模型和遗传算法进行定位。陈炳瑞、单亚锋、孙朋等使用粒子群算法进行声发射源定位。邓艾东、赵力等改进了常用的 BP 小波神经网络，由于 BP 算法实质上是一种基于梯度下降法的局部搜索算法，具有易使网络陷入局部最小值而使得搜索成功概率较低的缺点，因此其利用粒子群算法对小波神经网络中的参数进行优化，然后再利用基于粒子群优化的小波神经网络进行声发射源定位。董陇军、李夕兵等提出了因变量为到时的新方法拟合形式、因变量为到时差的新方法拟合形式和因变量为到时差商的新方法拟合形式3种无须预先测量速度的震源定位新方法，克服了传统方法定位中速度难以准确确定的缺点，完善了微震定位方法，其现场应用较传统方法更为方便，只需修改现有定位系统中数据处理模块即可。

3.声发射技术研究岩石破坏机制

自20世纪60年代Goodman和Mogi等人将声发射技术引入岩石力学领域后，声发射技术就开始逐渐成为研究岩石损伤破坏机制的重要手段。到现在，从事岩石声发射研究的科研人员已经越来越多，每年都有大量的相关论文发表在国内外重要学术杂志上，岩石声发射特性也已经成为采矿、土木和城市地下空间等学科领域的重要研究内容。

对于岩石声发射特性的室内小尺度试验研究，一般借助岩石的压缩、拉伸、剪切和弯曲等试验来完成。首先根据试验需要在岩样表面粘贴声发射传感器，试验准备完毕后同时启动加载设备和声发射设备，试验结束后利用统计学手段对各种声发射特征参数（振铃计数、能量、幅值、强度和频率等）进行分析，例如通过分形理论研究岩石的破坏前兆、利用人工神经网络和遗传算法分析岩石力学特性和微观结构、通过迭代算法对震源进行定位等。不仅如此，以声发射累计能量评价岩石损伤程度、振铃计数确定岩石的不同变形阶段、频谱特征判断裂纹的尺度大小等都是常用的岩石破裂机制声发射研究方法，具体案例分析将在本书的后面章节进行详细描述。

4.声发射技术类比分析地震序列

岩石声发射监测原理与地震监测原理如出一辙，都是利用监测设备采集岩石内部裂纹从起裂、扩张到贯通过程中释放的弹性波信息，二者最大的区别已在前文详细地解释过，也就是破裂尺度的不同，厘米级或毫米级小尺度破坏的监测在声发射监测的范畴内，而地震的破裂尺度通常能达到千米级。1962年，Mogi在他的研究中发现岩石声发射的幅值-频数分布与地震的震级-频数分布特征十分相似（如图1-4），并在后续的试验研究中发现声发射特征参数b值在岩石大破坏到来时的突降现象与地震发生时的b值陡降现象相一致。

因此，地震中常用的分析方法在声发射中同样适用。相反，因为大地震发生概率较低，并且我们也无法重现已经发生的地震事件，所以地震研究人员希望通过室内小尺度岩石声发射试验模拟地震发生机理，探索地震发生的规律和前兆特征。虽然声发射小尺度试验限制了P波和S波的分离，但是好在岩石破坏和地震的发生都不是突发性的，岩石在受力破坏过程中所释放的一系列声发射信号与主震之前的前震序列给二者的预报提供了重要的信息。

其中，b值是声发射和地震类比研究的常用桥梁，它在理论上给出了大而罕见事件相对于小而频繁的地震频率的典型重现时间。无论是室内小尺度岩石声发射试验，还是大尺度地球板块的挤压变形，归根结底都是岩石在力的作用下发生损伤破坏的过程。但是由于岩石组成复杂，破坏后微观层面晶体的破裂以及宏观层面结构体的分离都是一个极其复杂的过程，我们很难透视岩石或者地球内部出现何种尺度的破裂。而通过b值变化分析能很好地了解从小尺度岩石声发射到地震破裂尺度的特征，其大小和时空变化规律表征的一定区域内震源尺度分布的比例关系，与其所处的应力强度、区域内的地壳破裂模式和强度有着很强的相关性，因此对岩石的破裂模式及力学响应特性的认识，对地震危险性评价和地震序列分析也是至关重要的。

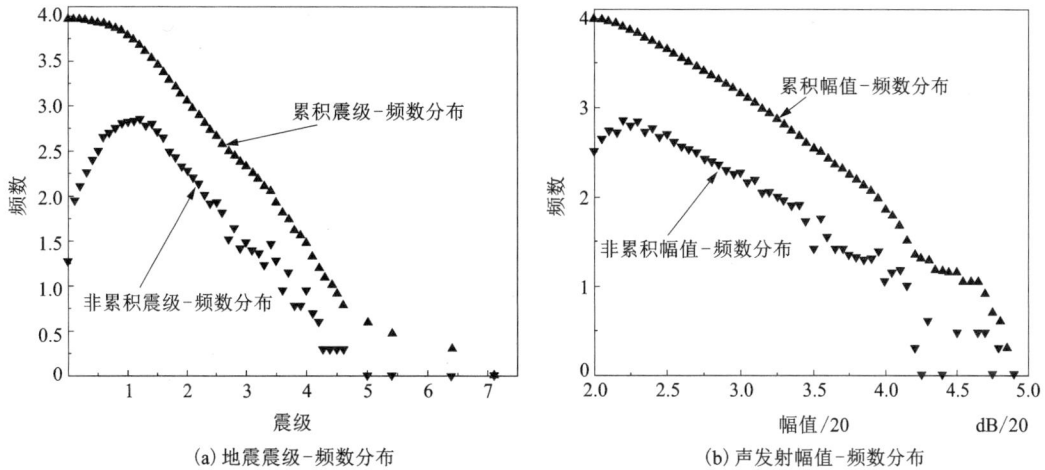

(a) 地震震级–频数分布　　　　　　　　(b) 声发射幅值–频数分布

图 1-4　地震震级–频数分布与声发射幅值–频数分布

同时，岩石声发射技术已经成为类比研究自然构造地震发生机制的重要手段，学者们主要根据小尺度岩石的断裂过程类比地球内部大规模板块的运动挤压，根据声发射传感器接收的波形类比地震台站监测到的地震波波形以及进行各种特征参数的相互借鉴与应用。实际上，近年来随着自然环境的日趋恶劣和自然灾害的频发，其他诱发型地震的研究逐渐成为声发射技术应用的另一个重要领域，例如火山在高温高压条件下，岩浆冲出地表引发的低震级小规模地震活动；地下油气资源开采时，因为要向地下岩体注入高压气体或液体，其挤压岩体时发生的局域地震和地表开裂。虽然上述地震的成因各不相同，但是利用声发射技术类比研究的试验方法和分析内容却很相似。比如 Lei 等人通过对存在裂隙的岩体进行单轴压缩声发射试验，模拟凸体镶嵌型两板块因为相互错动而引发的地震；Benson 等人利用高温试验探讨高温流体在玄武岩内部的胀裂和侵入过程，发现高温流体的侵入过程与岩浆在岩层中的流动过程十分相似；Ishida 等人将油气开采行业采用的液压或水压致裂方法应用于室内小尺度各种类型岩石的声发射试验，模拟了高压气体、水体和油等物质致使岩体破裂的过程。具体实验方法和分析内容可参见表 1-1 中的文献。

表 1-1　岩石声发射技术类比分析不同类型地震

	作者（年份）	研究对象	试验方式	分析手段
类比分析构造型地震	Scholz（1968）	辉长岩	单轴加载	幅值频率分布分析
	Lei et al.（1993）	花岗岩	单轴加载	震源定位和分形
	Kato et al.（1994）	花岗岩	剪切试验	波形和频谱分析
	Lei et al.（1994）	花岗岩	单轴加载	震源定位和分形
	Lei et al.（2003）	先存裂隙花岗斑岩	三轴加载（围压 60 MPa）	震源定位，波形分析
	Chai et al.（2011）	花岗岩	单轴加载	波形分析
	Bolton et al.（2020）	类岩石材料	直剪试验	力学特征和参数分析

续表1-1

作者(年份)	研究对象	试验方式	分析手段
Burlini et al. (2007)	橄榄岩、玄武岩	三轴加载(围压 300 MPa)	波形和频谱特征及微观破裂机制分析
Benson et al. (2008)	埃特纳火山玄武岩	三轴加载(围压 60 MPa)	波形和频谱特征及微观破裂机制分析
Burlini et al. (2008)	玄武岩	三轴加载(围压 60 MPa)	波形和频谱特征分析
Tuffen et al. (2008)	安山岩、黑曜岩	三轴加载(0.1 MPa、0.3 MPa 和 10 MPa)	岩石声发射和力学特性及火山形成机制分析
Benson et al. (2010)	斑状碱性玄武岩	三轴加载(围压 20~100 MPa)	波形和频谱特征分析
Fazio et al. (2019)	埃特纳火山玄武岩	三轴加载(围压 30 MPa)	波形和频谱特征及孔隙压力分析
Zoback et al. (1977)	鲁尔砂岩	三轴水力压裂	力学特征及统计分析
Warpinski et al. (1997)	页岩	页岩气开采微震监测	注水斜井安全评估
Ishida et al. (2000)	4 种粒径花岗岩	水力压裂	震源定位和破裂模式分析
Ishida et al. (2004)	花岗岩	水压和油压循环压裂	震源定位及统计分析
Ishida et al. (2012)	花岗岩	CO_2 致裂	参数分析和震源定位
Warpinski et al. (2012)	页岩	页岩气开采微震监测	震源定位和频谱分析
Chitrala et al. (2013)	里昂砂岩	水力压裂	震源定位和破裂模式分析
Li et al. (2021)	莱州花岗岩	冷热循环水力压裂	震源定位和参数分析

其中"类比分析火山地震"为前6行的分类标签，"类比分析人工诱发型地震"为后8行的分类标签。

1.4 声发射技术的应用

近年来，随着科学技术水平和计算机分析能力的不断提高，多通道和高分辨率的声发射设备不断被研发出来，这不仅促进了岩石声发射技术在试验方法和理论研究上的创新，也带动了众多致力于岩石稳定性分析和工程灾害预报的专家学者参与到声发射技术的研究之中。同时，为了适应工业安全生产的要求，声发射和微震监测技术在岩土工程特别是采矿工程中的实践与应用迅速发展起来——最初是为了预测和减少硬岩矿山岩爆的发生，时至今日，声发射和微震监测技术已经被广泛应用于各种岩体工程稳定性的监测之中，如地下矿山、隧道、天然气和石油储存室、核废料贮藏室、地热储藏室等的围岩稳定性监测，以及地表基础、岩体边坡、大坝等的监控。

1.4.1 地应力测量

继 Kaiser 最先在金属材料中发现 Kaiser 效应之后，20 世纪 60 年代，Goodman 开展了一系列岩石力学声发射试验，发现 Kaiser 效应在岩石当中依然存在，也就是说岩石材料同样具有记忆历史最大应力的能力，由此拉开了人们对岩石声发射 Kaiser 效应研究的序幕。由于多数岩石都具有 Kaiser 效应，因此其成为测量原岩应力的一种简易方法。

利用 Kaiser 效应原理测量地应力，就是将取自地下一定深度的岩石试样进行单轴压缩声发射试验，当所加荷载超过岩石历史最大应力值时，岩石开始出现明显的声发射现象，然后利用弹性理论就可以计算出地应力的大小和方向。为了评价 Kaiser 效应测量地应力的现场应用效果，Hupe 等人对英国科恩沃尔某个矿山 840 m 深度的 Carnmenellis 花岗岩分别采用常规套钻应力解除法和 Kaiser 效应方法测量地应力，发现套钻应力解除法得到的应力大小和方向与预期结果基本一致，相反，Kaiser 效应法所测应力值要比预期值低一些(见表 1-2)。这可能与岩石取芯过程中造成的试验时间延迟和 Kaiser 效应应力记忆的保留时间较短有关，通常较大直径的岩样具有较长的 Kaiser 效应保留时间(见表 1-3)。

表 1-2 Kaiser 效应和套钻应力解除测得的应力对比

试验	数值/MPa			方向(方向角/倾角)/(°)		
	σ_1	σ_2	σ_3	σ_1	σ_2	σ_3
Kaiser 法	27.1	11.6	1.6	350.1°/4.4°	192.9°/85.2°	80.2°/1.8°
CSIRO 1	58.8	14.5	10.8	322.1°/2.1°	231.6°/13.3°	61.1°/76.5°
CSIRO 2	55.7	24.6	13.5	322.0°/6.8°	226.5°/38.8°	60.3°/50.3°
前期	36	22	15	323°/0°	-/90°	67°/0°

注：CSIRO 1 和 CSIRO 2 为压力传感器。

表 1-3 岩石取芯保留时间与 Kaiser 应力值关系(以 South Crofty 矿山为例)

试验	钻取岩芯日期	试验日期	Kaiser 应力值/MPa(按局部钻孔坐标)					
			X	Y	Z	XY	XZ	ZY
取芯推迟试验	1990 年 11 月	1990 年 12 月	15.7	12.5	12.9	7.5	31.8	24.1
	1990 年 11 月	1991 年 3 月	7.0	8.2	8.7	—	—	—
	1990 年 11 月	1991 年 6 月	0	0	0	0	0	0
取芯立即试验	1990 年 11 月	1990 年 12 月	15.7	12.5	12.9	7.5	31.8	24.1
	1991 年 3 月	1991 年 3 月	13.9	17.6	7.3	—	—	—
	1991 年 6 月	1991 年 6 月	0.0	19.4	6.2	17.1	0	3.3

注：取芯推迟试验指钻取的岩芯样品推迟试验；取芯立即试验指钻取的岩芯样品立即试验。

1.4.2 岩体稳定性监测

岩体在发生破坏之前的损伤累积过程中会以声发射的形式释放积蓄的能量，这种能量的强度大小反映了岩石的损伤程度。随着岩体损伤的加剧，声发射设备将会采集到大量的弹性波信号，通过对这些数据进行统计分析，能利用声发射源定位技术确定岩石震源的位置，对结构体损伤积累的程度和灾变来临的时间进行预判，从而指导现场的施工人员进行提前避难，减少企业设备财产的损失和人员的伤亡。如今，声发射监测和微震监测技术已成为矿山安全系统中的必要组成部分，是预报岩体塌方、冒顶、片帮和岩爆的重要手段。

早在 1930 年和 1940 年，Obert 和 Duvall 通过试验和现场监测数据发现，在结构高应力时，声发射信号呈现明显增加的趋势，他们采用的原始采集设备包括检波器、放大器和记录装置，监测人员可以通过耳机判别声发射活动，该设备主要对 1000 Hz 以下的声发射信号较为敏感。而声发射测量在地下矿山中的大量应用始于二十世纪五六十年代的加拿大、欧洲和南非。为了尽快研究出适合地下矿山结构稳定性监测的方案，当时的专家学者尝试了所有与地质材料相关的声发射技术。针对地下矿山岩爆和冒顶预警问题，Cook 在 1963 年采用 8 个监测器持续监测了矿山一天内的微震信号，并利用多通道示波器得到的 P 波和 S 波到时差确定震源位置。Blake 和 Leighton 使用了具有现实意义的传感器，在地下钻孔中采集到的信号频率达到 20 Hz~10 kHz。后来 Manthei 和 Spies 等人也相继进行了不同开采深度、范围的地下监测研究，主要文献列于表 1-4。

表 1-4　声发射和微震监测技术实践案例

作者(年份)	监测区域	记录事件数	中心频率	震级	传感器间距/m	监测网络
Will(1980)	Ruhr distruct, Germany	1000 次/4 个月	400 Hz	—	100	17 个三分量检波器
Albrigth and Pearson(1982)	Fenton Hill Hot Dry Rock Site, USA	1979 次	100 Hz	[−6, −2]	400	12 个检波器
Hente et al. (1989)	Salt Mine Asse, Germany	209 次/2 年	300 Hz	[−2.3, 1.7]	1000	7 个检波器
Trifu et al. (1997)	Strathcona Mine Sudbury, Canada	1503 次/2 个月	10 kHz	0.5	200	49 个单向和 5 个三向加速度计
Scott et al. (1997)	Sunshine mine, Kellogg, USA	31 次/3 个月	500 Hz	[0.5, 2.5]	1000	1 个三向检波器
Phillips et al. (2002)	Austin Chalk, USA	1250 次	100 Hz	[−4, −2]	600	3 个检波器(1 组三分量检波器)
Phillips et al. (2002)	Frio Formation, USA	2900 次	100 Hz	[−4, −2]	200	25 个三分量检波器
Phillips et al. (2002)	Cotton Valley, USA	290 次	100 Hz	[−4, −2]	60	2 组 48 级三分量检波器
Phillips et al. (2002)	Clinton County, USA	1200 次	100 Hz	[−4, −2]	60	3 个检波器

续表1-4

作者(年份)	监测区域	记录事件数	中心频率	震级	传感器间距/m	监测网络
Phillips et al. (2002)	Fenton Hill, USA	11000 次	100 Hz	[-4, -2]	1000	3 个检波器
Phillips et al. (2002)	Soultz, France	16000 次	100 Hz	[-4, -2]	2000	3 组四分量检波器和 1 个水听器
Manthei et al. (2003)	Salt Mine Bernburg, Germany	15000 次	1.25 MHz	—	5	8 个声发射传感器
Spies et al. (2004)	Salt Mine Morsleben, Germany	50000 次/月	100 kHz	[-8.6, -2.2]	100	24 个传感器
Yabe et al. (2009)	Gold Mine Cook 4, South Africa	289015 次/2 个月	—	[-3.7, 1.0]	100	24 个声发射传感器和 6 个三轴加速度传感器
K. Plenkers et al. (2010)	Mponeng Gold Mine, South Africa	9444 次/2002 小时	25 kHz	[-2, 4]	500	1 个三轴加速器, 8 个声发射传感器和 2 个应变计
Gerd et al. (2012)	Salt Mine Merkers, Germany	170000 次/天	—	—	60	12 个声发射传感器
Angelo et al. (2020)	Asse Ⅱ Salt Mine, Germany	—	—	—	200	16 个压电传感器

　　在诸多利用声发射技术进行岩体稳定性研究的实例中, 较为典型的是美国矿务局对爱达荷州北部 Coeur d'Alene 地带部分矿区的延保治理工作, 矿区大部分采场已达深部 1.22~2.44 km, 垂直应力高达 50 MPa, 岩爆事故频发。美国矿务局在宽 200 m、长 500 m、高 250 m 的范围内以最小距离 50 m 为间距布置探头, 多次成功地记录了岩爆发生前后的声发射信号突变情况。通常在正常情况下声发射频率不到 30 次/d, 但是在岩爆发生前 2 h 左右, 声发射活动会出现激增现象, 其峰值可达正常值的数十倍, 随后又迅速下降, 1~2 h 后岩爆发生。3 个月中在同一矿区内发生 4 次岩爆的声发射记录如图 1-5 所示, 由于在声发射信号激增后生产人员撤离及时, 这 4 次岩爆均未造成人员伤亡。

　　岩体内部结构复杂, 尤其是在矿山施工现场, 依靠传统的矿山安全管理办法对矿山安全隐患进行监管已经不能满足新时代的安全生产要求, 必须配合先进的科学技术, 不断为矿山向好向快发展注入新动力。其中, 有必要建立矿山声发射监测系统或微震监测系统, 利用采集的声发射信号实时监测矿山地下开采过程中围岩的安全稳固程度, 但因为矿山岩体处于多场耦合扰动的复杂环境中, 对岩体工程的损伤程度在时间和空间上进行准确评价的难度极高。矿山采场安全等级划分似乎成为一种可以替代的方式方法, 可利用声发射采集的信号对岩体安全等级进行合理的划分, 从而根据不同的等级采取相应的工程措施。

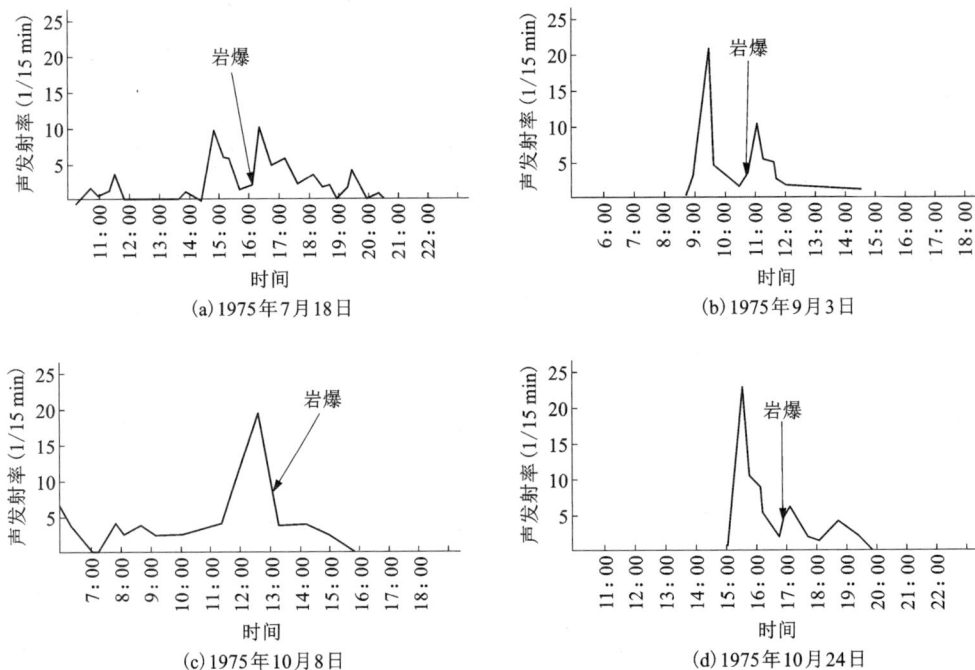

图1-5　4次岩爆发生前后的声发射记录

1.4.3　声发射技术在其他岩土工程领域的应用

声发射技术已经经过了近百年的发展，从20世纪40年代开始美国便将声发射监测技术应用到岩爆预测中，然而声发射技术的局限性依旧明显。例如，有时声发射频度异常但没有发生岩体破坏，有时岩体发生破坏却没有明显的前兆信息，因而尚需对声发射信号的声源机理进行研究并进一步研制抗干扰能力强、信号处理功能完善的现场监测仪器。声发射技术在岩土工程领域的应用越来越广泛，比如钻进监测，在钻头钻进过程中岩石在切削力的作用下发生裂纹扩展和破碎，在这过程中钻头的工作情况、岩性及岩石破碎情况和孔底环境状态都会发生变化，施工人员需要通过这些工况对钻机参数进行调整，而工作人员又无法透过岩层进行人工观测，这时可以通过分析沿钻杆传播的弹性波监测信息来控制钻进过程，从而达到最优化钻进、获得高钻探技术经济指标的目的；还有坝体监测，对于大型的水利设施如三峡工程和填海工程等，人工建造的水坝要经过长期的水体和地应力场的耦合作用，因此坝体稳定性不仅关乎经济发展效益，也会影响下游居民的生命财产安全，可利用声发射监测技术实时跟踪坝体在长期工作中的声发射信息，通过一些循环载荷方面的分析手段，如加卸载响应比理论、能量耗散理论等评判坝体的稳固程度，根据分析结果对大坝进行合理维护或者安全拆除。

1.4.4　声发射技术在其他工业领域的应用

声发射技术在岩土体工程中的应用只是其应用的一个小的方面，现代声发射技术已经成为一种成熟的无损检测手段应用于石油、化工、航空航天、水利、地质、地震、国防和机械等工业和部门，具体而言主要有以下几个方面。

1. 压力容器的声发射检测

压力容器检测是目前声发射技术最成功和最普遍的应用之一，一般针对容器中的活性缺陷通过水压试验或者其他的加压试验，利用少量布置的传感器捕获活性缺陷的动态信息，并通过时差定位、区域定位和次序冲击等方法来确定活性缺陷的位置；然后根据缺陷定位结果及时排除大量带缺陷运行的压力容器的爆炸隐患，减少恶性事故的发生，确保压力容器的安全运行。声发射技术大大缩短了压力容器的检验周期，减少了盲目返修和报废压力容器所造成的损失，为广大压力容器用户带来了巨大的经济效益。

2. 航空航天中的应用

国内有关单位早在 20 世纪 80 年代就开展了飞机机翼疲劳试验过程中的声发射监测研究，并且在信号处理和识别技术方面积累了宝贵的经验。北京航空工程技术研究中心在飞机的全尺寸疲劳试验(飞行时间长达 16000 h)过程中，用声发射技术对主梁螺孔和隔框连接螺栓等部位疲劳裂纹的形成和扩展进行了跟踪监测，历时之长和积累数据之丰富都是前所未有的。他们利用声发射参数组成多维空间的特征矢量，成功地进行了疲劳裂纹产生的声发射信号识别。除多参数识别外，他们还利用趋势分析和相关技术进行了信号处理，建立了一套较为完整的信号识别和处理体系。

3. 泄漏监测

声发射监测泄漏的原理是流体泄漏会在管壁中激发应力波，通过分析激发应力波的波形特征发现压力管道、常压储罐罐底、各种阀门和埋地管道的损伤及泄漏。从声发射的严格定义上来说，泄漏所激发的应力波并不是声发射现象，因为在这个过程中，管壁只是波导，本身并不释放能量，但是它们都可以用应力波来描述材料在结构上的某种变化情况。

参考文献

[1] Ohtsu M. Acoustic Emission Testing[M]. Berlin：Springer, 2008.

[2] 孙强, 张志镇, 薛雷, 等. 岩石高温相变与物理力学性质变化[J]. 岩石力学与工程学报, 2013, 32(5)：935-942.

[3] Carabelli E, Frederici P, Graziano F, et al. AE/MS in a Dam Area：A Study in South Italy[C]//Proceedings fourth conference on acoustic emission/microseismic activity in geologic structures and materials. Clausthal-Zellerfeld：Trans Tech Publications, 1989.

[4] Burlini L, Di Toro G. Volcanic symphony in the lab[J]. Science, 2008, 322(5899)：207-208.

[5] Benson P M, Heap M J, Lavallee Y, et al. Laboratory simulations of tensile fracture development in a volcanic conduit via cyclic magma pressurisation[J]. Earth Planetary Science Letters, 2012, 349：231-239.

[6] Drouillard T F, Laner F J. Acoustic emission：a bibliography with abstracts[M]. Berlin：Springer, 1979.

[7] Drouillard T F. Acoustic emission：the first half century[R]. United States：Rocky Flats Plant, 1994.

[8] 付闯. 岩石类材料的声发射源定位方法研究[D]. 沈阳：东北大学, 2015.

[9] 巴晶，刘力强，马胜利. 岩石力学试验中的声发射源定位技术[J]. 无损检测，2004，26(7)：342-348，366.

[10] Scholz C H. Experimental study of the fracturing process in brittle rock[J]. Journal of Geophysical Research, 1968, 73(4): 1447-1454.

[11] Byerlee J D. Acoustic emission during fluid-injection into rock[C]//Proceedings of the 1st Conference on Acoustic Emission/Microseismic Activity in Geologic Structures and Materials. Switzerland: Trans Tech Pub, 1977: 87-98.

[12] 康玉梅，刘建坡，李海滨，等. 一类基于最小二乘法的声发射源组合定位算法[J]. 东北大学学报(自然科学版)，2010，31(11)：1648-1651，1656.

[13] 雷兴林，马瑾. 岩石声发射三维定位及波速场联合反演//全国第二届构造物理学术讨论会文集. 北京：地震出版社，1990：186-195.

[14] 蒋海昆. 典型断层组合及不同温压条件下岩石变形过程中的声发射活动特征[D]. 北京：中国地震局地质研究所，2000.

[15] 陈炳瑞，冯夏庭，李庶林，等. 基于粒子群算法的岩体微震源分层定位方法[J]. 岩石力学与工程学报，2009，28(4)：740-749.

[16] 单亚锋，孙朋，徐耀松，等. 基于 PSO-SVM 的煤岩声发射源定位预测[J]. 传感技术学报，2013，26(3)：402-406.

[17] 邓艾东，赵力，包永强. 粒子群优化小波神经网络用于碰摩声发射源定位[J]. 中国电机工程学报，2009，29(32)：83-87.

[18] 董陇军，李夕兵，唐礼忠，等. 无需预先测速的微震震源定位的数学形式及震源参数确定[J]. 岩石力学与工程学报，2011，30(10)：2057-2067.

[19] Mogi K. Study of elastic shocks caused by the fracture of heterogeneous materials and its relations to earthquake phenomena[J]. Bulletin of the Earthquake Research Institute, University of Tokyo, 1962, 40: 125-173.

[20] Stephen D, Falls R, Young P. Acoustic emission and ultrasonic-velocity methods used to characterise the excavation disturbance associated with deep tunnels in hard rock[J]. Tectonophysics, 1998, 289(1): 1-15.

[21] 谭云亮，李芳成，周辉. 冲击地压声发射前兆模式初步研究[J]. 岩石力学与工程学报，2000，19(4)：425-428.

[22] Hardy H R. Acoustic emission/microseismic activity[M]. Netherlands: A. A. Balkema Publishers, 2003.

[23] Shiotani T. Evaluation of long-term stability for rock slope by means of acoustic emission technique[J]. NDT&E International, 2006, 39(3): 217-228.

[24] Jiu L C, Guang D S, Tong Y L, et al. High precision location of micro-seismic source in underground mine[J]. Chinese Journal of Geophysics, 2016, 59(6): 734-743.

[25] 谭双，李邵军，王雪亮，等. 深埋引水隧洞塌方孕育过程微震规律研究：以 Neelum-Jhelum 工程为例[J]. 岩石力学与工程学报，2018，37(S2)：4115-4124.

[26] Hupe A J, 吴光琳. 用套钻应力解除法和声发射凯塞效应法测定花岗岩中的原位应力[J]. 国外地质勘探技术，1996(5)：29-35.

[27] 袁振明，耿荣生. 声发射检测[M]. 北京：机械工业出版社，2005.

[28] 纪洪广. 混凝土材料声发射性能研究与应用[M]. 北京：煤炭工业出版社，2004.

第 2 章 岩石的物理力学特性及断裂理论

如第 1 章所述，岩石的声发射是由其受到内部或外部应力作用时发生变形和破裂引起的，而岩石是在地质作用下自然生成的，是由固相、液相和气相组成的多相体系。在不同地质应力的长期作用下，岩石会受到不同程度的损伤，其内部则存在着节理、微裂隙等结构面，这些结构特征也在一定程度上决定着岩石的力学性质。随着土木建筑、水利水电、采矿等一些岩土工程的兴起，岩石力学的研究逐渐成为人们关注的焦点。岩石材料的力学性质与其本身的物理特性息息相关，不同岩石的物理力学特性不同，导致其破裂状况也不同，而不同的破裂状况又会激发出不同的声发射信号，因此，岩石的物理力学特性和断裂特征对岩石声发射的研究尤为重要。本章分别从岩石物理力学性质和岩石断裂力学两个方面进行阐述。

2.1 岩石物理力学基础

2.1.1 岩石的物理性质

岩石是构成岩体的基本单元，是由一种或几种造岩矿物按一定方式结合而成的矿物的天然集合体。岩石的基本构成是由组成岩石的物质成分和结构两大方面决定的。

1.岩石的主要物质组成

岩石由矿物组成，其内含的矿物成分会影响岩石的抗风化能力、物理性质和强度特性。在各种化学或物理化学的作用下，绝大多数矿物呈结晶状，具有了一定的化学成分和物理性质。矿物的种类很多，而在岩石中常见的矿物只有几十种，即造岩矿物。

岩石中主要的造岩矿物有正长石、斜长石、黑云母、白云母、石英、辉石、角闪石、方解石、橄榄石、白云石、高岭石等。不同成因的岩石造岩矿物的含量各异，其中，由一种矿物组成的岩石称为单矿岩，由两种或两种以上矿物组成的岩石称为复矿岩。

岩石中矿物成分的相对稳定性显著影响着岩石的抗风化能力，各矿物的相对稳定性与化学成分、结晶特征以及形成条件密切相关。造岩矿物根据稳定性可划分为四类，即非常稳定的、稳定的、较稳定的和不稳定的四类。主要造岩矿物抗风化的相对稳定性见表 2-1。

从表 2-1 中可知，抗风化能力较强的大多为酸性岩石；相反，抗风化能力较弱的则大部分为基性岩石。基性(和超基性)岩石主要由易于风化的橄榄石、辉石及基性斜长石组成，其化学成分以 Fe 和 Mg 为主，因此极易被风化。相较于基性(和超基性)岩石，酸性岩石较难被风化，因为它由石英、钾长石、酸性斜长石及少量暗色矿物等较稳定矿物组成，故在相同结构下，酸性岩石的抗风化能力较基性岩石高，而中性岩石的抗风化能力介于两者之间。

表 2-1　主要造岩矿物抗风化相对稳定性

抗风化稳定性	主要造岩矿物
非常稳定	石英
	锆长石
	白云母
稳定	正长石
	钠长石
较稳定	酸性斜长石
	角闪石
	辉石
	黑云母
不稳定	基性斜长石
	霞石
	橄榄石
	白云石

常见岩石在单偏光显微镜下的形态如图 2-1 所示。从各类岩石的岩相中我们可以清晰地观察到晶粒大小、结晶形态等岩石微结构特征，而岩石的这些自身性质对其力学特征也起着决定性作用。例如，纯橄榄岩是一种超基性岩石，几乎全由易于风化的橄榄石组成，从其岩相中也可以看出，它的微裂隙较发育，晶粒排列也不均匀，这种情况下其破坏时的裂纹往往沿着晶粒的边界或解理弱面扩展，因此，橄榄岩的强度相对较低，也易于风化。反观强度较高的花岗岩和玄武岩，它们主要由一些较稳定矿物组成，且晶粒分布均匀、致密，微裂隙较少，因此，要使其发生破坏，必须施加较大的荷载，且其往往发生穿晶断裂，破坏面也相对平整、光滑。

2. 岩石的结构类型

岩石的结构是指岩石中矿物（及岩屑）颗粒之间的关系，包括颗粒的大小、形状、排列、结构联结特点及岩石中的微结构面（即内缺陷）。其中，结构联结和岩石中的微结构面对岩石工程的影响最大。矿物颗粒间具有牢固的联结是岩石介质区别于土介质并使其具有一定强度的主要原因。岩石中结构联结的类型主要有结晶联结和胶结联结。

结晶联结是指岩石中矿物颗粒通过结晶相互嵌合在一起。岩浆岩、大部分变质岩及部分沉积岩的联结方式便是结晶联结。这种联结方式下颗粒之间紧密接触，使得岩石强度一般较大。但若结构不同，则存在一定的差异，如岩浆岩和变质岩中等粒结晶结构一般比非等粒结晶结构的强度大、抗风化能力强。等粒结构中，细粒结晶结构比粗粒结晶结构的强度大。斑状结构中，细粒基质比玻璃质基质的强度大。总而言之，晶粒越细、越均匀，玻璃质越少，则强度越高。

(a) 纯橄榄岩

(b) 辉长岩

(c) 闪长岩

(d) 黑云母片麻岩

(e) 白云母片岩

(f) 大理岩

(g) 花岗岩

(h) 玄武岩

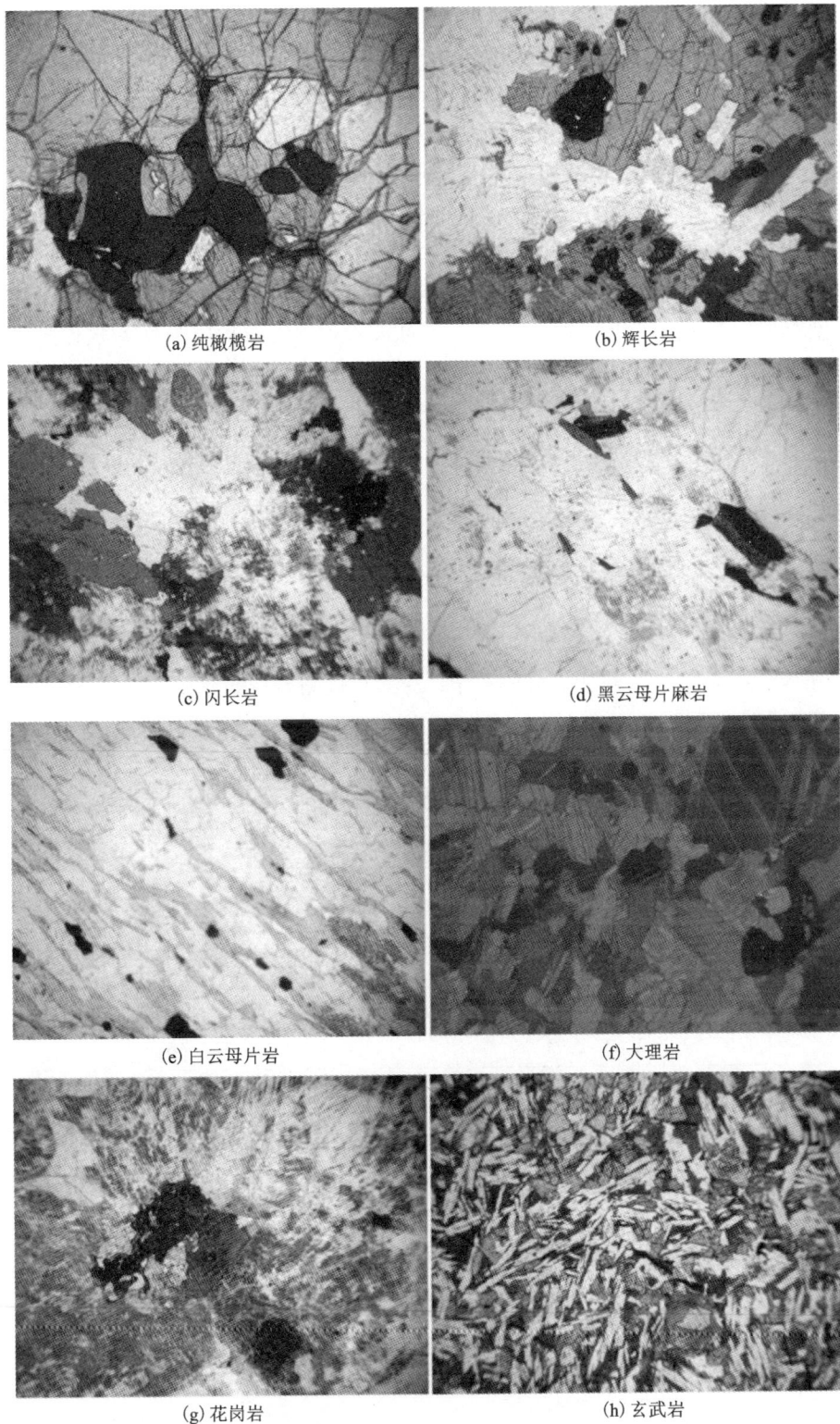

图 2-1　常见岩石单偏光显微镜图

扫一扫，看彩图

　　胶结联结是指颗粒与颗粒之间通过胶结物连接在一起。沉积碎屑岩、部分黏土岩的联结方式就是胶结联结。这种联结的岩石,其强度取决于胶结物及胶结类型。对于胶结物而言,硅质、铁质胶结的岩石强度较大,钙质次之,而泥质胶结强度最小。

　　岩石中的微结构面是指存在于矿物颗粒内部或矿物颗粒及矿物集合体之间微小的弱面及空隙。与岩体结构面不同,其包括矿物的解理、晶格缺陷、晶粒边界、粒间空隙、微裂隙等。岩石中存在的这些微结构面很大程度上影响着岩石的工程性质。首先,岩石中存在的微结构面易造成裂纹尖端的应力集中,从而导致裂纹扩展,大大降低岩石强度。其次,岩石中的微结构面通常具有方向性,这也是岩石各向异性的原因。最后,当围压较低时,岩石中的微结构面能在一定程度上增大岩石的变形,改变岩石的弹性波波速、岩石的电阻率和热传导率等;当围压较高时,岩石中的微结构面则会受压闭合,其影响会相对减弱。可见,不同结构类型岩石的力学特性也存在差异。

3. 岩石的物理性质

1) 密度

岩石单位体积(包括岩石内孔隙体积)的质量称为岩石的密度。岩石密度的表达式为

$$\rho = \frac{G}{V} \tag{2-1}$$

式中:ρ 为岩石的密度,g/cm^3;G 为被测岩样的质量,g;V 为被测岩样的体积,cm^3。

　　常见岩石的密度范围见表 2-2。

表 2-2　常见岩石的密度范围　　　　　　　　　　单位: g/cm^3

岩石	颗粒密度	块体密度
花岗岩	2.50~2.84	2.30~2.80
闪长岩	2.60~3.10	2.52~2.96
安山岩	2.40~2.80	2.30~2.70
玄武岩	2.60~3.30	2.50~3.10
砾岩	2.67~2.71	2.40~2.66
砂岩	2.60~2.75	2.20~2.71
页岩	2.57~2.77	2.30~2.62
石灰岩	2.48~2.85	2.30~2.77
泥灰岩	2.70~2.80	2.10~2.70
白云岩	2.60~2.90	2.10~2.70
石英片岩	2.60~2.80	2.10~2.70
大理岩	2.80~2.85	2.60~2.70
石英岩	2.53~2.84	2.40~2.80
千枚岩	2.81~2.96	2.71~2.86

2) 容重

岩石单位体积(包括岩石内孔隙体积)的重量称为岩石的容重。岩石容重的表达式为

$$\gamma = \frac{W}{V} \tag{2-2}$$

式中：γ 为岩石容重，kN/m^3；W 为被测岩样的重量，kN；V 为被测岩样的体积，m^3。

岩石容重和岩石密度之间存在如下关系：

$$\gamma = \rho g \tag{2-3}$$

式中：g 为重力加速度，可取 $9.8\ m/s^2$。

岩石容重取决于组成岩石的矿物成分，孔隙发育程度及其含水量。岩石容重的大小，在一定程度上反映出岩石力学性质的优劣。一般地，岩石容重越大，其力学性质也越好；反之，则越差。

3）岩石的纵波传播速度

岩石中的裂隙孔隙会影响声波的传播速度，通过测量纵波在岩石中的传播速度，可以对岩石中裂隙孔隙发育的程度做定量的评价。测量和计算步骤如下：

(1)确定岩石试件的矿物组成，并测定每一种矿物的纵波传播速度。一些常见矿物的纵波传播速度见表2-3。

表2-3 常见矿物的纵波传播速度   单位：m/s

矿物	纵波传播速度
石英	6050
橄榄石	8400
辉石	7200
角闪石	7200
白云母	5800
正长石	5800
斜长石	6250
方解石	6600
白云石	7500
磁铁矿	7400
石膏	5200
绿帘石	7450
黄铁矿	8000

(2)根据下式计算出岩石试件在没有裂隙和孔隙条件下的纵波传播速度 V_i^*。

$$\frac{1}{V_i^*} = \sum_i \frac{C_i}{V_{l,i}} \tag{2-4}$$

式中：V_i^* 为假设没有裂隙、孔隙条件下岩石试件中的纵波传播速度；$V_{l,i}$ 为第 i 种矿物的纵

波传播速度；C_i 为第 i 种矿物在岩石试件中所占的比例。

几种常见岩石在没有裂隙和孔隙条件下的纵波传播速度(V_i^*)见表2-4。

表2-4 常见岩石的纵波传播速度　　　　　单位：m/s

岩石	纵波传播速度
辉长岩	7000
玄武岩	6500～7000
石灰岩	6000～6500
白云岩	6500～7000
砂岩	6000
石英岩	6000
花岗岩	5500～6000

(3)测量纵波在实际岩石试件中的传播速度。准备一个岩石声波测试仪，将两个探头分别置于岩石试件的两个端面上(探头与岩石试件间需要涂抹耦合剂)，一个探头用来激发信号，另一个探头用来接收信号。当脉冲发生器产生的高压电脉冲信号加在发射探头上时，探头受到激发，产生一个瞬态的振动(纵波)，该振动经过探头与岩石试件间的耦合后，在介质中传播，到达岩石试件的另一端时，被接收探头所收到。脉冲发生时间与接收时间之差被一个高精度的时间测定仪测出，扣除纵波在探头与岩石试件间耦合层中传播的时间后，即得到纵波在介质中传播的时间。根据岩石试件的长度(两探头间距离)，可得到纵波在实际岩石试件中的传播速度。

根据纵波在实际岩石条件下的传播速度与纵波在假设没有裂隙、孔隙岩石条件下的传播速度之比，将评价与裂隙度相关的岩石质量指标定义为 IQ。

$$IQ = \left(\frac{V_i}{V_i^*}\right) \times 100\% \tag{2-5}$$

式中：IQ 为岩石质量指标；V_i 为实际岩石试件中的纵波传播速度。

4)孔隙性

天然岩石中包含着数量不等、成因各异的孔隙和裂隙，其是岩石的重要结构特征之一。它们对岩石力学性质的影响基本一致，在工程实践中很难将二者分开，因此通称为岩石的孔隙性。岩石的孔隙性常用孔隙率 n 表示，岩石的孔隙率 n 是指岩石孔隙的体积与岩石总体积的比值，以百分数表示。岩石的孔隙裂隙有的与大气相通，有的不相通；孔隙裂隙的开口也有大小之分，分为大开孔隙裂隙和小开孔隙裂隙。因此，岩石的孔隙性指标，应根据孔隙裂隙的类型加以区分，分为总孔隙率 n、总开孔隙率 n_0、大开孔隙率 n_b、小开孔隙率 n_s 和闭孔隙率 n_c。5 种孔隙率可按下列公式分别计算：

$$n = \frac{V_p}{V} \times 100\% \tag{2-6}$$

$$n_0 = \frac{V_{p,0}}{V} \times 100\% \tag{2-7}$$

$$n_b = \frac{V_{p,b}}{V} \times 100\% \tag{2-8}$$

$$n_s = \frac{V_{p,s}}{V} \times 100\% \tag{2-9}$$

$$n_c = \frac{V_{p,c}}{V} \times 100\% \tag{2-10}$$

式中：V 为岩石体积，m^3；V_p 为岩石孔隙总体积，m^3；$V_{p,0}$ 为岩石开型孔隙体积，m^3；$V_{p,b}$ 为岩石大开型孔隙体积，m^3；$V_{p,s}$ 为岩石小开型孔隙体积，m^3；$V_{p,c}$ 为岩石闭型孔隙体积，m^3。

孔隙率是衡量岩石工程质量的重要物理性质指标之一。岩石的孔隙率反映了孔隙裂隙在岩石中所占的百分率，孔隙率越大，岩石中的孔隙裂隙就越多，岩石的力学性能则越差。

5）渗透性

岩石中存在的各种裂隙、孔隙为流体和气体的通过提供了通道。岩石允许流体和气体通过的特性称为岩石的渗透性。岩石的渗透性对很多岩石工程有非常重要的影响。例如，在水利、水电、采矿、隧道等工程中，岩石的高渗透性可能导致溃坝、溃堤、涌水等重大渗透破坏的发生；而在油气田工程中，岩石的低渗透性将会导致油气采出率低下，甚至无法正常生产。

绝大多数岩石的渗透性可用达西定律来描述。

$$Q_x = \frac{K}{\mu} \cdot \frac{dP}{dx} A \tag{2-11}$$

式中：Q_x 为单位时间从 x 方向通过流体的量，L^3/s；P 为流体的压力，N/m^2，即 Pa，或 MPa；μ 为流体的黏度，Ns/m^2；A 为垂直于 x 方向的横截面积，m^2；K 为用面积表示的渗透系数，物理单位为 m^2，其值只取决于岩石的渗透性(率)，与流体性质无关。

如果流体是 20℃ 的水，达西定律可以表示成如下形式：

$$Q_x = k \frac{dh}{dx} A \tag{2-12}$$

式中：h 为水头高度，m；k 为用流体速度表示的渗透系数，cm/s。

2.1.2　岩石的力学性质

岩石的力学性质是指岩石受载时所表现出来的强度、变形和破坏特征。

1. 岩石的强度

岩石在各种荷载作用下，达到破坏时所能承受的最大应力为岩石的强度。各种强度都不是岩石的固有性质，而是一种指标值。岩石的固有性质指凡是不受试件的形状、尺寸、采集地和采集人等影响而保持不变的特征，如岩石的颜色、密度等都是岩石的固有性质。影响通过试件所确定的各种岩石强度指标值的因素有试件尺寸、试件形状、试件三维尺寸比例、加载速率和湿度等。具体影响见表 2-5。

表 2-5　岩石强度的影响因素

影响因素	影响结果
试件尺寸	一般而言，试件尺寸增大，试验所获得的岩石强度值降低
试件形状	试件形状不同，试验所获得的强度指标值各异
试件三维尺寸比例	开展单轴压缩和拉伸试验时，宽高比大的试件所测得的强度指标值要大于宽高比小的试件
加载速率	岩石的单轴抗压强度与加载速率成正比，加载速率越大，所获得的强度指标值越高
湿度	使用水饱和页岩和某些沉积岩试件所测得的单轴抗压强度仅为使用同种岩石干试件的一半

1）单轴抗压强度

岩石在单轴压缩荷载作用下达到破坏前所能承受的最大压应力为岩石的单轴抗压强度。将单轴抗压强度表示为 σ_c，它的值可由式（2-13）计算得出。

$$\sigma_c = \frac{F}{A} \tag{2-13}$$

式中：F 为破坏时的最大轴向压力，N；A 为试件垂直于轴向压力方向的横截面积，m²。

试验中的岩石试件承受单轴压缩荷载时的受力和破坏状态有三种，如图 2-2 所示。

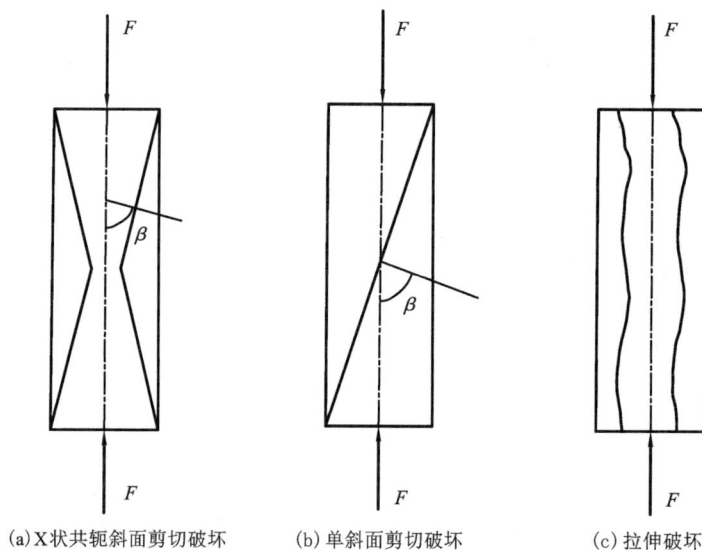

(a) X 状共轭斜面剪切破坏　　(b) 单斜面剪切破坏　　(c) 拉伸破坏

图 2-2　单轴压缩试验试件受力和破坏状态

图 2-2（a）中 β 为破坏面法线与荷载轴线（试件轴线）的夹角，β 可由式（2-14）计算得出。

$$\beta = \frac{\pi}{4} + \frac{\phi}{2} \tag{2-14}$$

式中：ϕ 为岩石的内摩擦角，°。

图 2-2(a)所示的破坏形式为最常见的破坏形式, 图 2-2(b)和图 2-2(a)两种破坏都是由破坏面上的剪应力超过极限引起的, 因此视为剪切破坏。但由于破坏前破坏面所需承受的最大剪应力也与破坏面上的正应力有关, 因此也称该类破坏为压剪破坏。在轴向压应力作用下, 由于泊松效应, 横向将产生拉应力, 图 2-2(c)中所示的破坏类型就是横向拉应力超过岩石抗拉极限所引起的。

2)单轴抗拉强度

岩石在单轴拉伸荷载作用下, 达到破坏时所能承受的最大拉应力为岩石的单轴抗拉强度。通常以 T 或 σ_t 表示抗拉强度, 计算公式为

$$\sigma_t = \frac{F_t}{A} \tag{2-15}$$

式中: F_t 为达到破坏时的最大轴向拉伸荷载, N; A 为试件的横截面积, m^2。

试件在拉伸荷载下的破坏通常是沿其横截面的断裂破坏, 岩石的拉伸破坏试验分为直接试验和间接试验两类。拉伸破坏试验中不可能像压缩试验那样将荷载直接施加在试件的两个端面上, 而是直接将两端固定在试验机的拉伸夹具内, 因此要直接进行如图 2-3(a)所示的拉伸试验是很困难的, 且直接拉伸试验在准备试件方面要花费大量的人力、物力和时间, 因而提出了间接拉伸试验。其中, 巴西劈裂试验为间接拉伸试验中最经典的方法, 亦称为劈裂试验法。劈裂试验中, 试件为岩石圆盘, 加载方式如图 2-3(b)所示。

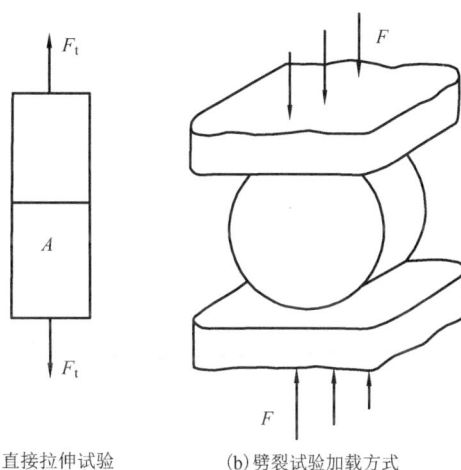

(a)直接拉伸试验　　(b)劈裂试验加载方式

图 2-3　两种试验方式

3)抗剪强度

岩石在剪切荷载作用下达到破坏前所能承受的最大剪应力为岩石的抗剪强度。为得到岩石的抗剪强度, 可以进行非限制性剪切强度试验和限制性剪切强度试验。其中, 在剪切面上只有剪应力存在, 不存在正应力的试验为非限制性剪切强度试验; 而在剪切面上除了存在剪应力, 还有正应力存在的试验为限制性剪切强度试验。典型的几种非限制性剪切强度试验如图 2-4 所示。

单面剪切试验、双面剪切试验、冲击剪切试验和扭转剪切试验的剪切强度分别记为 S_1、S_2、S_3、S_4。这四种试验的剪切强度可分别由式(2-16)、式(2-17)、式(2-18)和式(2-19)得到。

$$S_1 = \frac{F_c}{A} \tag{2-16}$$

$$S_2 = \frac{F_c}{2A} \tag{2-17}$$

$$S_3 = \frac{F_c}{2\pi r a} \tag{2-18}$$

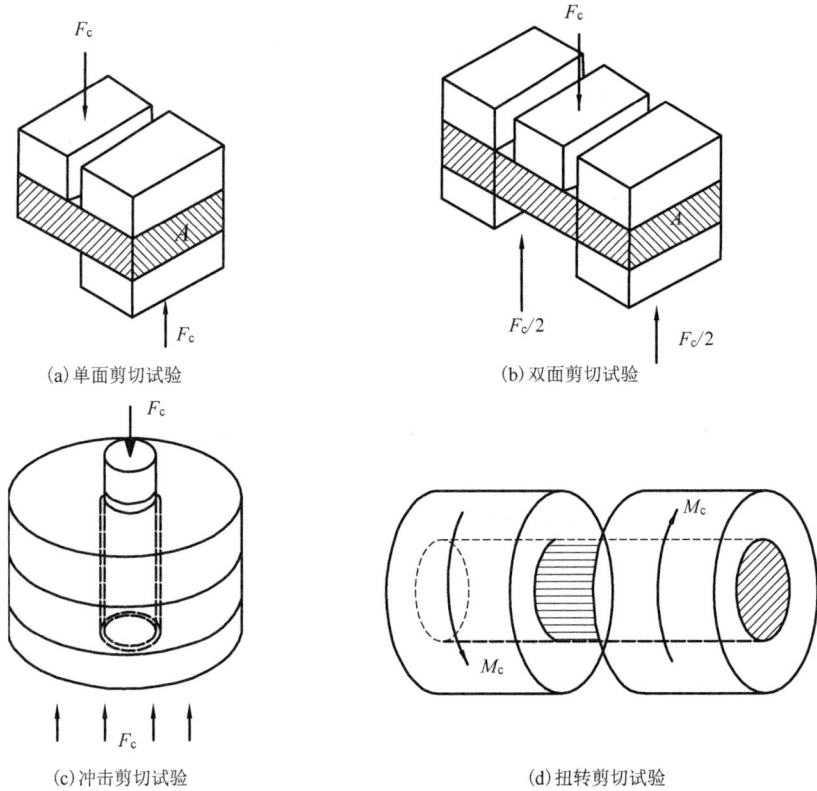

(a) 单面剪切试验

(b) 双面剪切试验

(c) 冲击剪切试验

(d) 扭转剪切试验

图 2-4　典型的非限制性剪切强度试验

$$S_4 = \frac{16M_c}{\pi D^3} \tag{2-19}$$

式中：F_c 为试件被剪断前达到的最大剪力，N；A 为试件沿剪切方向的截面积，m^2；a 为试件厚度，m；r 为冲击孔半径，m；M_c 为试件被剪断前达到的最大扭矩，N·m；D 为试件直径，m。

2. 岩石的变形

同其他固体材料一样，在承受较小荷载时，岩石首先发生变形；随着荷载的增大，变形量逐渐增加；当荷载和变形量超过一定限度后，岩石发生破坏。从宏观上看，岩石的破坏是在荷载达到一定水平后，岩石中产生了破坏其完整性的贯通裂纹面时才出现的，似乎变形和破坏是两个截然分开的阶段，而实际并非如此。对于没有贯通裂隙的岩石，在荷载未达到极限值时，岩石固体颗粒间的联结早已遭到破坏，已有裂纹产生。随着作用力增大，裂纹的大小和数量都会有所发展，岩石宏观变形量逐渐增加。随着这种变形量的不断积累，直到荷载超过某一极限水平时，岩石便形成一个贯通的宏观破裂面，岩石整体性被破坏。因此，在荷载不断增大的过程中，岩石的变形和产生微结构破裂是一个相互交错的连续过程。

岩石的变形分弹性变形、塑性变形和黏性变形三种。弹性是指物体在受外力作用的瞬间即产生全部变形，而去除外力（卸载）后又能立即恢复其原有形状和尺寸的性质。相应产生的变形即弹性变形，具有弹性性质的物体为弹性体。弹性体按其应力-应变关系可分为线性弹性体(或理想弹性体)和非线性弹性体两种。塑性是指物体受力后变形,在外力去除(卸载)后变形不能完全恢复的性质。相应的不能恢复的那部分变形为塑性变形(或永久变形、残余变形),而在外力作用下只发生塑性变形的物体为理想塑性体。黏性是指物体受力后变形不能在瞬间完成,且应变速率随应力增加而增大的性质,而对应的应力-应变关系为过坐标原点的直线的物质为理想黏性体(如牛顿流体)。各类变形所对应的应力-应变曲线如图 2-5 所示。

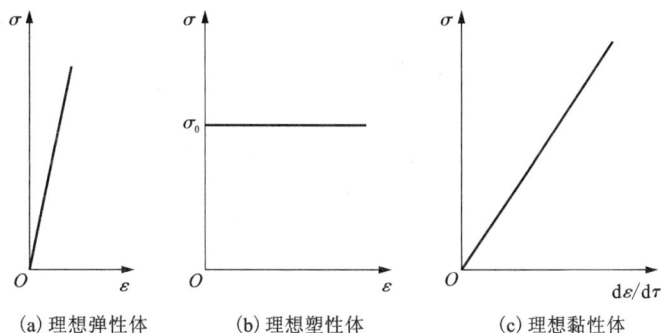

图 2-5　三类变形体的应力-应变曲线

1) 岩石的变形指标

岩石的变形特性通常用弹性模量、变形模量和泊松比等指标表示。基于单轴压缩试验探讨岩石的应力-应变关系,岩石的几种应力-应变曲线如图 2-6 所示。对于部分岩石来说,应力-应变曲线近似直线,如图 2-6(a)所示。直线的斜率即为弹性模量,记为 E。其应力-应变关系为

$$\sigma = E\varepsilon \tag{2-20}$$

式中: σ 为应力,Pa; ε 为应变。

若岩石的应力-应变关系为曲线,且应力与应变之间有着唯一的对应关系,两者之间关系为

$$\sigma = f(\varepsilon) \tag{2-21}$$

而对应此关系的材料称为完全弹性材料,如图 2-6(b)所示。当荷载逐渐施加到任意点 P,得加载曲线 OP。如果在 P 点将荷载卸去,则卸载曲线仍沿 OP 曲线的路线退到原点。

由于应力和应变是曲线关系,所以这里没有唯一的模量。但对于曲线上任一点的 σ 值,都有一个切线模量和割线模量。如对应于 P 点的 σ 值,切线模量就是 P 点在曲线上的切线 PQ 的斜率 E_t,而割线模量即为割线 OP 的斜率 E_s,计算公式为

$$E_t = \frac{d\sigma}{d\varepsilon} \tag{2-22}$$

$$E_s = \frac{\sigma}{\varepsilon} \tag{2-23}$$

若卸载曲线如图 2-6(c)所示,即此时产生了滞回效应,这种材料亦是弹性的。卸载曲线 P 点的切线 PQ' 的斜率即对应应力的卸载切线模量,其与加载切线模量不同,而与加、卸载割线模量相同。

若不仅卸载曲线不走加载曲线的路线,且应变也不恢复到原点,而是如图 2-6(d)所示的 N 点,则对应的材料称为弹塑性材料。能够恢复的变形称为弹性变形,记为 ε_e,即

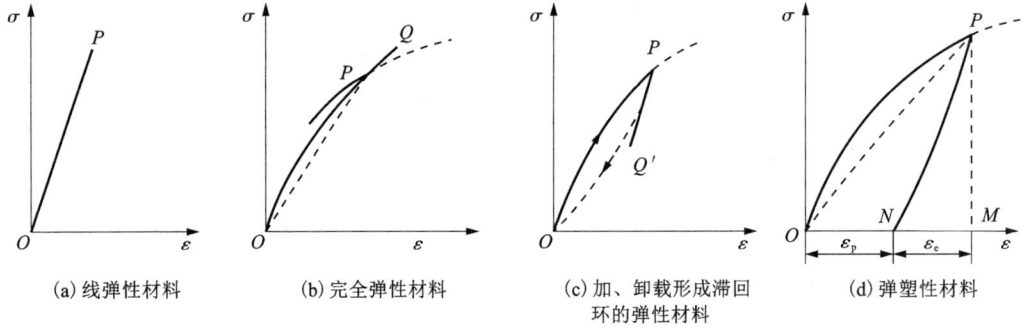

(a) 线弹性材料 (b) 完全弹性材料 (c) 加、卸载形成滞回环的弹性材料 (d) 弹塑性材料

图 2-6　岩石应力-应变曲线

图 2-6(d) 所示曲线的 MN 段；而不可恢复的变形称为塑性变形或残余变形、永久变形，记为 ε_p。加载曲线与卸载曲线所组成的环为塑性滞回环。弹性模量 E 即加载曲线直线段的斜率，而加载曲线的直线段大致与卸载曲线的割线相平行，因此，一般可将卸载曲线割线的斜率视为弹性模量，如式(2-24)，而岩石的变形模量 E_0 可由式(2-25)表示。

$$E = \frac{PM}{NM} = \frac{\sigma}{\varepsilon_e} \tag{2-24}$$

$$E_0 = \frac{\sigma}{\varepsilon} = \frac{\sigma}{\varepsilon_e + \varepsilon_p} \tag{2-25}$$

式中：$(\varepsilon_e + \varepsilon_p)$ 为总应变；σ 为正应力。

　　在图 2-6(d) 上，材料的变形模量相当于割线 OP 的斜率。在线弹性材料中，变形模量相当于弹性模量。在弹塑性材料中，材料屈服后的变形模量不是常数，它与荷载的大小和范围有关。因此，应力-应变曲线上的任一点与坐标原点的连线(割线)的斜率，即对应该点应力的变形模量。

　　岩石横向应变绝对值 ε_x 与纵向应变绝对值 ε_y 的比值称为泊松比 υ。

$$\upsilon = \frac{\varepsilon_x}{\varepsilon_y} \tag{2-26}$$

　　在岩石弹性工作范围内，泊松比一般为常数，超过此范围时，泊松比将随应力的增大而增大，直到泊松比 υ 达到 0.5 为止。除变形模量和泊松比两个基本参数外，还有从不同角度反映岩石变形性质的参数，如剪切模量(G)、拉梅常数(λ)和体积模量(K_ν)等，这些参数与变形模量(E)和泊松比(υ)之间的关系为

$$G = \frac{E}{2(1+\upsilon)} \tag{2-27}$$

$$\lambda = \frac{\upsilon E}{(1+\upsilon)(1-2\upsilon)} \tag{2-28}$$

$$K_\nu = \frac{E}{3(1-2\upsilon)} \tag{2-29}$$

　　2) 全应力-应变曲线

　　岩石的全应力-应变曲线，也称"应力-应变图"，表示材料在外力或外因变化的作用下，应力随应变变化的特征曲线。岩石的全应力-应变曲线表征了岩石从开始变形，到逐渐破坏，

再到最终失去承载能力的整个过程。岩石的
全应力-应变曲线可分为 6 个阶段，如图 2-7
所示。

由图 2-7 可知，全应力-应变曲线可分
为 OA 阶段、AB 阶段、BC 阶段、CD 阶段、
DE 阶段和 E 点以后阶段。各阶段的特征和
反映的物理意义如下。

OA 阶段：即孔隙裂隙压密阶段。此阶段
应力缓慢增加，原有的张开性结构面或微裂
隙逐渐闭合至压密，从而产生早期的非线性

图 2-7　全应力-应变曲线

变形，曲线上凹。此阶段试件体积随荷载的增大而减小，且横向膨胀较小。卸载后变形全部
恢复，属于弹性变形。显而易见，对于裂隙多的岩石而言，此阶段变形较明显；而对裂隙少
而坚硬的岩石来说，此阶段变形不明显，甚至不显现。此时，岩石开始产生声发射信号，声
发射参数诸如幅值、振铃计数等已然开始发生微弱变化。

AB 阶段：即线弹性变形阶段。此阶段曲线接近直线，应力-应变线性相关，卸载后变形
可完全恢复。

BC 阶段：即微破裂稳定发展阶段。此阶段曲线逐渐偏离线性，试件内部从 B 点开始出
现平行于最大主应力方向的微裂隙，随着应力的增大，微裂隙的数量逐渐增多，意味着试件
的破坏已然开始，与此同时，岩石内部的声发射信号也逐渐活跃起来。

CD 阶段：即非稳定破裂发展阶段或累进性破裂阶段。C 点为弹性变形到塑性变形的转
折点，即屈服点，该点的应力为屈服应力(屈服极限)，其值约为峰值应力的 2/3。进入本阶
段后，试件内部裂纹形成速度加快，微破裂发生质的变化，破裂不断发展，也使得声发射信
号发生小规模的"突跃"。试件由体积压缩转为扩容，轴向应变和体积应变速率迅速增大，D
点达到试件的最大承载能力，即峰值强度。

DE 阶段：即微裂纹贯通阶段。岩石达到峰值强度后，微裂纹逐渐贯通，内部结构遭到破
坏，但试件基本保持整体状。此阶段应力持续增大，裂隙快速发展，声发射活动也愈加剧烈；
当裂隙交叉且相互联合形成宏观断裂面时，声发射信号达到最大值；试件的承载能力降低，
出现应变软化现象。

E 点以后阶段：即残余强度阶段。此阶段试件变形主要表现为沿宏观断裂面的块体滑
移，试件承载能力随变形的增大而快速下降。直至强度不再降低，而变形不断增大时，说明
破裂后的试件依然具有一定的承载能力。

全应力-应变曲线除能全面表征岩石在受压破坏过程中的应力、变形特征以及破坏后的
强度与力学性质变化规律外，还能用于预测岩爆、预测蠕变破坏以及预测循环加载条件下的
岩石破坏等。

3)循环加载、卸载时的应力-应变曲线

在岩石工程中，岩石常常会受到循环载荷的作用，使得其在发生破坏时所达到的应力往
往低于自身的静力强度。对于线弹性岩石，加载路径与卸载路径完全重合，多次反复加载、
卸载时，其应力-应变路径也是相同的，都沿同一直线往返。对于完全弹性岩石，其加载、卸
载路径也完全重合，但应力-应变关系是曲线，反复多次加载与卸载，其应力-应变路径仍服

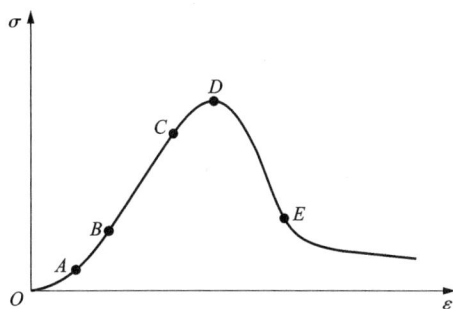

从此曲线关系。对于弹性岩石，虽然加载曲线与卸载曲线不重合，但是反复加载与卸载时，应力-应变关系曲线总是服从此环路的规律。

而对于非弹性岩石，如弹塑性岩石，若卸载点 P 超过屈服点，卸载曲线则不与加载曲线重合，从而形成塑性滞回环，如图 2-8(a) 所示。根据经验，卸载曲线的平均斜率通常与加载曲线直线段的斜率相同，或与原点切线斜率相同。若多次反复加载与卸载，且每次施加的最大荷载与第一次施加的最大荷载相同，则每次加、卸载曲线都形成一个塑性滞回环。这些塑性滞回环随着加、卸载次数的增加而逐渐变窄，并且彼此间越来越近，从而岩石也越来越接近弹性变形，直到某次循环没有塑性变形为止，如图 2-8(a) 中的 HH' 环。当循环应力峰值小于某一数值时，循环次数即使很多，也不会导致试件破坏；而当超过这一数值时岩石将在某次循环中发生破坏(疲劳破坏)，这一数值称为临界应力，临界应力与岩石种类有关。当循环应力峰值超过临界应力时，反复加载、卸载的应力-应变曲线将最终和岩石全应力-应变曲线峰后段相交，并导致岩石破坏。此时，给定的应力称为疲劳强度。

如果多次反复加载、卸载循环，且每次施加的最大荷载要大于前一次循环的最大荷载，如图 2-8(b) 所示，则塑性滞回环的面积随着循环次数的增加而有所增大，卸载曲线的斜率(即岩石的弹性模量)也逐次略有增大，这意味着卸载应力下岩石材料的弹性有所增强。此外，每次卸载后再加载，在荷载超过上一次循环的最大荷载以后，变形曲线仍沿着原来的单调加载曲线上升，如图 2-8(b) 中所示的 OC 线，好像不曾受到反复加载的影响似的，这种现象称为岩石的变形记忆。

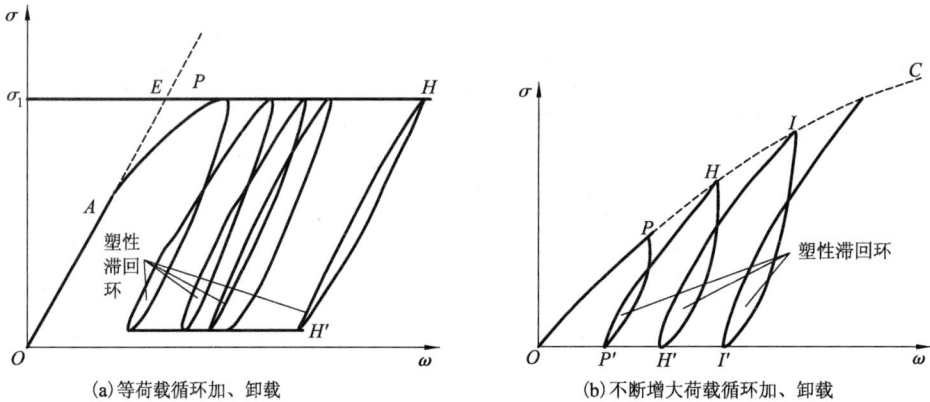

图 2-8　两种循环加、卸载方式下的应力-应变曲线

4) 体积应变曲线

谈及体积应变，这里不得不提一下岩石的扩容现象。岩石的扩容现象是岩石在荷载作用下，在其破坏之前产生的一种非常明显的非弹性体积变形，是岩石的一种普遍性质。研究岩石的扩容既可以深入了解岩石的性质，又可以预测岩石的破坏。大量试验表明，对于弹性模量和泊松比为常数的岩石，其体积应变曲线可以分为 3 个阶段，如图 2-9 所示。

体积变形阶段：体积应变在弹性阶段内随应力增加而呈线性变化(体积减小)，在此阶段内 $\varepsilon_1 > |\varepsilon_2 + \varepsilon_3|$，此阶段称为体积变形阶段。$\varepsilon_1$ 为轴向压缩应变，$\varepsilon_2 + \varepsilon_3$ 为两侧向膨胀应变之和。在此阶段后期，随着应力增加，岩石的体积应变曲线向左转弯，开始偏离直线段，出现扩容。在一般情况下，岩石开始出现扩容时的应力为其抗压强度的 $1/3 \sim 1/2$。

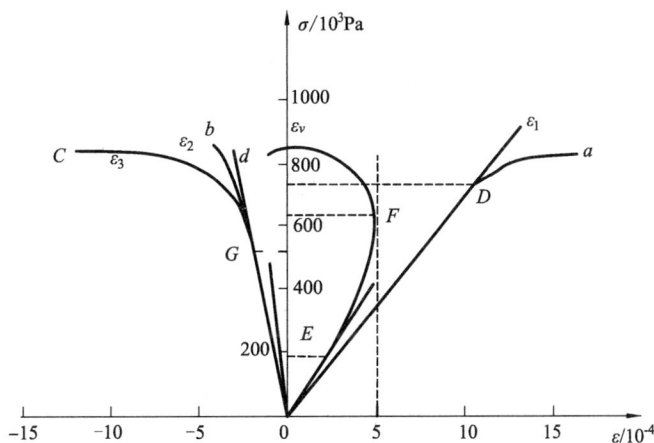

图 2-9　岩石体积应变曲线

　　体积不变阶段：在这一阶段内，随着应力的增加，岩石虽有变形，但体积应变增量趋近于零，即岩石体积大小几乎没有发生变化。在此阶段内可认为 $\varepsilon_1 = |\varepsilon_2 + \varepsilon_3|$，因此称此阶段为体积不变阶段。

　　扩容阶段：当外力继续增加，岩石试件的体积不是减小，而是大幅度增大，且增长速率越来越大，最终将导致岩石试件的破坏，这种体积明显扩大的现象称为扩容，此阶段称为扩容阶段。在此阶段内，当试件临近破坏时，两侧向膨胀变形之和超过最大主应力方向上的压缩变形值，即 $|\varepsilon_2 + \varepsilon_3| > \varepsilon_1$。这时岩石试件的泊松比已不是常量。

3. 岩石的破坏

　　岩石的破坏是累进性的，是众多局部微结构破裂的积累。从几何和物理力学机理上讲，岩石破坏只有张裂破坏和剪裂破坏。岩石在荷载作用下，由变形产生的破坏形式随作用力的方式不同会有所差异。岩石在单轴荷载作用下，主要产生张裂破坏；在三向荷载作用下，主要产生与轴向荷载成一定角度的剪切破坏；在轴向荷载和水平剪切荷载同时作用下，主要产生沿剪切荷载方向的剪切破坏。所以，岩石在不同形式的力作用下所表现出来的性质是不同的。大量的试验和观察证明，岩石的破坏现象常常表现很复杂，但根据岩石的破坏特征，常将岩石的破坏归纳成脆性破坏、塑性破坏、弱面剪切破坏等几种类型，如图 2-10 所示为岩石的几种常见破坏形式。

　　脆性破坏：岩石在荷载作用下没有显著觉察的变形就突然破坏。大多数新鲜坚硬岩石在一定条件下会表现出脆性破坏的性质，这种破坏可能是岩石中裂隙的发生和发展的结果。利用电子扫描、显微技术，人们可以观察到岩石试件的微观结构以及在施加荷载下的变化，在荷载(或应力)不断增加的情况下，孔隙贯通，裂隙数量增加，裂纹合并、交叉，逐渐形成宏观破裂。在工程中，例如在地下洞室开挖后，由于洞室周围的应力显著增大，洞室围岩可能产生新的裂隙，尤其是洞顶的张裂隙，这些都是脆性破坏的结果。

　　塑性破坏：是指岩石在破坏之前的变形较大，没有明显的破坏荷载，表现出显著的塑性变形、流动或挤出。这种破坏常发生在一些软弱岩石中，在两向或三向受力情况下，有些坚

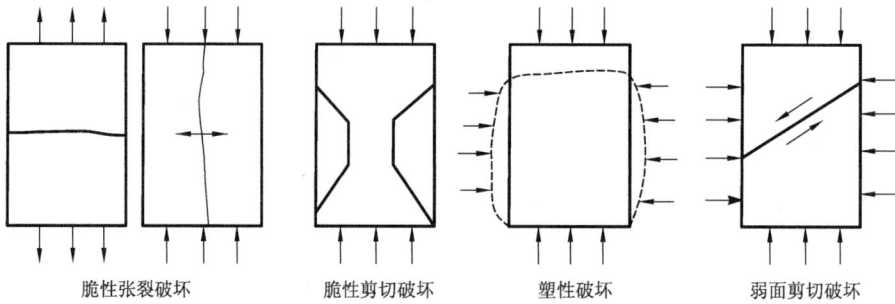

| 脆性张裂破坏 | 脆性剪切破坏 | 塑性破坏 | 弱面剪切破坏 |

图 2-10　岩石的破坏类型

硬岩石也呈这种破坏特征。一般来说，塑性破坏是由岩石显著的塑性变形导致的破坏。通常认为，塑性变形是岩石内结晶晶格错位的结果。在有些洞室工程中，底部岩石隆起，两侧围岩向洞内鼓胀都是塑性破坏的例子。

弱面剪切破坏：由于岩层中存在节理、裂隙、层理、软弱夹层等软弱结构面，岩石的整体性受到破坏。在荷载作用下，这些软弱结构面上的剪应力大于该面上的强度时，岩体就产生沿弱面的剪切破坏，从而使整个岩体滑动，尽管远离弱面的地方岩体并未达到破坏。岩坡工程的滑坡、岩基沿软弱夹层的滑动及岩石试件沿潜在破坏面的滑动，都属于这种破坏。

2.1.3　岩石力学试验方法

岩石力学试验就是模拟岩石原始的受力状态，用特殊的加载装置，给岩石施加荷载，同时测试岩石在荷载作用下产生的变形。用测得的荷载值和对应的变形值，绘制荷载与变形的关系曲线。根据曲线的变化趋势分析研究岩石的力学性质，利用曲线可计算反映岩石力学特性的变形和强度参数。这些参数是进行岩土工程设计、施工及稳定性分析必不可少的力学参数。岩石力学试验主要包括单轴抗压强度试验、三轴压缩强度试验、抗拉强度试验、直接剪切强度试验和点荷载强度试验等。每项试验的具体内容将在本节详细介绍。

1. 单轴抗压强度试验

岩石的单轴抗压强度是岩石强度中最常用的力学指标，岩石单轴抗压强度试验也是岩石力学性质试验中最基本的试验。岩石抗压强度通常在实验室由压力机进行加压试验测定，试验原理见式(2-13)。为了使试验结果便于比较，试验应按有关规定进行。按照国际岩石力学学会(ISRM)建议的岩石力学试验方法，试验基本规定如下：

(1)试件应是整齐的圆柱体，其高与直径之比为 2.5~3.0，直径最好不少于 NX 型岩芯尺寸(NX 型为一种钻具型号)，大致为 54 mm。试件直径与岩石内最大颗粒尺寸的比值至少是 10∶1。单轴抗压强度试验的示意图如图 2-11(a)所示，相应的部分岩石破坏特征如图 2-11(b)所示。

(2)试件端面应平整到 0.02 mm，对于试件轴的垂直度不应超过 0.001 弧度(大约为3.5 分)，或每 50 mm 不超过 0.05 mm。

(3)试件周边应光滑平整，试件的全部长度应平整到 0.3 mm。

(4)不允许使用覆盖材料或端面不用机械加工。

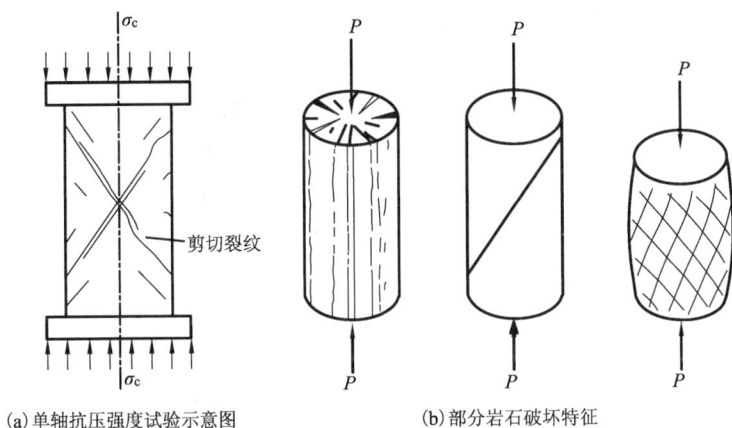

(a)单轴抗压强度试验示意图　　　　(b)部分岩石破坏特征

图 2-11　单轴抗压强度试验

(5)试件直径的测量应在试件高度的上部、中部和下部分别测量两个相互正交的直径。其平均值的精度为 0.1 mm。直径平均值是用来计算横截面积的。试件高度的测定精度应为 1.0 mm。

(6)试样保管期不超过 30 天,应当尽可能地保持天然含水量,使试验在这种环境下进行(在某些情况下,对于某些材料可以要求试件具有其他含水量,例如,饱和的或在 105℃条件下绝对干燥的含水量。这种含水量要备注在试验报告中)。这种湿度环境规定见 ISRM 委托的实验室试验方法第 2 号文件第一次修订本《测定岩石试样含水量的建议方法》第(一)种方法。

(7)施加在试件上的荷载要始终保持一定的加载速率,使破坏过程发生在加载的 5~10 min 内,即加载速率在 0.5~1.0 MPa/s 的限度内。

(8)试件的最大荷载记录用牛顿(N)[或千牛顿(kN)、兆牛顿(MN)]为单位,精度 1%。

(9)试验的试件数量应根据实际条件决定,但最好不少于 5 块。岩样的单个试件的单轴抗压强度至少有 3 个有效数据,并计算其平均值,用帕(Pa)或其倍数表示应力和强度的单位。

(10)试件两端放置在洛氏硬度不低于 HRC58 的圆盘状钢压板之间,压板直径在试件直径 D 和 $(D+2)$ mm 之间,压板厚度至少为 15 mm 或 $D/3$。圆盘表面应该磨光,其平整度应优于 0.005 mm。

(11)试验机的球面座应该放在试件的上端面,它应该用矿物油稍加润滑,以在滑块自重作用下仍能闭锁。试件、压板和球面座要精确地彼此对中,并与加载机器设备对中,球面座的曲率中心应与试件端面的中心对中并重合。

一般都认为测定岩石的单轴抗压强度是一件极其简单的事情,实际上并非如此。因为影响强度值的因素很多,其中主要有试件本身的结构特性、试件形态、环境温度和测试条件等。所以,每次测定的强度值只是一定条件下的特征值。为了保证试验结果的准确性和可比性,试验中应注意以下几个方面的问题。

(1)试件形态。试件形态包括试件大小、形状和高径比,三者对测试结果的影响称为尺寸效应或体积效应。要消除尺寸效应,在正常测试条件下,必须注意选择标准试件的原则。一般认为试件的直径至少应大于岩石中最大矿物颗粒直径的 10 倍,增大试件尺寸可以减少应力梯度的影响。由于圆柱体试件具有轴对称的特征,而且应力分布较立方体试件均匀,同时考虑到试件制备的难易程度，圆柱体试件制备比立方体试件简单，因此应首选圆柱体为标准试件形状。

（2）试件精度。对圆柱体试件的精度要求，主要包括试件直径误差、两端面的平行度误差及端面与试件轴线的偏差。两端面的平行度会影响试验时试件横截面上应力的均匀分布，从而影响试验结果，因而试验规程要求，试件两端面的平行度误差不得超过 0.02 mm。

（3）端部效应。端部效应是指试件受压时，两端部受其与试验机承压板间摩擦力的束缚，不能自由侧向膨胀而产生的对强度试验值的影响。由图 2-12 可知，岩石试件在与承压板直接接触时，出现倾斜剪切破坏，如图 2-12（a）和图 2-12（b）；而在两者之间加有润滑物质时，试件产生与加荷方向一致的劈裂，如图 2-12（c）和图 2-12（d），且经试验验证，其强度较直接接触的低。由于端部约束效应的存在，岩石试件的应力状态、破坏强度和破坏形式都受到影响。为了减少或消除这种端部效应，在试验时，常在试件和加压板之间加涂润滑剂，以消除或减少加压板与试件端面之间的摩擦力，同时试件长度要满足一定的高径比。提高试件制备精度，有助于获得均匀的压力分布。试验前要按规程要求的精度，严格检查每一个试件。对于没有达到精度要求的试件，一定要重新打磨，直到满足误差标准。检查试件直径误差、端面平行度误差和轴向偏差时，可用 V 形槽、千分表和表座进行检测。

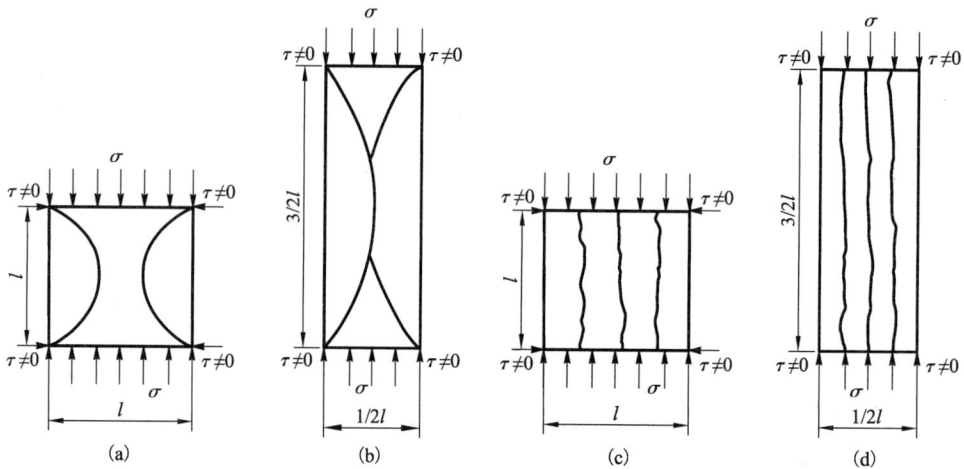

（a）和（b）为直接接触试件，（c）和（d）为加润滑剂试件。

图 2-12　直接接触与加润滑剂试件破坏类型

（4）加载速率。加载速率的影响属于时间效应，试件在加载过程中的破坏机理是随着试件所受荷载的增加，微裂隙不断发展，然后沿最不利的方向破坏。若加载速率缓慢，则裂隙发育充分，反映出的强度较低；反之，加载速率较快，裂隙发育不充分，将出现人为的强度偏高现象。所以，在试验时一定要严格控制加载速率，按照规程要求，加载速率应控制在 0.5~1.0 MPa/s。

（5）试件选取。对于坚硬岩石，可利用物性试验（如块体密度试验）后的试件来测定单轴抗压强度。这样不仅可以节省试样，而且还有利于建立指标之间的相互关系，对测试结果进行相互校核。对于黏土质岩石，在试样拆除密封后，应迅速制备试件，测定块体密度，然后浸水并抽气饱和，最后烘干试件求物性指标。如果将抗压试验后的试块烘干再求干容重，则可将物性指标与抗压强度联系起来，进行综合分析。只有把握好试验的各个环节，才能保证试验结果的准确性。

2. 三轴压缩强度试验

岩石三轴压缩强度是指在不同的三向压缩应力作用下，岩石抵抗外加荷载的极限能力。由于三向应力状态在水平和垂直方向有多种应力组合，所以岩石的三轴压缩强度并不是一个确定的值，而是随着三向应力的不同组合而发生变化。只有通过测定岩石在某种组合的三向应力作用下发生破坏时的极限应力值，才能得到岩石的三轴压缩强度。岩石的三轴压缩强度与应力组合呈函数关系，通常为

$$\sigma_1 = f(\sigma_2, \sigma_3) \qquad (2-30)$$
$$\tau = f(\sigma) \qquad (2-31)$$

式中：σ_1 为最大主应力，Pa；σ_2、σ_3 为中间主应力和最小主应力，Pa；σ 为正应力，Pa；τ 为剪应力，Pa。

当 σ_2 和 σ_3 一定时，该函数是一个单调函数，即随着中间主应力和最小主应力的增加，相应的极限最大主应力(三轴压缩强度)也随之增加。

三轴压缩试验的加载方式有两种：一种是试件为立方块，加载方式如图 2-13(a)所示，其中 $\sigma_1 > \sigma_2 > \sigma_3$，$\sigma_2$、$\sigma_3$ 为侧向压力，这种加载方式为真三轴压缩，试验装置复杂，且试验条件对试验结果的影响很大；另一种试件是圆柱形，加载方式如图 2-13(b)所示，其中 σ_1 为轴向压力，$\sigma_2 = \sigma_3$，为侧向压力或围压，这种试验为常规三轴或假三轴压缩试验。

由于试验装置较为简便，因此进行常规试验的情况较多见，岩石常规三轴压缩强度试验一般用于测定完整岩石在三向应力作用下的抗剪强度参数。常规三轴试验装置的结构原理如图 2-13(c)所示，三轴压缩试验的破坏类型见表 2-6。

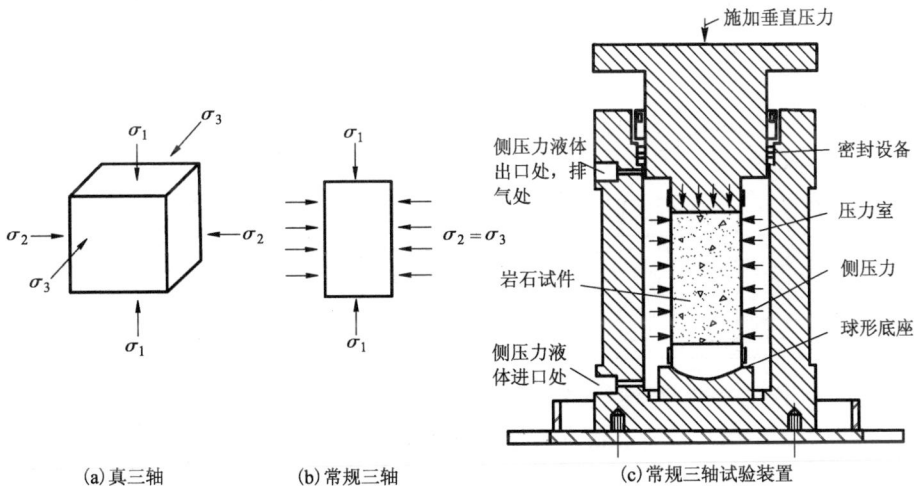

(a)真三轴　　(b)常规三轴　　(c)常规三轴试验装置

图 2-13　两类三轴加载试验示意图

表 2-6　三轴压缩试验的破坏类型

情况	情况一	情况二	情况三	情况四	情况五
破裂或断裂前的典型应变/%	<1	1~5	2~8	5~10	>10
压缩 $\sigma_1 > \sigma_2 = \sigma_3$					
典型的应力-应变 $(\sigma_1 - \sigma_3)$ 曲线					

岩石常规三轴压缩变形试验可测定岩石在三向应力作用下的弹性模量、泊松比等三轴压缩变形参数，同时得到内聚力 c 和内摩擦角 φ。三轴压缩试验对试件的要求与单轴压缩试验完全一致。一般情况下，同一含水状态的岩石试件每组数量不少于 5 个。在进行三轴试验时，先对试件施加侧压力，即最小主应力 σ_3'，然后逐渐增加垂直压力直到试件破坏，得到试件破坏时的最大主应力 σ_1'，从而得到一个破坏时的应力圆。采用相同岩样，改变侧压力 σ_3''，施加垂直压力直至试件破坏，得到 σ_1''，从而又得到一个破坏应力圆。通过对一组岩样进行不同压力 σ_3 下的三轴试验，得到相应的不同的 σ_1，每个试件可得到一个对应的破坏应力圆，绘制这一系列破坏应力圆的包络线，可得到试件抗剪强度线，如图 2-14(a) 所示。

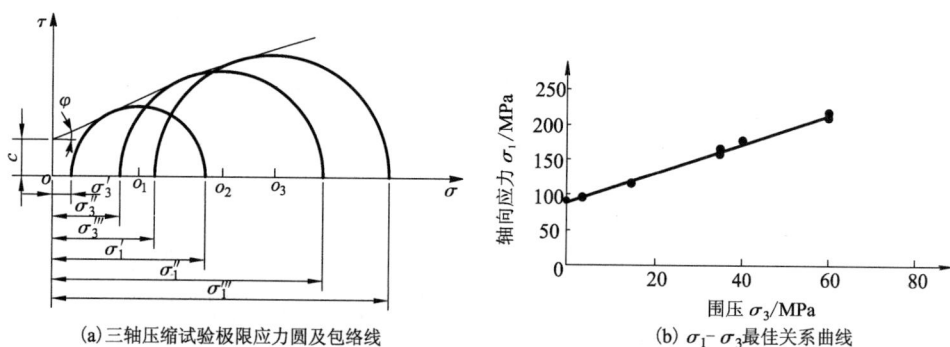

(a)三轴压缩试验极限应力圆及包络线　　(b) $\sigma_1 - \sigma_3$ 最佳关系曲线

图 2-14　三轴压缩试验曲线

如果近似把该试件抗剪强度线看作一根直线，则可根据该线在纵轴上的截距和该线与水平线的夹角，求得所试验岩石的内聚力 c 和内摩擦角 φ。三轴试验所得的 c 值大于直剪试验所得 c 值，而 φ 值则相当。亦如单轴压缩试验，三轴压缩试验试件的破坏面与最大主应力作用面之间夹角 $\alpha = 45° + \varphi/2$。

以极限轴向应力 σ_1 为纵坐标，侧压 σ_3 为横坐标，将试验点绘制在直角坐标系中，然后用图解法或最小二乘法绘制出最佳关系曲线。若最佳关系曲线为直线，如图 2-14(b) 所示，可按式 (2-32) 和式 (2-33) 直接求内聚力 c 和内摩擦角 φ 值。

$$c = \frac{\sigma_c(1-\sin\varphi)}{2\cos\varphi} \tag{2-32}$$

$$\varphi = \arcsin\frac{m-1}{m+1} \tag{2-33}$$

式中：c 为岩石的内聚力，MPa；φ 为岩石的内摩擦角，(°)；σ_c 为最佳关系曲线在纵轴上的截距，MPa；m 为最佳关系曲线的斜率。

另外，在此条件下 ($\sigma_2 = \sigma_3$)，围压对岩石变形的影响有以下规律：

- 随着围压 ($\sigma_2 = \sigma_3$) 的增大，岩石的抗压强度显著增加；
- 随着围压 ($\sigma_2 = \sigma_3$) 的增大，岩石的变形显著增大；
- 随着围压 ($\sigma_2 = \sigma_3$) 的增大，岩石的弹性极限显著增大；
- 随着围压 ($\sigma_2 = \sigma_3$) 的增大，岩石的应力-应变曲线形态发生明显改变，岩石的性质发生了变化，即由弹脆性→弹塑性→应变硬化。

3. 抗拉强度试验

岩石的抗拉强度可由直接拉伸法和劈裂试验法测得，下面介绍国际岩石力学学会《岩石力学试验建议方法》所建议常用的工程岩石抗拉强度试验方法。

1) 直接拉伸法

直接拉伸的理想化的试验受力状态如图 2-15(a) 所示，岩石的抗拉强度 σ_t 可由公式 (2-34) 得到。

$$\sigma_t = \frac{P_t}{A} \tag{2-34}$$

式中：σ_t 为岩石的抗拉强度，MPa；P_t 为试件达到破坏时的最大轴向拉伸荷载，N；A 为试件横截面积，mm^2。

在测定岩石抗拉强度的直接拉伸法试验中，最大的困难是试件的夹持问题，不仅要使拉应力均匀分布并使试件便于夹持，而且要将试件安装在拉伸夹持器中而不损伤试件的表面。此外，如果施加的荷载不能严格地与试件轴线平行，就有引起弯曲的趋向，产生异常的应力集中；再则，夹持过程本身就将在试件内产生压应力而影响试验结果。

例如，由于进行如图 2-15(a) 所示的拉伸试验困难，因此将试件两端固定在材料试验机拉伸夹具内，如图 2-15(b) 和图 2-15(c) 所示。而夹具内产生的应力过于集中，往往引起试件两端破裂，造成试验失败。若夹具施加的夹持力不够大，试件就会从夹具中拉脱出来，这也会导致试验失败。直接拉伸试验也可如图 2-15(d) 所示，岩石试件两端胶结在水泥或环氧树脂中，拉伸荷载通过胶结水泥或环氧树脂传到试件上，这样可使得在试件拉伸断裂前，它的其他部位不会先行破坏而导致试验失败，但要确定两者胶结力是否协调。大部分试验表明，岩石试件在以上所述的方法中大多在夹持或粘接部位发生破坏，造成本来很低的岩石抗拉强度测值失真，而失去实用意义。为解决这一问题，有学者提出了一种狗骨形试件，中间细两端粗的设计目的在于使试件在中间发生破坏，而非夹持部位。并且，基于狗骨形试件，

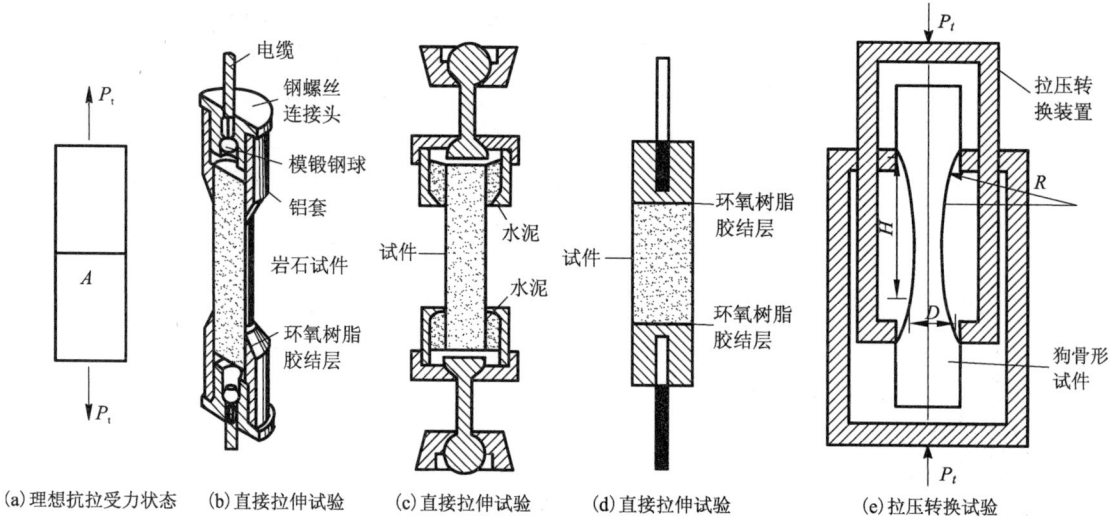

(a)理想抗拉受力状态　(b)直接拉伸试验　(c)直接拉伸试验　(d)直接拉伸试验　(e)拉压转换试验

图 2-15　抗拉试验及试件尺寸

有人还提出了拉压转换的思路，如图 2-15(e)所示，巧妙地将压力转换为拉力，这在一定程度上推动了岩石抗拉强度试验技术的发展。但狗骨形试件要求中间均匀、不偏心，制作难度和成本都较高，且荷载偏心产生附加弯矩，使得破坏截面上应力分布不均匀而引起误差，因此，人们通常采用劈裂试验法获取岩石的抗拉强度。

2)劈裂试验法

实验室常采用劈裂试验法(俗称巴西法)测定岩石抗拉强度，一般采用圆柱体试件，岩样的直径与厚度比为 2:1，将薄圆盘试件沿其直径方向加载，在沿着加载直径的方向上分布着垂直于加载方向的拉伸应力，如图 2-16 所示。

在实际试验中，荷载 F 并不是如图 2-3(b)所示沿着平行于轴线的一条线加到试件上的，那样会造成沿线加载不均匀。因为受加工精度所限，压板和圆盘间不可能保持全线紧密接触，并且线荷载还会造成圆盘表面破坏。实际上荷载是沿着一条弧线加上去的，但弧高不能超过圆盘直径的 1/20，劈裂试验中应力分布的具体情况如图 2-17 所示。在压应力作用下，应力沿圆盘直径 y-y 分布。在圆盘边缘处，有压应力 σ_y 和 σ_x，其中，σ_y 沿 y-y 方向，σ_x 垂直于 y-y 方向。离开边缘后，沿 y-y 方向的 σ_y 仍为压应力，但应力值比边缘处显著减少，并趋于均匀化；而垂直于 y-y 方向的 σ_x 变成拉应力，并在沿 y-y 方向的很长一段距离上呈均匀分布状态。从图 2-17 可看出，虽然拉应力的值比压应力值低很多，但由于岩石的抗拉强度很低，试件仍是因 x 方向的拉应力而产生劈裂破坏。

圆盘的破裂是从圆的中心开始，并沿着加载直径向上、下两个方向扩展开来。当拉应力达到岩样的抗拉强度 σ_t 时，试件在加载点联机上呈现清晰的破裂。根据弹性力学理论，沿着施加集中力 P_c 的直径方向产生近似均匀分布的水平应力 σ_x。

$$\sigma_x = \frac{2P_c}{\pi DL} \tag{2-35}$$

式中：P_c 为作用于岩石试件的最大压力，N；D 为岩石试件直径，m；L 为岩石试件厚度，m。

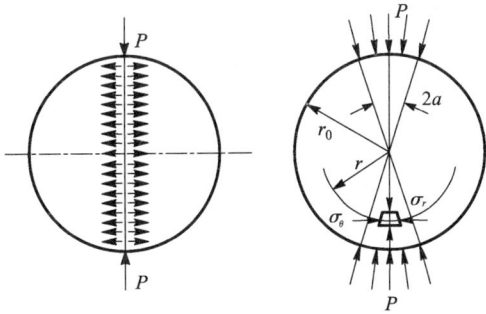

图 2-16　巴西劈裂试验

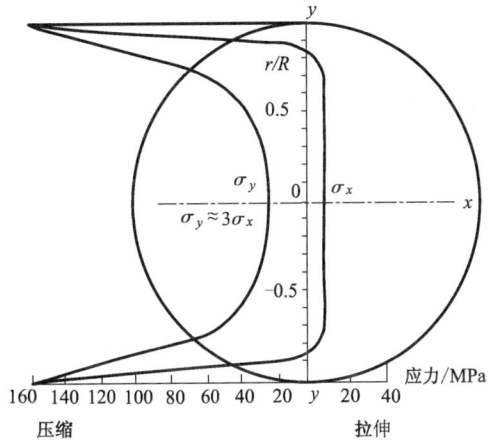

图 2-17　劈裂试验应力分布情况

而在水平方向直径平面内产生非均匀分布的竖向压应力，其在试件中轴线上的最大压应力 σ_y 为

$$\sigma_y = \frac{6P_c}{\pi DL} \tag{2-36}$$

由式(2-35)和式(2-36)可知，圆柱体试件的压应力 σ_y 为拉应力 σ_x 的 3 倍，但是岩石抗压强度往往是抗拉强度的 10 倍，所以，在这种试验条件下试件总是表现为受拉破坏，因此，可以采用劈裂试验法结果求解岩石抗拉强度。此时，只需用试件破坏时的最大应力 P_{max} 代替式(2-35)中的 P_c 即可得到岩石的抗拉强度 σ_t，即

$$\sigma_t = \frac{2P_{max}}{\pi DL} \tag{2-37}$$

如果试件为立方体试件，则抗拉强度 σ_t 为

$$\sigma_t = \frac{2P_{max}}{\pi a^2} \tag{2-38}$$

式中：a 为立方体边长，m。

岩石劈裂法的优点是简便易行，无须特殊的设备，只需用普通的压力机就行，因此在工程上已获得广泛的应用。

4.直接剪切强度试验

室内岩石直接剪切强度试验是在直接剪切仪上进行的，仪器主要由上、下刚性匣子组成，对于测定岩石本身剪切强度的试件，没有明确规定尺寸，一般可以采用 5 cm×5 cm×5 cm 的立方块；对于测定岩石软弱结构面抗剪切强度的试件，断面尺寸规定为 15 cm×15 cm~30 cm ×30 cm，并规定结构面上、下岩石的厚度分别约为断面尺寸的 1/2。在制备试件时，可以将试件沿着四周切成凹槽状，当试件不能做成规则形状时，可将砂浆与试件浇制一起进行剪切。将配制好的岩样放在剪切仪的上、下匣之间，逐渐加大作用力，直至岩石发生剪切破坏。试验中一般上匣固定不动，下匣可以水平移动，上、下匣的错动面就是岩石的剪切面，如图 2-18 所示。

试验时，先在试件上施加垂直荷载 P，然后在水平方向逐渐施加水平剪切力 T，直至破坏时达到最大值 T_{max}。剪切面上的正应力 σ_n 和剪切力 τ 计算见式(2-39)和式(2-40)。

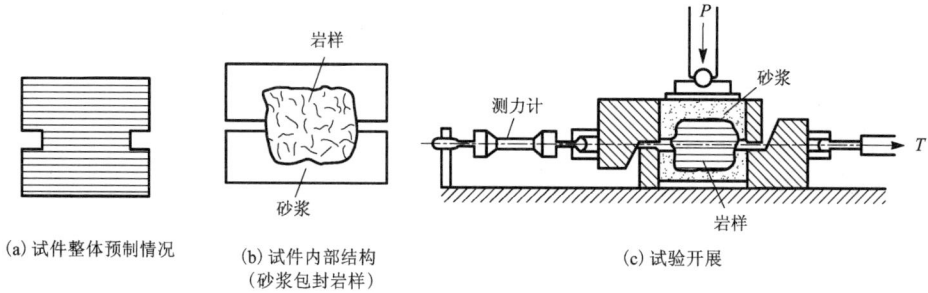

(a) 试件整体预制情况　　(b) 试件内部结构　　(c) 试验开展
　　　　　　　　　　　　　（砂浆包封岩样）

图 2-18　岩石直接剪切试验示意图

$$\sigma_n = \frac{P}{A} \qquad\qquad (2-39)$$

$$\tau = \frac{T}{A} \qquad\qquad (2-40)$$

式中：A 为试件剪切面积，m^2。

在逐渐施加水平剪切力 T 的同时观测上、下匣试件的相对水平位移及垂直位移，从而绘制出剪应力 τ 与水平位移 δ_h 的关系曲线（$\tau\text{-}\delta_h$ 曲线）及垂直位移 δ_v 与水平位移 δ_h 的关系曲线（$\delta_v\text{-}\delta_h$ 曲线）。

岩石的抗剪强度随作用在破坏面上的正应力大小的变化而变化，一般来说，岩石在低应力作用下的抗剪强度较小，而受高应力作用时抗剪强度较大。以 τ_f 表示给定正应力下的抗剪强度。给定不同正应力 σ_n 对相同试件进行多次试验，可得到不同 σ_n 下的抗剪强度，并绘成 $\tau_f\text{-}\sigma_n$ 关系曲线。试验证明，$\tau_f\text{-}\sigma_n$ 强度线并不是严格的直线，但在正应力不大时（$\sigma_n < 10$ MPa）可近似地看作直线，其方程式为

$$\tau_f = c + \sigma_n \cdot \tan\varphi \qquad\qquad (2-41)$$

这就是著名的库仑方程式，根据直线在 τ_f 轴上的截距可求得岩石的内聚力 c，根据该线与水平方向的夹角，可以确定岩石的内摩擦角 φ。直接剪切试验的优点是简单方便，不需要特殊的设备，但该方法所用试件的尺寸较小，不易反映岩石中裂缝、层理等弱面的情况。同时，试件受剪切面上的应力分布也不均匀，如果所加水平力偏离剪切面，则还会引起弯矩，误差较大。

5. 点荷载强度试验

岩石点荷载强度试验是将岩石试件置于上、下两个锥形加荷器之间，通过油压千斤顶对其施加集中点荷载，直到试件破坏，以测得油压千斤顶读数，来计算岩石的点荷载强度指数和强度各向异性指数。利用该试验测得的岩石点荷载强度指数，可作为岩石分级的依据，并可利用经验公式计算岩石的单轴抗压强度和抗拉强度指标。根据平行和垂直于岩石层面的点荷载强度测值，可确定岩石的各向异性指数。

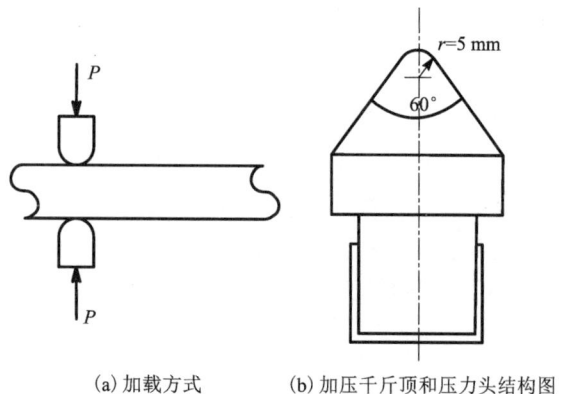

(a) 加载方式　　(b) 加压千斤顶和压力头结构图

图 2-19　点荷载试验示意图

点荷载强度试验的设备比较简单，小型点荷载试验装置由一个手动液压泵、一个液压千斤顶和一对圆锥形加压头组成，加载方式如图 2-19(a)所示。压力 P 由液压千斤顶提供。加压千斤顶和压力头结构如图 2-19(b)所示。

这种小型点荷载试验装置是便捷式的，可带到岩土工程现场去做试验。这是点荷载试验能够广泛采用的重要原因。大型点荷载试验装置的原理和小型点荷载试验装置的原理是相同的，只是能提供更大的压力，适合大尺寸的试件。点荷载试验的另一个重要优点是对试件的要求不严格，不需像做抗压强度试验那样精心准备试件。试件可采用钻孔岩芯或从岩石露头、勘探坑槽、洞室中采取的岩块。对试件尺寸的要求，随试件形状和试验方法的不同而异。

点荷载试验的主要目的是计算点荷载强度指标 I_s，其值可由式(2-42)确定。

$$I_s = \frac{P}{y^2} \tag{2-42}$$

式中：P 为破坏时的极限荷载，N；y 为加载点试件的厚度，m。

统计公式为式(2-43)，

$$R_t = 0.96I \tag{2-43}$$

式中：R_t 为试件中心的最大拉应力，Pa。

由于试件离散性大，要求每组 15 个试件，取均值，得式(2-44)。

$$R_t = \frac{1}{15} \sum_{i=1}^{15} 0.96I_i \tag{2-44}$$

国际岩石力学与岩石工程学会(ISRM)将直径为 50 mm 的圆柱体试件径向加载点荷载试验的强度指标值 $I_{s(50)}$ 确定为标准值，其他尺寸试件的试验结果需根据式(2-45)进行修正。

$$I_{s(50)} = kI_{s(D)} \tag{2-45}$$

式中：$I_{s(50)}$ 为直径 50 mm 的标准试件的点荷载强度指标值，MPa；$I_{s(D)}$ 为直径为 D 的非标准试件的点荷载强度指标值，MPa；k 为修正系数；D 为试件直径，mm。k 与 D 的关系如下：

$$k = 0.2717 + 0.01457D \quad (D \leqslant 55 \text{ mm}) \tag{2-46}$$

$$k = 0.7540 + 0.0058D \quad (D > 55 \text{ mm}) \tag{2-47}$$

进行现场岩石分级时需用 $I_{s(50)}$ 作为点荷载强度标准值。$I_{s(50)}$ 可由下式转换为单轴抗压强度：

$$\sigma_c = 24I_{s(50)} \tag{2-48}$$

式中：σ_c 为 $L : D = 2 : 1$ 试件的单轴抗压强度值，MPa。

2.2　岩石断裂力学基础

对于断裂力学，Irwin 和 Dewit 有此定义："按照应用力学定律描述材料的断裂和材料的宏观性质。在应力分析的基础上，断裂力学提供一种定量方法，把断裂强度与含缺陷构件所受荷载及其几何参数相关联。"从宏观连续介质力学角度来看，断裂力学的目的在于研究在外界条件(荷载、温度、中子辐射、介质腐蚀等)作用下含缺陷或裂纹物体的宏观裂纹扩展、失稳开裂、传播和止裂的规律；从微观角度出发，断裂力学的研究属于固体物理的范畴，即研究断裂过程的物理本质、材料缺陷的成核、断裂的微观机理等。

而岩石断裂力学的目的则在于引入断裂力学的原理来解释岩石强度试验中遇到的部分现象，是固体力学、统计力学、岩石力学和非金属断裂力学的结合。从大量的岩石强度试验中发现，许多现象都和岩石内部不同尺度裂纹发育过程有密切关系。因此，这些内在联系的剖析是重要的研究课题，需要对岩石强度试验中岩石的破坏形式、裂纹扩展等现象有初步的了解。

2.2.1 岩石破坏的基本形式

岩石受力后的破坏有以下几种现象：

（1）纵向破裂：主要在承受单轴压力的情况下出现，一般表现为不规则的纵向裂缝，其扩展方向与 σ_1 作用方向平行，位移方向与 σ_1 作用方向垂直，如图 2-20(a) 所示。此类破坏常在煤矿煤层柱的破坏中出现，其侧面劈裂掉落的现象称为片帮。

（2）剪切破坏：通常出现于中等围压和轴压作用下，破裂面与 σ_1 作用方向成 γ 角（通常称之为优势角），其特征表现为沿破裂面的剪切位移，如图 2-20(b) 所示。γ 角的大小与内摩擦系数有关，如当摩擦系数为 0.7 时，$\gamma \approx 5.27$。如果增加围压，材料将变成完全延性的时候，则会出现网格状的剪切破裂，并伴随个别晶体的塑性变形，如图 2-20(c) 所示。另外，当样品为圆柱状，具有轴对称性、均匀性，经过精心选择，且加载中心位置调整规范时，破坏结果可以呈现圆锥状。

（3）拉伸破裂：在单轴拉伸时出现，表现为破裂面的明显分离，表面间没有发生错动，如图 2-20(d) 所示。若平板受到线荷载压力作用，则将在荷载之间发生拉伸破裂，如图 2-20(e) 所示。

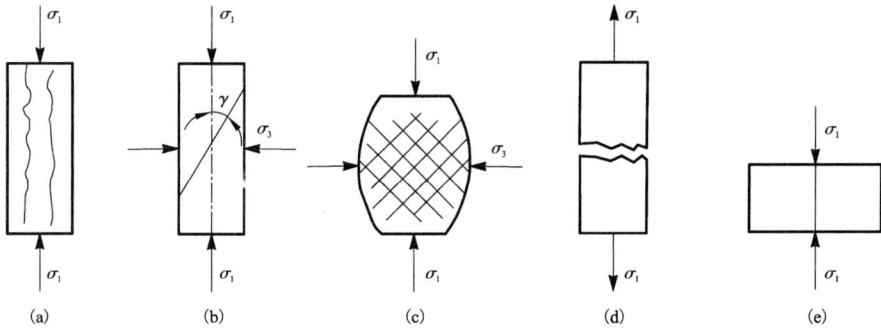

图 2-20 岩石破坏的基本形式

如何解释这些类型的破坏机制，是岩石断裂力学的重要课题。在岩石工程应用领域，岩石抗拉强度的问题是我们要解决的首要问题，而目前研究得比较充分的是 Ⅰ 型裂纹的问题。这里需要介绍的是，以理想裂纹为研究对象，裂纹端部位移有三种基本型式，如图 2-21 所示，分别为 Ⅰ 型（拉伸型或张开型）、Ⅱ 型（面内剪切型或滑开型）、Ⅲ 型（反平面剪切型或撕开型）。

这三种裂纹中，Ⅰ 型裂纹最危险。材料脆性断裂的特征是断裂突然发生，没有或只伴有少量的塑性变形，在拉伸试件上，断裂前没有颈缩现象，断口平直并与试件轴线方向垂直。材料韧性断裂的特征是伴有明显的塑性变形，拉伸试件有颈缩现象，断口与试件轴线成 45° 角，为剪切型断裂。同一材料可能发生脆性断裂，也可能发生韧性断裂，这与很多因素有关，如受力状态、温度、应变速率等。材料在低温、高应变情况下容易发生脆断。厚截面试件，处于平面应变状态，断裂呈脆性特征；而薄截面试件，处于平面应力状态，断裂呈韧性特征；厚薄适中者，截面边缘处于平面应力状态，截面中间处于平面应变状态，故在边缘处是剪切型斜断口，中间是平断面。

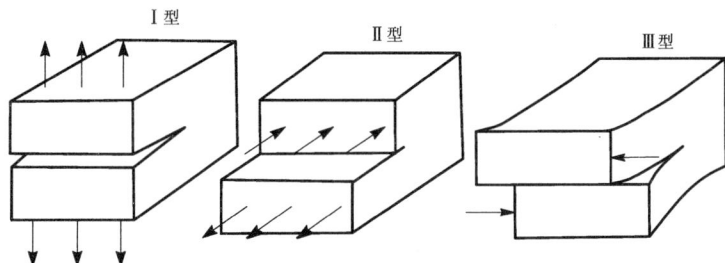

图 2-21 裂纹的三种基本型式

2.2.2 裂纹扩展特性及断裂韧度

1. 裂纹扩展特性

裂纹产生在很大程度上与材料相关，尤其是和材料的微观结构有关。研究裂纹扩展的特性，一种方法是分析裂纹尖端的应力应变场，从而得到表征裂纹尖端应力应变场强度的参量——应力强度因子 K；另一种方法是用能量平衡的观点，考察裂纹扩展过程中物体能量的转化，从而得到表征裂纹扩展时能量变化的参数——能量释放率 G。而在断裂力学中有两类裂纹扩展律，即平衡律和运动律。

1）平衡律

平衡律规定在某些断裂力学参数的临界点上裂纹可能发生稳态的或非稳态的扩展。在断裂力学中广泛应用的一个根本概念为：当应力强度因子或裂纹扩展力分别达到或超过某一临界值 K_c 或 G_c 时，裂纹将发生扩展。若裂纹是孤立的，且裂纹面上不受力的作用，则 K 或者 G 一旦达到临界值，裂纹将发生快速或突变性的扩展，其速度可接近这些介质中的声速。

根据能量释放率和能量释放率脆断准则（G 准则），考虑如图 2-22 所示的 I 型裂纹问题，板厚为 B，裂纹长为 a。若外荷载 P 缓慢增加，裂纹也随之沿自身的延长线扩展。在裂纹失稳开裂前，扩展了面积 $\mathrm{d}A$，$\mathrm{d}A = B\mathrm{d}a$。令 2γ 为裂纹扩展单位面积所需要的表面能，则扩展 $\mathrm{d}A$ 面积所需外界提供的能量为 $\mathrm{d}\Gamma = 2\gamma\mathrm{d}A$。此时外荷载 P 对裂纹板所做的功 $\mathrm{d}W$，其中一部分变成弹性应变能 $\mathrm{d}V$，另一部分由于形成裂纹新表面转化成表面能 $\mathrm{d}\Gamma$。根据能量守恒定律，有

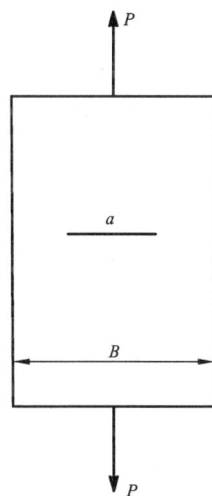

图 2-22 I 型裂纹示意图

$$\mathrm{d}W = \mathrm{d}V + \mathrm{d}\Gamma \tag{2-49}$$

或在单位时间里有

$$\frac{\mathrm{d}W}{\mathrm{d}t} = \frac{\mathrm{d}V}{\mathrm{d}t} + \frac{\mathrm{d}\Gamma}{\mathrm{d}t} \tag{2-50}$$

式中：W、V 是外荷载 P 和裂纹面积 $A(A=Ba)$ 的函数；对匀质材料而言，表面能 Γ 只是 A 的函数；而 P、A 是时间 t 的函数。若考虑准静态加载，即 $\mathrm{d}P/\mathrm{d}t \approx 0$，则式（2-50）可写成

$$\frac{\partial W}{\partial A} = \frac{\partial V}{\partial A} + \frac{\partial \Gamma}{\partial A} \tag{2-51}$$

Π 为系统的位能，$\Pi = V - W$，因此上式可变为

$$-\frac{\partial \Pi}{\partial A} = 2\gamma \qquad (2-52)$$

式(2-52)的左边是裂纹扩展单位面积时整个受力系统所释放的能量(弹性位能)，称为能量释放率，用 G 表示(Ⅰ型裂纹用 G_I 表示)，G_I 可由下式计算得到：

$$G_I = -\frac{\partial \Pi}{\partial A} \qquad (2-53)$$

G 是与外荷载及结构形式(包括裂纹长度、形状和位置等)相关的一个力学参数，量纲为 [力]×[长度]$^{-1}$，国际单位为 N/m，工程制单位为 kg/mm。从单位来看，它可被看作裂纹扩展单位长度所需要的力，也可看作企图驱动裂纹扩展的原动力，故又称为裂纹扩展力。式(2-52)的右边是裂纹扩展单位面积所需要的表面能(又称表面张力)，是与材料有关的参数(可视为材料常数)，称为临界能量释放率(G_{Ic})，又名裂纹扩展阻力(R)。

若 $G_I < G_{Ic}$，裂纹不扩展；若 $G_I = G_{Ic}$，裂纹可能扩展；若 $G_I > G_{Ic}$，裂纹一定扩展。因此，脆性断裂判据的数学表达式为

$$G_I \geqslant G_{Ic} \qquad (2-54)$$

当 $G_I = G_{Ic}$ 时，裂纹可能开始扩展，而此时还需判定扩展是稳定的还是不稳定的(失稳快速扩展)。所谓稳定扩展是只有进一步增加外荷载才能使裂纹继续扩展；不稳定扩展是裂纹一经开裂，即使不增加外荷载，裂纹也会快速扩展，直至断裂。要判断是否为稳定扩展，应看裂纹扩展后的能量释放率是降低还是增加，若降低，则为稳定扩展；反之，为失稳扩展。裂纹稳定扩展判据为

$$G_I = G_{Ic} \text{ 和 } \frac{\partial G_I}{\partial A} < 0 \qquad (2-55)$$

而裂纹失稳扩展判据为

$$G_I = G_{Ic} \text{ 和 } \frac{\partial G_I}{\partial A} > 0 \text{ 或 } G_I > G_{Ic} \qquad (2-56)$$

J 积分也可以作为断裂准则。对于弹-塑性介质或其他类型的非线性材料中裂纹的起裂荷载，必须考虑裂纹做微小扩展时所伴随的裂纹端部的能量耗散，它们可以归因于裂纹的钝化(从物理上讲这并不是裂纹的端部扩展过程的理想描述)。随着荷载的增加，裂纹的钝化程度也提高。至某一点(J_c)时，在钝化裂纹的前部，裂纹将发生突发性的显著扩展，也就在这一点，与单位 J 增量对应的裂纹扩展量将发生突跃。

除上述两种判断准则(G 准则、J 积分)外，应力强度因子准则(K 准则)也可用来判断裂纹是否进入失稳状态，对于Ⅰ型裂纹，当 K_I 达到临界值，即 $K_I = K_c$ 时(K_c 为材料的断裂韧度，即临界应力强度因子)，裂纹发生失稳扩展。

2)运动律

运动律认为对应于断裂力学参数的某一亚临界值，裂纹以某一速度扩展，扩展速度是裂纹驱动力大小的函数。从地球物理的观点看，这方面最重要的例子是裂纹端部材料与环境介质相互之间的化学作用。对于荷载长期作用的情况，描述裂纹扩展的平衡律不能普遍地阐明裂纹扩展的规律。试验结果表明，许多材料在 K 或 G 远小于其临界值的条件下，裂纹可能发生显著的扩展。这种情况称为亚临界扩展。裂纹端部被环境介质化学弱化的情况，又称为应

力腐蚀。

裂纹扩展的运动律都具有共同形式，即

$$v=v(G, K) \tag{2-57}$$

式中：v 为裂纹扩展速度。

裂纹扩展速度与 K 或 G 的具体函数形式取决于超越裂纹扩展能力的确切机制。

如图 2-23 所示为裂纹亚临界扩展的非常一般的形式(需要注意的是这里裂纹驱动力以应力强度因子或应变能释放率表示)。注意裂纹扩展速度的突变情况，在 $(G, K)_0$ 点裂纹亚临界扩展停止，在 $(G, K)_0$ 及 $(G, K)_c$ 之间亚临界扩展通过不同的机制进行(如应力腐蚀)。随着 (G, K) 的增加，裂纹亚临界扩展速度增大，且 $v=v(G, K)$ 的确切函数形式与裂纹扩展的机理有关。在临界水平 $(G, K)_c$ 上，裂纹灾变性扩展，其速度迅速增加到接近介质的声速。如果 (G, K) 增至远超于 $(G, K)_c$，在动态扩展中则可能发生裂纹分岔。通常假定 G 或 K 低于某一很小的值——$(G, K)_0$ 时裂纹停止扩展(虽然这在试验中很难测到)。在 $(G, K)_0$ 与 $(G, K)_c$ 之间 $v\text{-}(G, K)$ 曲线的详细情况取决于裂纹亚临界扩展的一种或多种机制。

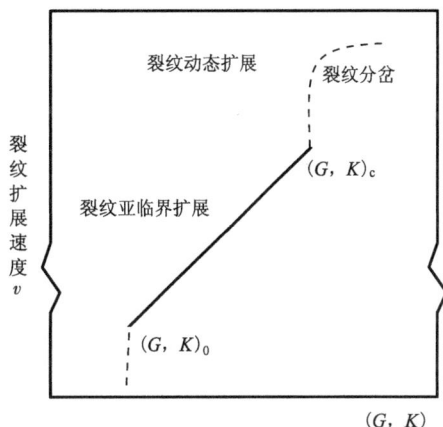

图 2-23 岩石的裂纹扩展速度
与裂纹驱动力关系示意图

裂纹的亚临界扩展不是经典的断裂力学所预期的。1978 年，Rice 曾经研究过 Griffith 型裂纹扩展的热力学，结果表明，裂纹扩展必须满足如下关系：

$$(G-2Q_s)v \geqslant 0 \tag{2-58}$$

式中：Q_s 为热力学中的表面能，J。

对于理想脆性体，Q_s 仅仅是分开断裂面两侧原子所做的功。可见化学活性物质能够降低裂纹扩展的热力学阈值，从而借助 Q_s 的影响来允许裂纹的亚临界扩展；进而如 G 降到小于 $2Q_s$ 时，裂纹将愈合，因此负的裂纹扩展速度是允许的。对于地壳，预存裂纹的愈合是普遍存在的。Lawn 在 1983 年曾表明，断裂力学可以推广到包括原子级尖锐脆性裂纹的扩展中，这种扩展是通过不同形式的微观机制来导致键的依次断裂的，所有这些机制都允许裂纹的亚临界扩展。

2. 断裂韧度

1955 年，G. R. Irwin 提出了断裂判据，即 $K_I=K_c$(Ⅰ型裂纹)。式中，K_c 即为材料的断裂韧度，它是由试验的方法确定的，某些材料中裂纹开始失稳扩展时的临界 K 值，即材料的断裂韧度 K_c。它是表示材料抗脆断能力的一个全新参量，与试验温度、板厚、变形速度等参量有关，一旦这些外部因素固定，所测得的 K_c 值即为表示材料性质的常数。

理论分析和大量的试验结果表明，张开型裂纹最易产生脆断，在平面应变情况下，含张开型裂纹的材料由于处于三向拉伸状态，在裂纹尖端 $\sigma_x=\sigma_y$，$\sigma_z=v(\sigma_x+\sigma_y)$，比平面应力情况($\sigma_z\approx0$)容易发生扩展。另外，$K_c$ 随厚度而变化，厚度较大时，K_c 趋向于稳定的低值，因此，通常以Ⅰ型裂纹厚板进行试验，以确定平面应变状态下应力强度因子临界值 K_{Ic}（又称为平面应变断裂韧度。当然，对于Ⅱ型裂纹，为 K_{IIc}；对于Ⅲ型裂纹，则为 K_{IIIc}）。它通常由解析方法来求得，其量纲为应力×(裂纹长度)$^{1/2}$，即 $Pa×m^{1/2}$ 或 $N/m^{0.5}$。

当 K 达到 K_{Ic} 时，即认为将发生灾变性的裂纹扩展。因此，设计时如果 K 保持低于 K_{Ic}，则结构是安全的；反之，如果 K 超过 K_{Ic}，就会发生破裂或破碎。K 的一般形式为

$$K=Y\sigma\sqrt{\pi a} \tag{2-59}$$

式中：σ 为裂纹位置上按无裂纹计算的应力，被称为名义应力，MPa；a 为裂纹尺寸，m；Y 为形状系数。（对于Ⅰ型裂纹，裂纹开始失稳扩展时的 K 值即为 K_{Ic}）

岩石的裂纹扩展过程在现实中往往不能肉眼观测，因此需要借助特殊手段来对岩石受载时的裂纹扩展情况进行实时监控，如声发射。随着岩石内部裂纹的扩展、聚集和贯通，应力强度因子 K 逐渐增大，声发射事件率和振铃计数率等也随之增大，而声发射 b 值则随之减小。对此，已有研究表明，在高 K 值下，岩石变形过程中大事件所占比例较高，b 值相对较低；并且，在较低的 K 值下有较高的小事件比例，使得 b 值相对较高。

2.2.3 岩石断口形貌特征

根据大量的岩石断口微观形貌观察，可以得到岩石的微观断裂方式，其断裂机理主要为两大类，即拉伸破坏和剪切破坏。由于受力的形式不同，断口留下的特征也不同。

1. 拉伸破坏断口

拉伸破坏微观断裂方式主要是解理断裂(穿晶断裂)和沿晶断裂(完整颗粒断裂)以及它们的相互耦合形式，同时也能看到大量微孔隙和微裂纹的存在、扩展和汇合。

1) 解理断裂(穿晶断裂)

解理断裂是发生在结晶岩石中最脆的一种断裂形式，它是沿垂直于裂纹方向，解理面拉应力作用下所产生的穿晶断裂，通常沿一定的严格晶面即解理分离，也可沿孪晶界分离，是一种典型的脆性断裂。常见的几类解理断裂的断口花样见表2-7。

表2-7 解理断裂的花样类别

花样类别	特征
河流状花样	其形成机理是由于晶体存在缺陷，故在解理时，不是沿着一个晶面，而是沿着一簇相互平行的、位于不同高度的晶面。因此，在"上游"，较小的解理晶面汇合成较大的解理晶面，即"小支流"汇合成"大支流"；在"下游"，"大支流"汇合成"主流"。"河流"的流向与裂纹扩展方向一致
台阶状花样	形成机理与河流状花样相同，只是解理的晶面不汇合而已
舌状花样	当解理主裂纹向前发展与孪晶相遇，它将在与孪晶相遇部分改变方向，沿着孪晶与基体共晶面扩展，至共晶面的最高点并继续沿孪晶扩展，与从孪晶两侧越过孪晶的主裂纹汇合后继续扩展前进，于是形成解理舌
鱼骨状花样	当解理主裂纹沿着孪晶面与基体面向前扩展时，孪晶面与基体面解理而成为"鱼骨"的两侧，其孪晶与基体相交部分，即成为"鱼骨"中部长条，形成鱼骨状花样

续表2-7

花样类别	特征
根状花样	在拉应力和脆性断裂情况下，在拉应力区还会出现根状花样
等轴微坑及三角微坑花样	在拉应力作用下，脆性断裂有时形成等轴微坑和三角微坑花样

2）沿晶断裂（完整颗粒断裂）

沿晶断裂也称晶间断裂，多晶体沿晶粒界面彼此分离，此时晶体强度大于晶界和晶间强度，断裂在晶界和晶间产生，且通常是脆性断裂。其断口花样的类型见表2-8。

表 2-8　沿晶断裂的花样类别

花样类别	特征
晶界断裂花样	此时在晶体界面上结合强度最小，晶体强度和晶间强度均大于晶界强度，断裂在晶界面上发生
晶界、晶间断裂花样	此时晶体强度最大，晶界结合强度与晶间强度大致相等，断裂从最小强度面裂开，晶界面和晶间面均有断裂产生
晶间断裂花样	此时晶体强度与晶界强度均大于晶间强度，断裂在晶间发生

2. 剪切破坏断口

此类断口是由剪应力引起产生的断口。剪切断裂有两类：一类称为滑断或纯剪断，另一类称为微孔聚集型剪切断裂。其具体的断口花样类型见表2-9。

表 2-9　剪切破坏断口的花样类别

花样类别	特征
平行滑移线花样	晶体在剪应力作用下产生滑移，在其表面可观察到一些平行的细线，为平行滑移线花样
线状排列小颗粒状花样	岩石受剪力剧烈作用后，有位错产生，这些粒子是与位错有密切关联的
条纹花样	在较低倍率的电镜下，岩石受剪破坏后，在岩石断口上，可见到一系列线状平行条纹，称条纹花样
蛇行滑动花样	岩石如为多晶材料，因排列不同的晶粒之间的相互制约，不可能仅沿某一滑移面滑移，相反，必然是沿着许多相互交叉的滑移面滑移，所以线状痕迹出现了弯曲，即蛇行滑动花样，材料受扭后出现此类花样较多
双滑移花样	线条一个方向较长，另一方向较短，剪应力在两个滑移系上的分解值均超过了临界值，晶体在两个方向上滑移，称双滑移花样
平坦面花样	由于剪应力的作用，断口有时出现平坦面
长形微坑花样	岩石受剪力作用后，颗粒被拉长，常出现一种长形微坑

3. 拉剪交接区花样

拉剪交接区花样说明,在一张照片里,既具有拉的特征,又具有剪的特征。如某岩石的微观断面形貌图中,右下部为晶界断裂花样,左下部为双滑移花样;又或是左上部为四面体花样及线状排列小颗粒状花样,其余为晶界断裂花样。

由于岩石本身内部会有大量的微缺陷,且是多晶体结构,加上各种断口的应力状态不同,因此各组试件断口薄片扫描电镜下的显微照片呈现出多种样式的花样,但可以通过以上微观断裂形貌特征,分析出其断口断裂是解理的穿晶断裂、沿晶断裂的脆性拉断,还是由剪切滑动引起的脆性剪断。

常见岩石的典型断口形貌如图 2-24 所示。

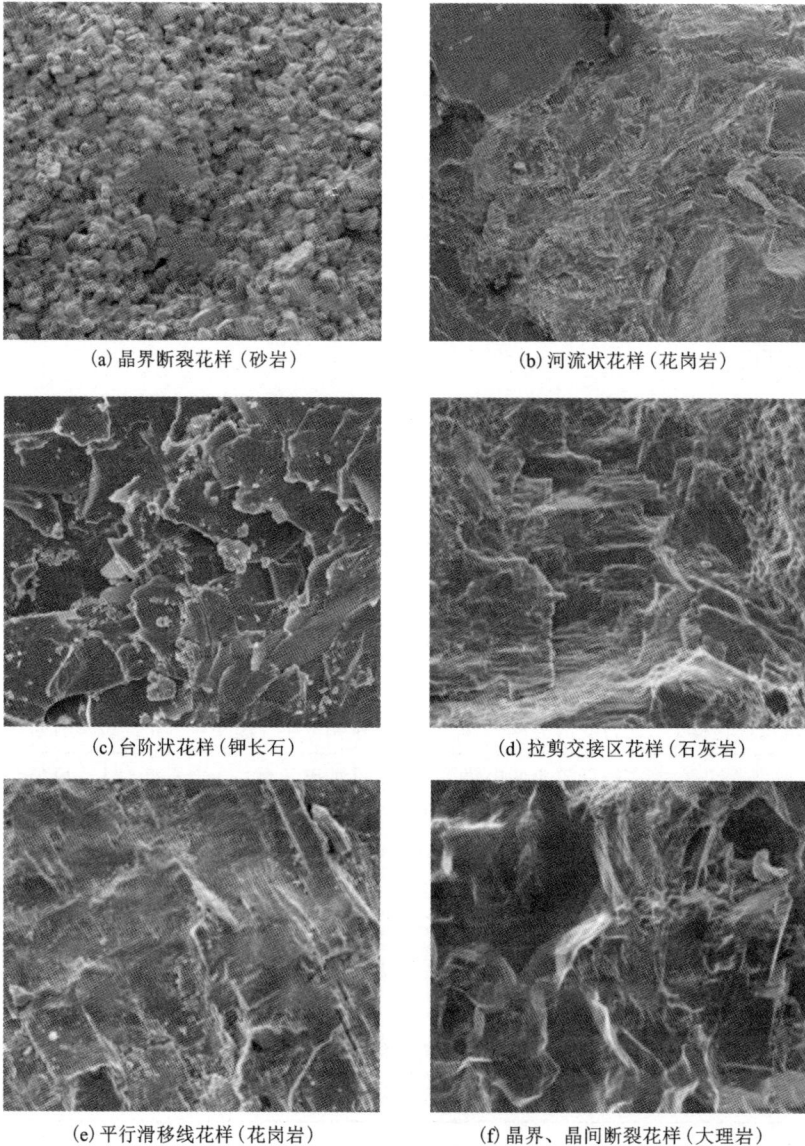

(a) 晶界断裂花样(砂岩)

(b) 河流状花样(花岗岩)

(c) 台阶状花样(钾长石)

(d) 拉剪交接区花样(石灰岩)

(e) 平行滑移线花样(花岗岩)

(f) 晶界、晶间断裂花样(大理岩)

图 2-24 典型断口形貌图

2.2.4　岩石断裂力学试验方法

断裂力学在工程中的应用已相当普遍，它可应用于防止或预测由工程材料破裂引起的结构灾变性破坏，也可应用到飞机、船舶、压力容器、地下管道以及近海结构工程等的安全分析和评定。在地质材料如岩石和混凝土开裂问题中，其应用也日益重要起来。岩石断裂力学是在借鉴金属材料断裂力学理论的基础上发展起来的新兴边缘学科。它以岩石断裂韧度为基本参数，以岩石材料裂纹起裂及扩展过程为研究内容，以探究岩石材料断裂机理为研究目标。岩石断裂韧度是岩石断裂力学中最为重要的参数和指标，它的准确测定对岩体工程实践具有重大意义。因此，本节主要介绍岩石断裂韧度的测定方法。

长期以来，人们都在尝试使用不同种类的试验方法和不同形状尺寸的岩石试件来测试岩石材料的 I 型断裂韧度。图 2-25 所示为不同岩石断裂韧度测试方法所采用的试件类型。为了测试岩石材料的断裂韧度值，国内外学者已经使用了许多不同类型的试件及试验方法，但所得的岩石断裂韧度值一般来说是相差很大的。这就意味着，使用不同试验方法和不同类型试件所测定的岩石断裂韧度值通常不能真正表征材料的性质。

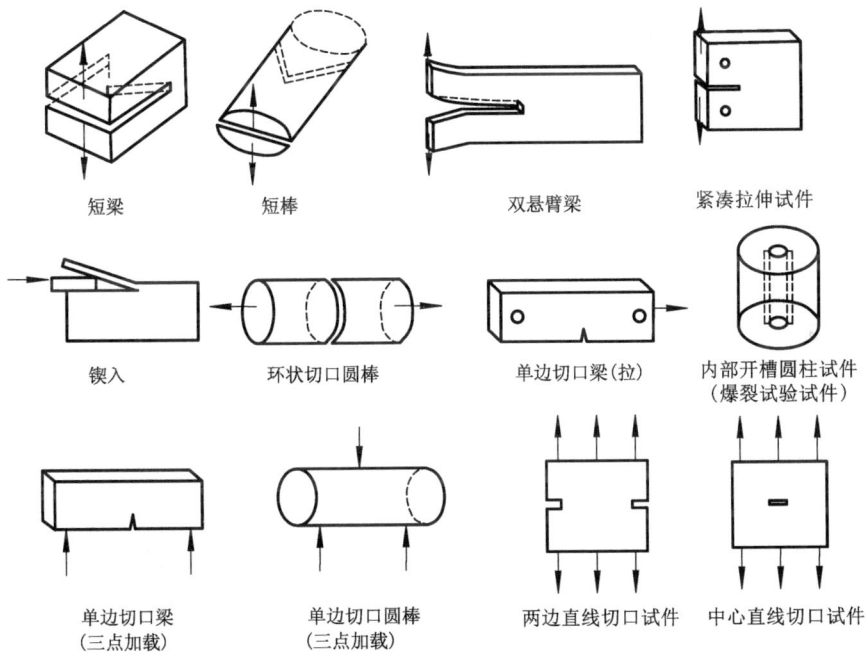

短梁　　　　短棒　　　　　双悬臂梁　　　紧凑拉伸试件

锲入　　　环状切口圆棒　　　单边切口梁(拉)　　内部开槽圆柱试件
（爆裂试验试件）

单边切口梁　　　　单边切口圆棒　　　两边直线切口试件　中心直线切口试件
（三点加载）　　　（三点加载）

图 2-25　岩石不同断裂韧度测试方法所采用的试件类型

如今，人们通常采用预制裂缝的巴西圆盘来获取岩石的断裂韧度。而用来测试的巴西圆盘试件有很多，如平台巴西圆盘（FBD）、圆孔平台巴西圆盘（HFBD）、人字形切槽巴西圆盘（CCNBD）、直裂缝巴西圆盘（CSTBD）和圆孔裂缝平台巴西圆盘（HCFBD）等。试件如图 2-26 所示。本节主要介绍直裂缝巴西圆盘（CSTBD）测试断裂韧度的方法。

CSTBD 的制作比较困难，可以采取先在中心钻小孔然后再制作裂缝的方法进行。具体做法是，首先采用直径 2 mm 的钻头在圆盘中心钻取小孔，然后采用直径 0.6 mm 并加工有锯齿

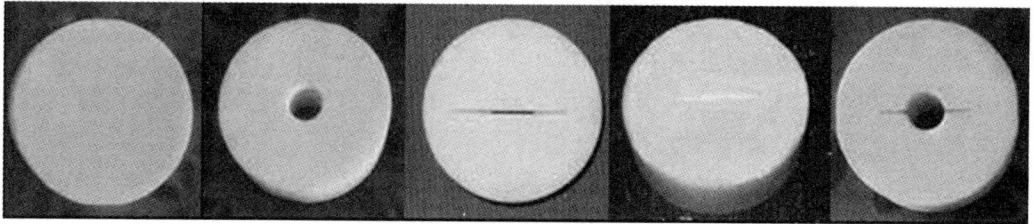

图 2-26　巴西圆盘试件

（注：从左往右分别为 FBD、HFBD、CCNBD、CSTBD、HCFBD）

状的钢丝穿过小孔制作裂缝，待达到一定裂缝长度时，再采用打薄的钢锯条(厚度在 0.4 mm 左右)加工裂缝，最后又用直径 0.2 mm 的细钢丝对尖端进行精细加工使最后的裂缝尖端宽度小于 0.3 mm，这样做是为了尽量消除裂缝宽度对试验值的影响。试件示意图如图 2-27 所示。

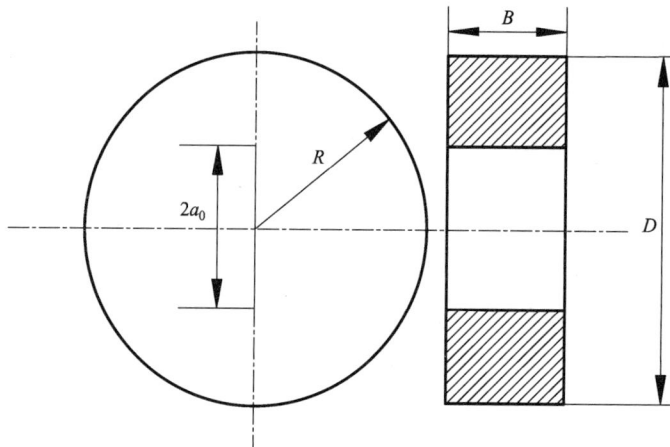

图 2-27　直裂缝巴西圆盘(CSTBD)试件

CSTBD 圆盘试件具有初始的裂缝，但其裂缝宽度控制在 0.8 mm 以下，并且在裂缝尖端又采用直径 0.2 mm 的细钢丝进行了裂尖细加工，这样处理后，人工制作的裂缝宽度已经非常小了。

CSTBD 试件的断裂韧度公式为

$$K_{1c} = \frac{P_c}{\sqrt{R}\,B} \cdot Y\left(\theta, \frac{r}{R}, \alpha_0\right) \tag{2-60}$$

式中：Y 为无量纲应力强度因子，可以通过有限元计算确定；r/R 为中心孔直径与圆盘半径之比；α_0 为初始裂缝长度与圆盘半径的比值，$\alpha_0 = a_0/R$；P_c 为试验测定的起始荷载。

P_c 是带有直裂缝试件加载-位移曲线上的第一个峰值荷载值，理由在于如果试件初始裂缝长度小于临界裂纹长度，那么 CSTBD 试件的荷载-位移曲线同 FBD 和 HFBD 试件一样也会经历一个二次倒拐现象，即荷载会发生一个先下降后又上升的过程，荷载从最大值下降并达到一个局部最小荷载，此时裂纹长度达到临界裂纹长度 a_c，随后荷载会继续上升。而这种情况下，起裂荷载并不一定是最大荷载，而是第一个峰值荷载。如果试件裂缝长度很大，以至于超出临界裂纹长度，那么起裂荷载就是最大荷载。因此，我们在通过 CSTBD 试件确定岩石断裂韧度的公式中，荷载取第一个峰值荷载，并将此荷载命名为起裂荷载 P_c。

通过有限元计算可以确定式(2-60)的无量纲应力强度因子 Y。假设裂缝长度与圆盘半径比 $a_0/R = 0.45$，中心孔径与圆盘半径比 $r/R = 0.05$ 的 CSTBD 试件，计算时忽略了直径 2 mm 中心圆孔的影响，从而得到本节 CSTBD 相应的断裂韧度公式，即

$$K_{Ic} = 0.50 \frac{P_c}{\sqrt{R}B} \tag{2-61}$$

根据断裂原理，用裂纹扩展过程中的任何荷载及其对应的裂纹长度可以计算材料的断裂韧度，但是某个荷载对应的裂纹长度是很难测量的。对 CSTBD 试件而言，由于初始的裂缝长度已知，关键是确定起裂荷载。圆盘破裂的理想状态是从裂缝的端部最先起裂，然后沿着加载方向扩展，并最终破裂为两半。表现在荷载-加载点位移曲线上时，荷载基本呈线性逐渐增加直至达到起裂荷载，此时对应裂缝尖端的破裂，然后荷载会发生下降。之后，随着有可能有新的裂纹出现，荷载曲线也可能表现为多次升降现象。

参考文献

[1] 陈颙, 黄庭芳, 刘恩儒. 岩石物理学[M]. 合肥: 中国科学技术大学出版社, 2009.

[2] 付小敏, 邓荣贵. 室内岩石力学试验[M]. 成都: 西南交通大学出版社, 2012.

[3] 蔡美峰, 何满潮, 刘东燕. 岩石力学与工程[M]. 2 版. 北京: 科学出版社, 2013.

[4] 张忠亭, 景锋, 杨和礼. 工程实用岩石力学[M]. 北京: 中国水利水电出版社, 2009.

[5] 刘东燕. 岩石力学[M]. 重庆: 重庆大学出版社, 2014.

[6] 刘汉东, 姜彤. 岩石力学[M]. 郑州: 黄河水利出版社, 2012.

[7] (英) B. K. 阿特金森 (B. K. Atkinson). 岩石断裂力学[M]. 尹祥础, 修济刚, 译. 北京: 地震出版社, 1992.

[8] 沈成康. 断裂力学[M]. 上海: 同济大学出版社, 1996.

[9] 曹彩芹, 华军. 工程断裂力学[M]. 西安: 西安交通大学出版社, 2015.

[10] 姜伟之. 断裂力学与裂纹扩展[M]. 北京: 北京航空学院出版社, 1984.

[11] 刘小明, 李焯芬. 岩石断口微观断裂机理分析与实验研究[J]. 岩石力学与工程学报, 1997, 16(6): 509-513.

[12] 李先炜, 兰勇瑞, 邹俊兴. 岩石断口分析[J]. 中国矿业学院学报, 1983(1): 18-24.

[13] 张盛. 用圆盘类试件测试岩石断裂韧度方法的研究[M]. 徐州: 中国矿业大学出版社, 2015.

[14] 张盛, 王启智. 用 5 种圆盘试件的劈裂试验确定岩石断裂韧度[J]. 岩土力学. 2009, 30(1): 12-18.

[15] 李银平, 王元汉, 陈龙珠, 等. 含预制裂纹大理岩的压剪试验分析[J]. 岩土工程学报, 2004, 26(1): 120-124.

[16] Bieniawski Z T, Bernede M J. Suggested methods for determining the uniaxial compressive strength and deformability of rock material. in: Ulusay R, Hudson J A, editors. The complete ISRM Suggested methods for rock characterization, testing and monitoring: 1974-2006. Ankara. Turkey: ISRM Turkish National Group; 2007, p. 151-6.

第3章 弹性波在固体中的传播

在物理学中，某一物理量的扰动或振动在空间逐点传递时形成的运动称为波，外荷载在介质表面引起的扰动由近及远地传播出去就形成了应力波，当应力应变符合弹性关系时，介质中传播的是弹性波。固体中的声发射信号就是在震源处产生的弹性波经过岩石传至传感器并被采集，这一过程也是弹性波在固体中的传播过程。弹性波与声发射密切相关，弹性波的波速，以及其在岩石中传播的方向、衰减的快慢等都反映着岩石的内部情况，由此可见，弹性波的传播和衰减特性对岩石声发射信号的分析尤为重要。因此，本章将对弹性波的基本知识进行介绍。

3.1 弹性波的类型及传播理论

3.1.1 弹性波的类型

在固体介质中不同类型的弹性波均可传播，弹性波的类型和属性取决于介质中质点或粒子运动方向与波传播方向的关系及其边界条件。一个粒子或质点是固体中的一个微小的离散部分，但不是原子，质点是许多原子的几何体，原子可以在质点内无规则运动。下面对固体中几种常见的弹性波种类进行简单介绍。

弹性介质受到扰动时会出现两种弹性波：一种波在表面传播，称为表面波，一般认为包含瑞利波和勒夫波两种，当界面存在两种介质时也会出现斯通莱波；另一种波则在介质体内部传播，称为体波或实体波，包含纵波与剪切波。

（1）纵波，也称膨胀波、无旋波，简称P波，在介质内部传播，传播方向与质点方向平行，如图3-1所示。若质点运动方向与传播方向一致，称为压缩波；反之，称为拉伸波。

（2）剪切波，如图3-2所示，也称畸变波、等容波、横波，简称S波，也在介质内部传播。纵波与剪切波由于都是在介质体内部传播，故都属于体波。若质点运动方向与波的传播方向垂直，这种波即为剪切波。纵波可以在固、液、气三种介质中传播，而剪

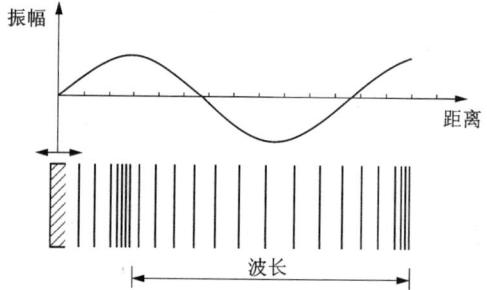

图3-1 纵波示意图

切波只能在固体中传播。

（3）瑞利（Rayleigh）波，在无限各向同性的物体中有且只能有两种类型的弹性波，即纵波与剪切波，当存在有边界面时，还会产生弹性的表面波——在 1887 年由 Rayleigh 研究发现，称为瑞利波。这种波类似于在流体中的重力表面波，质点的运动轨迹为椭圆形（如图 3-3 所示），质点速度随离开质点平衡位置的距离的增长而迅速下降，即瑞利波的作用随深度的增长而迅速减少。瑞利波只沿二维自由表面扩展，在距波源较远处，其摧毁力比沿空间各方向扩展的纵波和剪切波大得多，因而它是地震学中的主要研究对象之一。

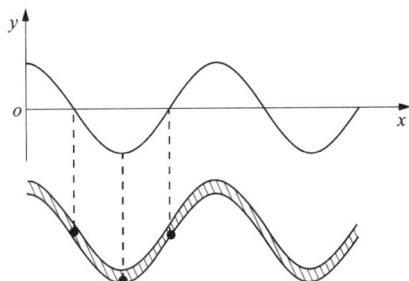

图 3-2　剪切波示意图　　　　　图 3-3　瑞利波示意图

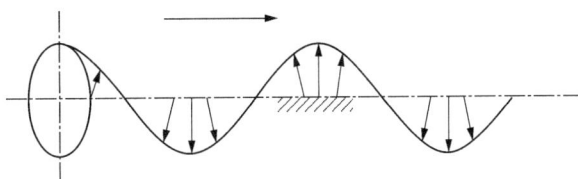

（4）勒夫（Love）波，面波的一种，当介质表面覆盖有一层表面层时才出现。1911 年英国科学家 Love 提出，如果在一种弹性介质上覆盖着另一种具有一定厚度的弹性介质，则在弹性半空间的表面附近及覆盖层内存在一种 SH 型面波，即勒夫波。这种波仅在水平方向作横向剪切振动，振动方向在垂直于行进方向的平面内。

（5）斯通莱（Stoneley）波，在两种性质不同的弹性半空间契合而成的弹性空间中，其界面上会形成这种特殊的波，斯通莱波的波速与两种介质的性质有关。

在固体介质中传播的纵波、剪切波和表面波，纵波的速度最快，表面波的速度最慢。如图 3-4 表示了纵波、剪切波和表面波在半空间坐标的幅值。在表面波中，质点运动的水平和垂直分量是离开表面距离的函数，水平分量呈指数规律衰减。纵波幅值的衰减与纵波在表面的幅值的衰减较接近，条带的宽度指出了它的相对变化值。纵波和剪切波幅值在离开自由表面区域后按 r^{-1} 形式衰减，沿着自由表面，它们按 r^{-2} 形式以较快规律衰减。表面波以 $r^{-1/2}$ 形式较慢地衰减，因此它可在非常远处监测到。

图 3-4 还给出了不同类型波传送的能量占比，表面波传送了绝大部分的能量，压缩波（纵波）仅传送了 7% 的能量。在图中没有显示层状介质中的波和界面波，层状介质中的波的质点位移与波前平行（当在表面时），表面上较大的水平位移分量主要是由于在表面上弹性常数与内部弹性常数有些偏差。在地球表面能观察到这些波均是由于地球是由有不同的密度、弹性阻抗的不同岩层材料组成，通过对这些波的观察分析，也有助于对地球内部构造的认识和研究。

除了根据波的传播途径分类，还可以根据弹性波的频率对波进行划分。频率在 20 ~ 20000 Hz 的弹性波人耳可以听到，故称为声波，高于这个频段的称为超声波，频率低于这个频段的称为次声波。扰动在介质中以波的形式传播时，扰动区域与被扰动区域的界面称为波

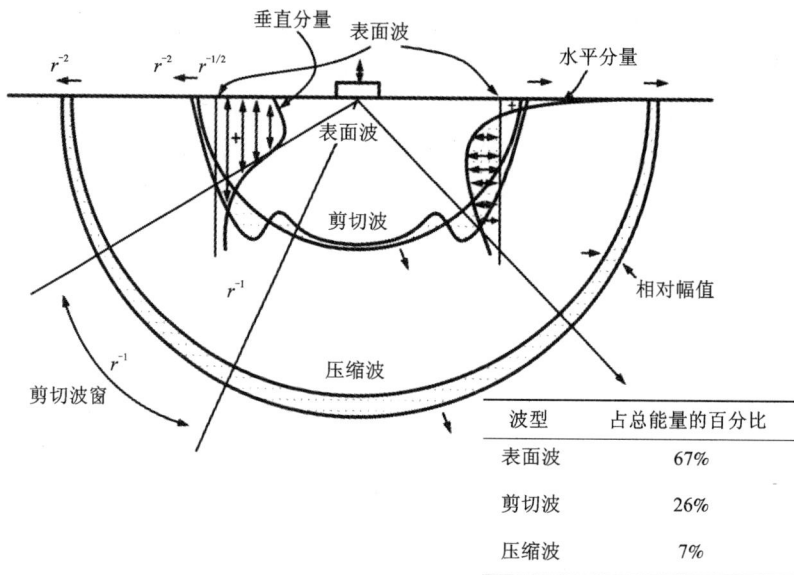

图 3-4　半空间体上垂直作用谐振引起的纵波(压缩波)、剪切波及表面波的位移能量分布

阵面，根据波阵面几何形状的不同还可以将波分为平面波、柱面波、球面波等。

3.1.2　弹性波的运动方程

弹性波在介质中的传播可以用弹性波的运动方程即波动方程描述。在弹性力学假设的前提下，以考虑惯性力的受力平衡方程为基础，基于胡克定律联立反映应力与应变关系的物理方程与反映位移和应变关系的几何方程，再根据牛顿第二定律可以得到描述微元体任一时刻振动状态的微分方程。本部分中，将对弹性波的运动方程及其解做一些简单的介绍。

1. 细长圆杆中的弹性波

弹性波在一维方向上的传播相对简单，可以较为容易地得到波动方程与细长圆杆中的波速。如图 3-5 所示，撞击杆以速度 v 碰撞一长圆柱杆，所产生的压缩波由左向右传播，圆杆的初始截面积为 A，初始密度为 ρ，初始弹性波量为 E。这里作出第一个基本假设：杆在变形时横截面保持为平面，沿截面只有均布的轴向应力。

在时间 t，距离撞击端 x 处取一长为 $\mathrm{d}x$ 的微元，截面 AB 上作用着的应力大小为 σ，根据弹性力学中应力正方向的规定，截面 AB 与 $A'B'$ 上的总力分别为

$$P(x, t) = -\sigma \cdot A \tag{3-1}$$

$$P(x+\mathrm{d}x, t) = -\left(\sigma + \frac{\partial \sigma}{\partial x}\mathrm{d}x\right) \cdot A \tag{3-2}$$

根据牛顿第二定律，应有

$$\rho \cdot A \cdot \mathrm{d}x \cdot \frac{\partial v}{\partial t} = P(x, t) - P(x+\mathrm{d}x, t) = \frac{\partial \sigma}{\partial x}\mathrm{d}x \cdot A \tag{3-3}$$

由此可以得到细长圆杆中的运动方程为

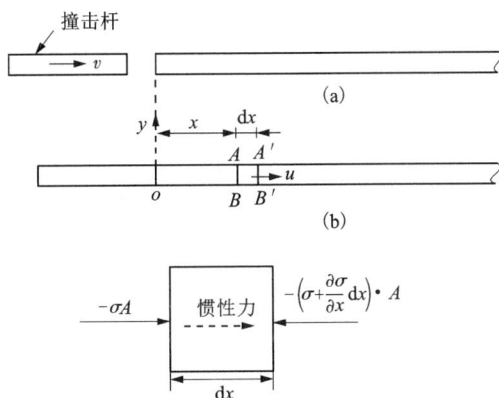

图 3-5　细长圆杆中撞击引起的波的传播

$$\rho \frac{\partial v}{\partial t} = \frac{\partial \sigma}{\partial x} \qquad (3\text{-}4)$$

由胡克定律 $\sigma = E\varepsilon$，可由应变 ε 替换出应力 σ，又因为速度 v 与应变 ε 分别是位移 u 关于 t 和 x 的一阶导数，上式可化为

$$\frac{\partial^2 u}{\partial t^2} = \frac{E}{\rho} \cdot \frac{\partial^2 u}{\partial x^2} \qquad (3\text{-}5)$$

即得到了弹性波在细长圆杆中传播的波动方程，在一维情况下的波速定义为

$$C_1 = \sqrt{\frac{E}{\rho}} \qquad (3\text{-}6)$$

2. 弹性介质中的运动方程

1）空间体弹性力学的基本方程

要得到弹性波在空间介质中传播的运动方程，需要先大致了解弹性力学中对于空间问题的基本方程，在弹性力学中对应力的表达有如下约定：对于正应力，使用一个坐标角码表示正应力的作用面和作用方向；对于切应力，使用两个坐标角码，第一个表示作用面垂直于哪一个坐标轴，第二个角码表示作用方向沿着哪一个坐标轴。例如，正应力 σ_x 是作用在垂直于 x 轴的面上，同时也是沿着 x 轴的方向作用的；切应力 τ_{yz} 是作用在垂直于 y 轴的面上而沿着 z 轴方向作用的。

下面对弹性力学空间问题的几个基本方程，即平衡微分方程、几何方程、物理方程进行介绍。

（1）平衡微分方程。

在物体中的任意一点 P，取一微小的平行六面体，如图 3-6 所示，其 6 个面垂直于坐标轴，棱边的长度分别为 $PA = \mathrm{d}x$，$PB = \mathrm{d}y$，$PC = \mathrm{d}z$。由于应力是分量关于空间位置的函数，作用在该六面体两对面上的应力分量不完全相同，有微小的差量。

在六面体垂直于 x 轴的两个对面上取各自中心点 a、b，连接 ab 为矩轴，考虑 x 轴方向上的力矩平衡 $\sum M_x$，可得

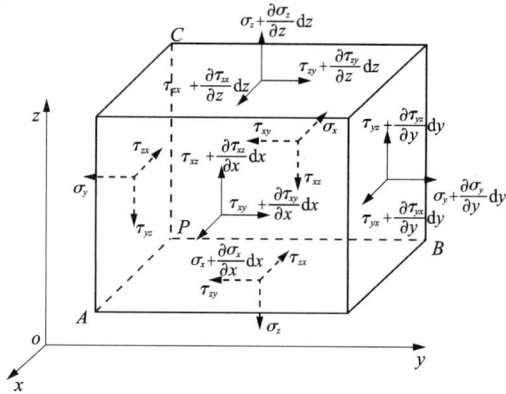

图 3-6 空间微单元体的受力状态

$$\tau_{yz}\mathrm{d}x\mathrm{d}z \cdot \frac{\mathrm{d}y}{2} + \left(\tau_{yz} + \frac{\partial \tau_{yz}}{\partial y}\mathrm{d}y\right)\mathrm{d}x\mathrm{d}y \cdot \frac{\mathrm{d}z}{2} - \tau_{zy}\mathrm{d}x\mathrm{d}y \cdot \frac{\mathrm{d}z}{2} - \left(\tau_{zy} + \frac{\partial \tau_{zy}}{\partial z}\mathrm{d}z\right)\mathrm{d}x\mathrm{d}y \cdot \frac{\mathrm{d}z}{2} = 0 \quad (3-7)$$

同时消去 $\mathrm{d}x\mathrm{d}y\mathrm{d}z$ 并合并同类项，可得

$$\tau_{yz} + \frac{1}{2}\frac{\partial \tau_{yz}}{\partial y}\mathrm{d}y - \tau_{zy} - \frac{1}{2}\frac{\partial \tau_{zy}}{\partial z}\mathrm{d}z = 0 \quad (3-8)$$

略去微量，得

$$\tau_{yz} = \tau_{zy} \quad (3-9)$$

同样的，根据 y 轴、z 轴的力矩平衡，可得

$$\tau_{xz} = \tau_{zx} \quad (3-10)$$

$$\tau_{xy} = \tau_{yx} \quad (3-11)$$

这也是弹性力学中的切应力互等关系。

接着考虑力的平衡，将微元体所受力向 x 轴方向投影，根据 $\sum F_x = 0$ 可得

$$\left(\sigma_x + \frac{\partial \sigma_x}{\partial x}\mathrm{d}x\right)\mathrm{d}y\mathrm{d}z + \left(\tau_{yx} + \frac{\partial \tau_{yx}}{\partial y}\right)\mathrm{d}x\mathrm{d}z + \left(\tau_{zx} + \frac{\partial \tau_{zx}}{\partial z}\right)\mathrm{d}x\mathrm{d}y - \sigma_x\mathrm{d}y\mathrm{d}z - \tau_{yx}\mathrm{d}x\mathrm{d}z - \tau_{zx}\mathrm{d}x\mathrm{d}y + f_x\mathrm{d}x\mathrm{d}y\mathrm{d}z = 0$$

$$(3-12)$$

其中 f_x 为体力在 x 轴方向上的分量，将上式化简可得

$$\frac{\partial \sigma_x}{\partial x} + \frac{\partial \tau_{yx}}{\partial y} + \frac{\partial \tau_{zx}}{\partial z} + f_x = 0 \quad (3-13)$$

同理，在 y 轴与 z 轴方向通过受力平衡也能得到两个与上式相似的式子，于是

$$\begin{cases} \dfrac{\partial \sigma_x}{\partial x} + \dfrac{\partial \tau_{yx}}{\partial y} + \dfrac{\partial \tau_{zx}}{\partial z} + f_x = 0 \\[2mm] \dfrac{\partial \sigma_y}{\partial y} + \dfrac{\partial \tau_{zy}}{\partial y} + \dfrac{\partial \tau_{xy}}{\partial y} + f_y = 0 \\[2mm] \dfrac{\partial \sigma_z}{\partial z} + \dfrac{\partial \tau_{xz}}{\partial z} + \dfrac{\partial \tau_{yz}}{\partial z} + f_z = 0 \end{cases} \quad (3-14)$$

这就得到了空间问题的平衡微分方程。

（2）几何方程。

几何方程是关于应变分量与位移分量之间的关系式。将上述的微元体向 xOy 面上投影，图 3-7 表示了弹性体受力后，P、A、B 三点分别移动到了 P'、A'、B' 的位置上，假设 P 在 x、y 方向上的位移分别是 u、v。

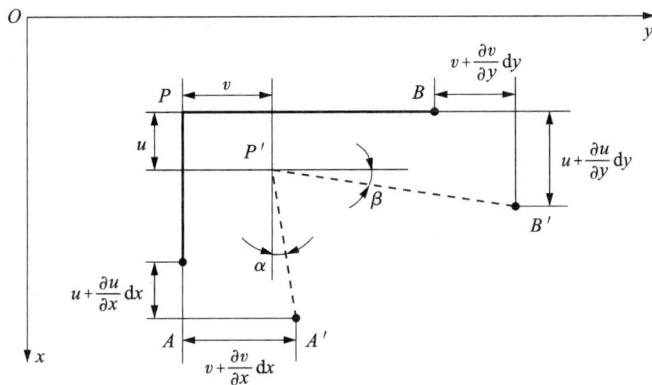

图 3-7　微元体切应变示意图

先来求 PA、PB 的正应变，即将 ε_x、ε_y 用位移分量表示。对于 PA 方向，由于 x 坐标的改变，可用泰勒级数表示

$$u+\frac{\partial u}{\partial x}\mathrm{d}x+\frac{1}{2!}\frac{\partial^2 u}{\partial x^2}\mathrm{d}x^2+\cdots \tag{3-15}$$

略去二阶及更高阶微量，PA 的正应变为

$$\varepsilon_x=\frac{\left(u+\dfrac{\partial u}{\partial x}\mathrm{d}x\right)-u}{\mathrm{d}x}=\frac{\partial u}{\partial x} \tag{3-16}$$

在这里，由于位移是微小的，A 点在 y 方向上移动引起的线段 PA 的伸缩，是更高阶的微小量，可以略去不计。同理，PB 的正应变如下：

$$\varepsilon_y=\frac{\partial v}{\partial x} \tag{3-17}$$

现在来求线段 PA、PB 间夹角的变化，即将切应变也用位移分量表示。夹角的改变量是由两部分引起的，一部分是 A 点往 y 方向移动引起的 PA 与 x 轴夹角的变化 α，一部分是 B 点往 x 轴方向移动引起的 PB 与 y 轴夹角的变化 β。

P 在 y 方向上的位移分量是 v，则 A 点在 y 方向上的位移分量可表示为 $v+\frac{\partial v}{\partial x}\mathrm{d}x$，那么可求出 PA 的转角为

$$\alpha=\frac{\left(v+\dfrac{\partial v}{\partial x}\mathrm{d}x\right)-v}{\mathrm{d}x}=\frac{\partial v}{\partial x} \tag{3-18}$$

同理可得，PB 的转角为

$$\beta = \frac{\partial u}{\partial y} \tag{3-19}$$

故线段 PA、PB 间夹角的变化，即切应变 γ_{xy} 为

$$\gamma_{xy} = \alpha + \beta = \frac{\partial v}{\partial x} + \frac{\partial u}{\partial y} \tag{3-20}$$

这样，以 xOy 平面为例，求出了正应变 ε_x、ε_y 和切应变 γ_{xy}，在空间问题中，用同样的方法可以导出其他方向上应变分量与位移分量的关系，故空间问题的几何方程有

$$\begin{cases} \varepsilon_x = \frac{\partial u}{\partial x}, \ \varepsilon_y = \frac{\partial v}{\partial y}, \ \varepsilon_z = \frac{\partial w}{\partial z} \\ \gamma_{xy} = \frac{\partial v}{\partial x} + \frac{\partial u}{\partial y}, \ \gamma_{yz} = \frac{\partial w}{\partial y} + \frac{\partial v}{\partial z}, \ \gamma_{zx} = \frac{\partial u}{\partial z} + \frac{\partial w}{\partial x} \end{cases} \tag{3-21}$$

（3）物理方程。

物理方程是描述应力分量与应变分量之间的关系，可根据广义胡克定律建立如下关系：

$$\begin{cases} \varepsilon_x = \frac{1}{E} \left[\sigma_x - \mu(\sigma_y + \sigma_z) \right] \\ \varepsilon_y = \frac{1}{E} \left[\sigma_y - \mu(\sigma_x + \sigma_z) \right] \\ \varepsilon_z = \frac{1}{E} \left[\sigma_z - \mu(\sigma_x + \sigma_y) \right] \\ \gamma_{xy} = \frac{2(1+\mu)}{E} \tau_{xy} \\ \gamma_{yz} = \frac{2(1+\mu)}{E} \tau_{yz} \\ \gamma_{zx} = \frac{2(1+\mu)}{E} \tau_{zx} \end{cases} \tag{3-22}$$

式中：μ 为泊松比，在弹性力学中有

$$G = \frac{E}{2(1+\mu)} \tag{3-23}$$

式中：G 为剪切模量，也称为切变模量、刚性模量。

2）运动微分方程

在上文中我们介绍了弹性力学空间问题的几个基本方程，是基于静力问题进行的推导。在弹性静力问题中，我们假设弹性体的任一微小部分都始终处于静力平衡状态，位移、应力、应变都只是位置坐标的函数，不随时间变化；而在动力问题中，弹性体的位移、应力、应变会随时间变化，不仅是位置坐标的函数，还是时间的函数。

在动力问题中，依然假定理想弹性和小变形性，那么对于物理方程和几何方程，都能适用于动力问题的任意瞬间；但对于由静力平衡建立起来的平衡微分方程，在动力问题中需要用运动微分方程代替。

在建立运动微分方程时，除了要考虑应力与体力，还须考虑由于具有加速度而应当施加的惯性力，通过引入惯性力可以将动力学问题转化为静力问题从而简化求解。动力问题中弹

性体内某一点的位移分量为 u、v、w，则相应点处的加速度分量为 $\dfrac{\partial^2 u}{\partial t^2}$、$\dfrac{\partial^2 v}{\partial t^2}$、$\dfrac{\partial^2 w}{\partial t^2}$，按照达朗贝

尔原理，在弹性体的每单位体积上应施加的惯性力分量为 $-\rho\dfrac{\partial^2 u}{\partial t^2}$，$-\rho\dfrac{\partial^2 v}{\partial t^2}$，$-\rho\dfrac{\partial^2 w}{\partial t^2}$，其中 ρ 为

弹性体的密度。将惯性分量代入平衡微分方程中，得

$$
\begin{cases}
\dfrac{\partial \sigma_x}{\partial x} + \dfrac{\partial \tau_{yx}}{\partial y} + \dfrac{\partial \tau_{zx}}{\partial z} + f_x - \rho\dfrac{\partial^2 u}{\partial t^2} = 0 \\[3mm]
\dfrac{\partial \sigma_y}{\partial y} + \dfrac{\partial \tau_{zy}}{\partial y} + \dfrac{\partial \tau_{xy}}{\partial y} + f_y - \rho\dfrac{\partial^2 v}{\partial t^2} = 0 \\[3mm]
\dfrac{\partial \sigma_z}{\partial z} + \dfrac{\partial \tau_{xz}}{\partial z} + \dfrac{\partial \tau_{yz}}{\partial z} + f_z - \rho\dfrac{\partial^2 w}{\partial t^2} = 0
\end{cases}
\tag{3-24}
$$

可见，运动微分方程中既有位移分量又有应力分量。一般的，弹性力学动力问题按位移求解较为方便，故先将应力分量用位移分量表示，将几何方程 (3-21) 代入物理方程 (3-22) 中，得

$$
\begin{cases}
\sigma_x = \dfrac{E}{1+\mu}\left(\dfrac{\mu}{1-2\mu}\theta + \dfrac{\partial u}{\partial x}\right) \\[3mm]
\sigma_y = \dfrac{E}{1+\mu}\left(\dfrac{\mu}{1-2\mu}\theta + \dfrac{\partial v}{\partial y}\right) \\[3mm]
\sigma_z = \dfrac{E}{1+\mu}\left(\dfrac{\mu}{1-2\mu}\theta + \dfrac{\partial w}{\partial z}\right) \\[3mm]
\tau_{xy} = \dfrac{E}{2(1+\mu)}\left(\dfrac{\partial v}{\partial x} + \dfrac{\partial u}{\partial y}\right) \\[3mm]
\tau_{yz} = \dfrac{E}{2(1+\mu)}\left(\dfrac{\partial w}{\partial y} + \dfrac{\partial v}{\partial z}\right) \\[3mm]
\tau_{zx} = \dfrac{E}{2(1+\mu)}\left(\dfrac{\partial u}{\partial z} + \dfrac{\partial w}{\partial x}\right)
\end{cases}
\tag{3-25}
$$

其中 θ 为体应变。

$$
\theta = \dfrac{\partial u}{\partial x} + \dfrac{\partial v}{\partial y} + \dfrac{\partial w}{\partial z}
\tag{3-26}
$$

将用位移分量表示的弹性方程 (3-25) 代入式 (3-24) 中，可得

$$
\begin{cases}
\dfrac{E}{2(1+\mu)}\left(\dfrac{1}{1-2\mu}\dfrac{\partial \theta}{\partial x} + \nabla^2 u\right) + f_x - \rho\dfrac{\partial^2 u}{\partial t^2} = 0 \\[3mm]
\dfrac{E}{2(1+\mu)}\left(\dfrac{1}{1-2\mu}\dfrac{\partial \theta}{\partial y} + \nabla^2 v\right) + f_y - \rho\dfrac{\partial^2 v}{\partial t^2} = 0 \\[3mm]
\dfrac{E}{2(1+\mu)}\left(\dfrac{1}{1-2\mu}\dfrac{\partial \theta}{\partial z} + \nabla^2 w\right) + f_z - \rho\dfrac{\partial^2 w}{\partial t^2} = 0
\end{cases}
\tag{3-27}
$$

这就得到按位移求解动力问题所需的基本微分方程，式中以 "∇^2" 表示 $\dfrac{\partial^2}{\partial x^2} + \dfrac{\partial^2}{\partial y^2} + \dfrac{\partial^2}{\partial z^2}$。根据初始条件和边界条件可进行位移分量的求解，进而可以通过弹性方程求得应力分量。在动

力学问题中，为避免数学上的困难，通常不计体力，不考虑体力并移项后得到下式：

$$
\begin{cases}
\dfrac{\partial^2 u}{\partial t^2} = \dfrac{E}{2(1+\mu)\rho}\left(\dfrac{1}{1-2\mu}\dfrac{\partial\theta}{\partial x} + \nabla^2 u\right) \\[2mm]
\dfrac{\partial^2 v}{\partial t^2} = \dfrac{E}{2(1+\mu)\rho}\left(\dfrac{1}{1-2\mu}\dfrac{\partial\theta}{\partial y} + \nabla^2 v\right) \\[2mm]
\dfrac{\partial^2 w}{\partial t^2} = \dfrac{E}{2(1+\mu)\rho}\left(\dfrac{1}{1-2\mu}\dfrac{\partial\theta}{\partial z} + \nabla^2 w\right)
\end{cases}
\tag{3-28}
$$

这就是不计体力的各向同性弹性体中的运动微分方程。

定义 $\psi = \psi(x, y, z, t)$ 是弹性体发生位移的势函数，各向的位移 u、v、w 可表示成

$$
u = \frac{\partial\psi}{\partial x}, \quad v = \frac{\partial\psi}{\partial y}, \quad w = \frac{\partial\psi}{\partial z}
\tag{3-29}
$$

定义

$$
\theta_z = \frac{1}{2}\left(\frac{\partial v}{\partial x} - \frac{\partial u}{\partial y}\right)
\tag{3-30}
$$

由于 $\dfrac{\partial v}{\partial x}$、$-\dfrac{\partial u}{\partial y}$ 分别表示弹性体内一点在 x 方向和 y 方向绕 z 轴的旋转角，故 θ_z 作为两旋转角的平均值，可以表征该点绕 z 轴的旋转角。同理，有

$$
\theta_x = \frac{1}{2}\left(\frac{\partial w}{\partial y} - \frac{\partial u}{\partial z}\right)
\tag{3-31}
$$

$$
\theta_y = \frac{1}{2}\left(\frac{\partial u}{\partial z} - \frac{\partial w}{\partial x}\right)
\tag{3-32}
$$

当位移满足式(3-29)时，可知 θ_x、θ_y、θ_z 都为零，故式(3-29)的位移称为无旋位移，满足这种位移状态的波称为无旋波。

由式(3-29)可得

$$
\theta = \frac{\partial u}{\partial x} + \frac{\partial v}{\partial y} + \frac{\partial w}{\partial z} = \nabla^2\psi
\tag{3-33}
$$

从而有

$$
\begin{cases}
\dfrac{\partial\theta}{\partial x} = \dfrac{\partial}{\partial x}\nabla^2\psi = \nabla^2\dfrac{\partial\psi}{\partial x} = \nabla^2 u \\[2mm]
\dfrac{\partial\theta}{\partial y} = \nabla^2 v \\[2mm]
\dfrac{\partial\theta}{\partial z} = \nabla^2 w
\end{cases}
\tag{3-34}
$$

将其代入运动微分方程(3-25)中，化简得到无旋波的波动方程为

$$
\frac{\partial^2 u}{\partial t^2} = c_1^2\,\nabla^2 u, \quad \frac{\partial^2 v}{\partial t^2} = c_1^2\,\nabla^2 v, \cdot\frac{\partial^2 w}{\partial t^2} = c_1^2\,\nabla^2 w
\tag{3-35}
$$

其中

$$
c_1 = \sqrt{\frac{E(1-\mu)}{(1+\mu)\cdot(1-2\mu)\rho}}
\tag{3-36}
$$

如果假定弹性体中发生的位移满足体积应变为零，即 $\theta = 0$，那么这种位移称为等容位移，弹性体中任一部分的体积保持不变，对应这种位移状态的弹性波称为等容波。此时，运动微分方程(3-25)可化为

$$\frac{\partial^2 u}{\partial t^2} = c_2^2 \ \nabla^2 u, \quad \frac{\partial^2 v}{\partial t^2} = c_2^2 \ \nabla^2 v, \quad \frac{\partial^2 w}{\partial t^2} = c_2^2 \ \nabla^2 w \tag{3-37}$$

其中

$$c_2 = \sqrt{\frac{E}{2(1+\mu)\rho}} = \sqrt{\frac{G}{\rho}} \tag{3-38}$$

无旋波和等容波是弹性波的两种最基本形式，更常用的术语是膨胀波和畸变波，也称为纵波和横波。无旋波与等容波的波动方程具有同样的形式，即

$$\frac{\partial^2 f}{\partial t^2} = c^2 \ \nabla^2 f \tag{3-39}$$

对于纵波，式中的 c 等于 c_1；对于横波，式中的 c 等于 c_2。这就是横波与纵波的波动方程。

3.1.3　波动方程的解

对于形如式(3-39)的波动方程，它们的解也有着相同的形式。取波的传播方向为沿 x 轴时为例，式(3-39)变成

$$\frac{\partial^2 f}{\partial t^2} = c^2 \ \frac{\partial^2 f}{\partial x^2} \tag{3-40}$$

它的通解为

$$f = u_1 + u_2 = G(x - ct) + H(x + ct) \tag{3-41}$$

式中：G 和 H 是由初始条件决定的任意函数，对于通解 f，先考察它的第一部分。令 $u_1 = G(x-ct)$，在任一时刻 t，u_1 只是 x 的函数，如图 3-8 所示，用一段曲线 ABC 表示，曲线形状取决于函数 G。在经过 Δt 时间后，$x-ct$ 将变为 $x-c(t+\Delta t)$，u 也随之改变。但如果坐标 x 也增大 Δx，$\Delta x = ct$，那么 u_1 将保持不变，故将曲线 ABC 沿着 x 方向移动一个 Δx 的距离得到的 $A'B'C'$，就适用于 $t+\Delta t$ 时刻。因此，第一部分的 u_1 反映了一个波沿 x 轴方向的传播。

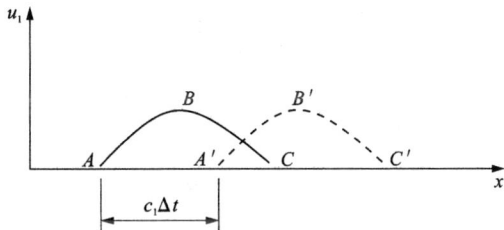

图 3-8　某一时刻质点在 x 方向的位移曲线

同理，我们可以得出通解的第二部分 $u_2 = H(x+ct)$ 也是如此，只是其方向相反，两部分的传播速度都相同，均为 c。

对于从一点散出一个具有对称性的扰动，此时变形就将只依赖由这一点开始计算的向径

的值 r，因为有 $r^2 = x^2 + y^2 + z^2$，则在 x 方向上

$$\frac{\partial^2 f}{\partial x^2} = \frac{x^2}{r^2} \cdot \frac{\partial^2 f}{\partial r^2} + \frac{1}{r} \cdot \left(1 - \frac{x^2}{r^2}\right)\frac{\partial f}{\partial r} \tag{3-42}$$

在另外两个方向，即 y、z 方向上，对 $\frac{\partial^2 f}{\partial y^2}$、$\frac{\partial^2 f}{\partial z^2}$ 也有类似的形式，这样对于这种对称性扰动，式(3-39)可转化为

$$\frac{\partial^2 f}{\partial t^2} = c^2\left(\frac{\partial^2 f}{\partial r^2} + \frac{2}{r} \cdot \frac{\partial f}{\partial r}\right) \tag{3-43}$$

上式化简可得

$$\frac{\partial^2(rf)}{\partial t^2} = c^2 \frac{\partial^2(rf)}{\partial r^2} \tag{3-44}$$

这与式(3-40)也有着类似的形式，它的通解是

$$rf = G(r - ct) + H(r + ct) \tag{3-45}$$

同样的，这里的 G 和 H 也都分别表示两个传播方向相反的球面波，一个由坐标原点散出，一个传向坐标原点，这就是三维波动方程的通解。

波动方程(3-39)具有一个很重要的特性，那就是如果该方程有任意一个特解

$$f = f_0(x, y, z, t) \tag{3-46}$$

则 f_0 对于 x、y、z、t 等任一变数的偏导数也是该方程的特解，现给出证明。

用 ξ 代表 x、y、z、t 等变数之一，则总有如下关系式

$$\begin{cases} \dfrac{\partial}{\partial \xi}\left(\dfrac{\partial^2 f_0}{\partial t^2}\right) = \dfrac{\partial^2}{\partial t^2}\left(\dfrac{\partial f_0}{\partial \xi}\right) \\[3mm] \dfrac{\partial}{\partial \xi}(\nabla^2 f_0) = \nabla^2\left(\dfrac{\partial f_0}{\partial \xi}\right) \end{cases} \tag{3-47}$$

因为 f_0 是波动方程(3-39)的一个特解，那么有

$$\frac{\partial^2 f_0}{\partial t^2} = c^2 \nabla^2 f_0 \tag{3-48}$$

上式两边同时对 ξ 求导，得

$$\frac{\partial}{\partial \xi}\left(\frac{\partial^2 f_0}{\partial t^2}\right) = \frac{\partial}{\partial \xi}(\nabla^2 f_0) \tag{3-49}$$

将(3-40)代入其中，得

$$\frac{\partial^2}{\partial t^2}\left(\frac{\partial f_0}{\partial \xi}\right) = \nabla^2\left(\frac{\partial f_0}{\partial \xi}\right) \tag{3-50}$$

故可知，$\dfrac{\partial f_0}{\partial \xi}$ 也是波动方程(3-39)的一个特解。

由于弹性体中的应力、应变分量及质点的速度分量都可以用位移分量来表示，根据这一特性，当弹性体的位移分量满足某一波动方程时，应力、应变分量及质点的速度分量也将满足该波动方程，即在弹性体中，应力分量、应变分量及质点的速度分量都和位移分量具有相同的传播方式和速度。

3.2　弹性波的传播特性

3.2.1　弹性波的反射透射与折射

与光波一样，在弹性波的传播过程中，当其从一种介质进入另一种介质时，一部分反射回原介质中，一部分透射进入另一种介质中。本小节将讨论弹性波在自由界面上的反射与在不同介质面上的反射与透射。

1. 自由界面的反射

固体中传播的弹性波在自由表面被反射时，会产生两种波，下面以压缩波为例，证明压缩波在自由表面反射时，反射波不仅包含压缩波，也还含有剪切波。

如图 3-9，令一压缩波传播方向在 xOy 平面内，与 x 轴所成角为 α_1，yOz 平面为自由边界，我们来研究一个简单的简谐波，其垂直于波前的位移用 Φ_1 表示，假设为

$$\Phi_1 = A_1 \sin(pt + f_1 x + g_1 y) \qquad (3\text{-}51)$$

式中：A_1 为振幅。

$$f_1 = \frac{p\cos\alpha_1}{c_1}, \quad g_1 = \frac{p\sin\alpha_1}{c_1} \qquad (3\text{-}52)$$

式中：c_1 为压缩波波速。

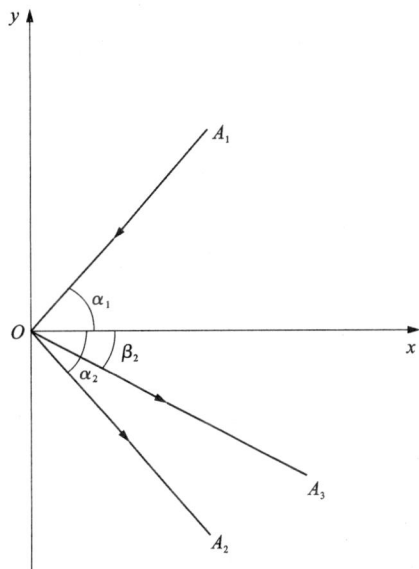

图 3-9　压缩波在自由界面的反射

取波的传播方向为沿 x 轴和 y 轴减少的方向，则在 x 和 y 方向上的位移为

$$u_1 = \Phi_1 \cos\alpha_1, \quad v_1 = \Phi_1 \sin\alpha_1 \qquad (3\text{-}53)$$

令反射的压缩波与 x 轴所成角度为 α_2，其垂直于波前的位移是 Φ_2。

$$\Phi_2 = A_2 \sin(pt - f_2 x + g_2 y + \delta_1) \qquad (3\text{-}54)$$

$$f_2 = \frac{p\cos\alpha_2}{c_1}, \quad g_2 = \frac{p\sin\alpha_2}{c_1} \qquad (3\text{-}55)$$

式中：δ_1 为常数，反映了波在反射时相位有所改变；A_2 为振幅。

反射的压缩波在 x 和 y 方向上的位移表示为

$$u_2 = -\Phi_2 \cos\alpha_2, \quad v_2 = \Phi_2 \sin\alpha_2 \qquad (3\text{-}56)$$

在自由界面上，边界条件有 $\sigma_x = 0$，$\tau_{xy} = 0$。根据弹性方程(3-25)，有

$$\begin{cases} \sigma_x = \dfrac{E}{1+\mu}\left(\dfrac{\mu}{1-2\mu}\theta + \dfrac{\partial u}{\partial x}\right) \\[3mm] \tau_{xy} = \dfrac{E}{2(1+\mu)}\left(\dfrac{\partial v}{\partial x} + \dfrac{\partial u}{\partial y}\right) \end{cases} \qquad (3\text{-}57)$$

其中，由于仅假设有在 x 和 y 方向上的位移 $\theta=\dfrac{\partial u}{\partial x}+\dfrac{\partial v}{\partial y}$，将 $u=u_1+u_2$，$v=v_1+v_2$ 代入可得

$$
\begin{cases}
\sigma_x=\dfrac{E}{1+\mu}\left\{\left[\dfrac{\mu}{1-2\mu}(f_1\cos\alpha_1+g_1\sin\alpha_1)+f_1\cos\alpha_1\right]\Phi_1' \right.\\
\qquad\left.+\left[\dfrac{\mu}{1-2\mu}(f_2\cos\alpha_2+g_2\sin\alpha_2)+f_2\cos\alpha_2\right]\Phi_2'\right\} \\
\tau_{xy}=\dfrac{E}{2(1+\mu)}\left[\Phi_1'(f_1\sin\alpha_1+g_1\cos\alpha_1)-\Phi_2'(f_2\sin\alpha_2+g_2\cos\alpha_2)\right]
\end{cases}
\tag{3-58}
$$

其中

$$
\Phi_1'=A_1\cos(pt+f_1x+g_1y)\,,\quad \Phi_2'=A_2\cos(pt-f_2x+g_2y+\delta_1)
\tag{3-59}
$$

在 $x=0$ 处，根据边界条件 $\sigma_x=0$，$\tau_{xy}=0$，式（3-58）转化为

$$
A_1\left(\dfrac{\mu}{1-2\mu}+\cos^2\alpha_1\right)\cos(pt+g_1y)+A_2\left(\dfrac{\mu}{1-2\mu}+\cos^2\alpha_2\right)\cos(pt+g_2y+\delta_1)=0
\tag{3-60}
$$

$$
A_1\sin 2\alpha_1\cos(pt+g_1y)-A_2\sin 2\alpha_2\cos(pt+g_2y+\delta_1)=0
\tag{3-61}
$$

若式（3-60）对于任意的 y 和 t 都要满足该方程，只有使 $g_1=g_2$ 且 $A_1=-A_2$、$\delta_1=2k\pi$，或者 $A_1=A_2$、$\delta_1=(2k+1)\pi$（k 为整数），但不难发现此时式（3-61）并不满足，因此只有一个反射的压缩波时，边界条件 $\tau_{yz}=0$ 无法满足。

假设压缩波在自由界面反射后，还会产生一个剪切波，传播的方向与 x 轴成 β_2 夹角，其位移 Φ_3 为

$$
\Phi_3=A_3\sin(pt-f_3x+g_3y+\delta_2)
\tag{3-62}
$$

其中

$$
f_3=\dfrac{p\cos\beta_2}{c_2}\,,\quad g_3=\dfrac{p\sin\beta_2}{c_2}
\tag{3-63}
$$

这里 c_2 是剪切波波速，δ_2 为常数，表示反射时发生的相位改变。对于剪切波，质点的振动方向与传播方向垂直，则 x 和 y 方向上的位移为

$$
u_3=\Phi_3\sin\beta_2\,,\quad v_3=\Phi_3\cos\beta_2
\tag{3-64}
$$

此时 $u=u_1+u_2+u_3$，$v=v_1+v_2+v_3$，代入式（3-57）中，并将 f_1、f_2、f_3、g_1、g_2、g_3 代入可得

$$
\begin{cases}
\sigma_x=\dfrac{pE}{1+\mu}\left[\dfrac{\Phi_1'}{c_1}\left(\dfrac{\mu}{1-2\mu}+\cos^2\alpha_1\right)-\dfrac{\Phi_2'}{c_1}\left(\dfrac{\mu}{1-2\mu}+\cos^2\alpha_2\right)-\dfrac{\Phi_3'}{2c_2}\sin 2\beta_2\right] \\
\tau_{xy}=\dfrac{pE}{2(1+\mu)}\left[\dfrac{1}{c_1}(\Phi_1'\sin 2\alpha_1-\Phi_2'\sin 2\alpha_2)-\dfrac{\Phi_3'}{c_2}\cos 2\beta_2\right]
\end{cases}
\tag{3-65}
$$

式中

$$
\Phi_3'=A_3\cos(pt-f_3x+g_3y+\delta_2)
\tag{3-66}
$$

再次根据 $x=0$ 处的边界条件可得

$$
\begin{aligned}
&\dfrac{1}{c_1}\left[A_1\left(\dfrac{\mu}{1-2\mu}+\cos^2\alpha_1\right)\cos(pt+g_1y)+A_2\left(\dfrac{\mu}{1-2\mu}+\cos^2\alpha_2\right)\cos(pt+g_2y+\delta_1)\right]\\
&-\dfrac{1}{2c_2}A_3\cos(pt+g_3y+\delta_2)\sin 2\beta_2=0
\end{aligned}
\tag{3-67}
$$

$$\frac{1}{c_1}\left[A_1\cos(pt+g_1y)\sin 2\alpha_1-A_2\cos(pt+g_2y+\delta_1)\sin 2\alpha_1\right]-\frac{1}{c_2}A_3\cos(pt+g_3y+\delta_2)\cos 2\beta_2=0$$

$$(3-68)$$

这里先考虑式(3-68)，若对于该方程，任意的 y 和 t 都能满足，则先必有 $g_1=g_2=g_3$，即

$$\frac{p\sin\alpha_1}{c_1}=\frac{p\sin\alpha_2}{c_1}=\frac{p\sin\beta_2}{c_2} \qquad (3-69)$$

故有

$$\alpha_1=\alpha_2,\quad \frac{c_1}{c_2}=\frac{\sin\alpha_2}{\sin\beta_2} \qquad (3-70)$$

这样我们可以知道，压缩波的反射角等于入射角，同光的反射一样，而反射的剪切波的反射角与入射角存在仅与波速有关的定量关系。

我们还要必须假设 $\delta_1=\delta_2=2k\pi$ 或 $\delta_1=\delta_2=(2k+1)\pi$（$k$ 为整数），又代入 c_1/c_2 的值可以得到关于振幅的关系式：

$$2(A_1-A_2)\cos\alpha_1\sin\beta_2-A_3\cos 2\beta_2=0 \qquad (3-71)$$

根据上述假设条件，我们再来讨论式(3-67)，这里取 $\delta_1=\delta_2=0$，式(3-67)转化为

$$\frac{(A_1+A_2)}{c_1}\left(\frac{\mu}{1-2\mu}+\cos^2\alpha_2\right)-\frac{A_3}{2c_2}\sin 2\beta_2=0 \qquad (3-72)$$

代入 $\dfrac{c_1}{c_2}=\dfrac{\sin\alpha_1}{\sin\beta_2}=\sqrt{\dfrac{2(1-\mu)}{1-2\mu}}$，可得

$$(A_1+A_2)\cos\alpha_1\sin 2\beta_2-A_3\sin\beta_2\sin 2\beta_2=0 \qquad (3-73)$$

这样，根据式(3-71)和式(3-73)我们可以得到两个反射波的振幅，因为这些方程适用于任意频率的简谐波，所以对于任意形式的压缩波也都成立。当压缩波垂直入射时，反射不产生剪切波，反射的压缩波的振幅与入射波相等，相位与入射波相差 π。

接着，我们来讨论剪切波在入射至自由边界时的反射。如图 3-10，令一平行于 xOy 平面传播的平面波，入射到 yOz 平面的一个自由边界，入射角为 β_1'。剪切波的振动方向与传播方向垂直，我们可以用两个相互垂直的波振动分量确定剪切波所产生的位移。对于平行于 xOy 传播的剪切波，我们取平行于 z 轴振动和垂直于 z 轴振动的波确定它们的反射条件，通过叠加可以得到其他方向振动的条件。

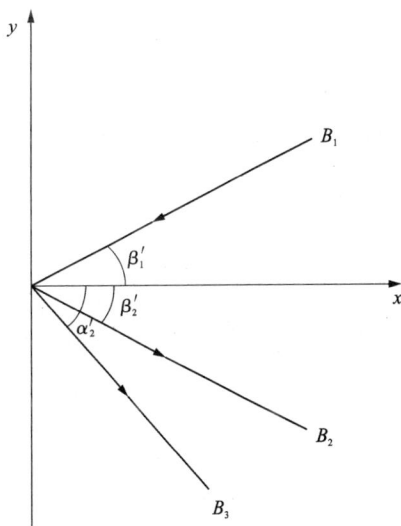

图 3-10 剪切波在自由界面的反射

需要满足的边界条件为，在 $x=0$ 处，有 $\sigma_x=0$，$\tau_{xy}=0$，$\tau_{xz}=0$。

对于平行于 z 轴振动的波，在 x 轴和 y 轴方向上是没有运动的，故 $u=0$，$v=0$。这就意味着，一个具有相同振幅和相反相位，且反射角等于入射角的剪切波就可满足边界条件。

对于垂直于 z 轴振动的波，分析方法与前面讨论的压缩波类似，在 z 方向上没有运动，这

时的边界条件只简化为 $\sigma_x = 0$，$\tau_{xy} = 0$。

根据之前分析压缩波反射的经验，在反射波同时含有压缩波和剪切波的情况下，上述边界条件才能得到满足。剪切波的反射角等于入射角，被反射的压缩波的反射角 α_2' 由 $\dfrac{c_1}{c_2} = \dfrac{\sin \alpha_2'}{\sin \beta_1'}$ 决定。

令入射的剪切波振幅为 B_1，反射的剪切波振幅为 B_2，反射的压缩波振幅为 B_3，推导过程与压缩波的反射类似，可以由 $x = 0$ 处的边界条件得到振幅应满足的条件，即

$$\begin{cases} (B_1 - B_2)\cos 2\beta_1' - 2B_3 \sin \beta_1' \cos \alpha_2' = 0 \\ (B_1 + B_2)\sin 2\beta_1' \sin \beta_1' - B_3 \sin \alpha_2' \cos 2\beta_1' = 0 \end{cases} \tag{3-74}$$

根据上述方程组，可以得到不同入射角下反射波振幅与入射波振幅的关系，与压缩波的反射类似，当剪切波垂直入射时，反射波只有剪切波，没有压缩波。

2. 不同介质面上的反射与透射

当弹性波到达两种不同介质的边界上时会发生反射和透射，并产生 4 种波，其中 2 个被反射，另外 2 个透射进入另一种介质，讨论的方法与前文中关于自由界面的反射类似。在不同介质的分界面上发生反射与透射，界面两边的位移与应力应该相等，而每一个应力与位移分量都是由相应的 5 个分量组合起来的（1 个是由入射波产生，2 个是由反射波产生，2 个是由折射波产生）。考虑一个在 xy 平面内传播的波，取分界面为 yz 面，则边界条件有

(1) $\sum u_a = \sum u_b$；

(2) $\sum v_a = \sum v_b$，$\sum w_a = \sum w_b$；

(3) $\sum (\sigma_x)_a = \sum (\sigma_x)_b$；

(4) $\sum (\tau_{xy})_a = \sum (\tau_{yx})_b$，$\sum (\tau_{zx})_a = \sum (\tau_{xz})_b$。

根据公式（3-25）将上式中的应力转化为位移，可以得到

$$\begin{cases} \displaystyle\sum u_a = \sum u_b \\[2mm] \displaystyle\sum v_a = \sum v_b, \ \ \sum w_a = \sum w_b \\[2mm] \displaystyle\sum \left[\frac{E}{1+\mu}\left(\frac{\mu}{1-2\mu}\theta + \frac{\partial u}{\partial x} \right) \right]_a = \sum \left[\frac{E}{1+\mu}\left(\frac{\mu}{1-2\mu}\theta + \frac{\partial u}{\partial x} \right) \right]_b \\[4mm] \displaystyle\sum \left[\frac{E}{2(1+\mu)}\left(\frac{\partial v}{\partial x} + \frac{\partial u}{\partial y} \right) \right]_a = \sum \left[\frac{E}{2(1+\mu)}\left(\frac{\partial v}{\partial x} + \frac{\partial u}{\partial y} \right) \right]_b \\[4mm] \displaystyle\sum \left[\frac{E}{2(1+\mu)}\left(\frac{\partial u}{\partial z} + \frac{\partial w}{\partial x} \right) \right]_a = \sum \left[\frac{E}{2(1+\mu)}\left(\frac{\partial u}{\partial z} + \frac{\partial w}{\partial x} \right) \right]_b \end{cases} \tag{3-75}$$

以上附有 a 的应力和应变分量表示处在第一种介质中，而表示处在第二种介质中的下标为 b，该边界条件应用在平面 $x = 0$ 上。

图 3-11 所示是一个平行于 xOy 平面传播的压缩波，与边界所成的入射角为 α_1，令膨胀波的反射角和折射角分别为 α_2、α_3，产生的剪切波的反射角与折射角分别为 β_2、β_3。假设惠更斯原理可以用到该压缩波上，即任一时刻的波前，都是前一时刻的波前上的各点发出的球面波的包迹，跟光学中的现象一样，可以有如下关系式：

$$\frac{\sin \alpha_1}{c_1} = \frac{\sin \alpha_2}{c_1} = \frac{\sin \beta_2}{c_2} = \frac{\sin \alpha_3}{c_3} = \frac{\sin \beta_3}{c_4} \tag{3-76}$$

式中：c_1、c_2 为第一种介质中的压缩波与剪切波的传播速度，c_3、c_4 为第二种介质中对应的波速。令入射的膨胀波的振幅为 A_1，反射和折射的压缩波振幅为 A_2、A_4，相应的剪切波振幅为 A_3、A_5。

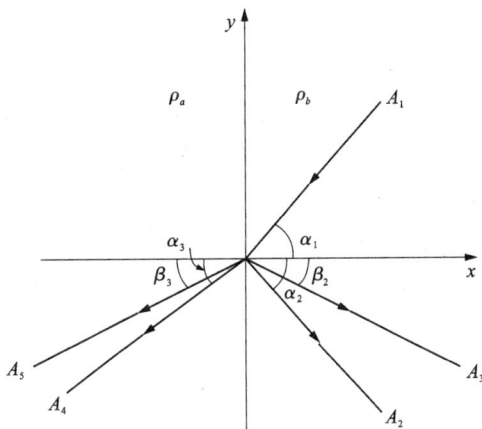

图 3-11　压缩波在不同介质面上的反射与透射

类似于前文中对自由界面上的反射与透射的推导，我们将分析不同介质交界处的边界条件。由边界条件(1) $\sum u_a = \sum u_b$ 和条件(2) 的前一部分 $\sum v_a = \sum v_b$ 可以得到下式：

$$(A_1 - A_2) \cos \alpha_1 + A_3 \sin \beta_2 - A_4 \cos \alpha_3 - A_5 \sin \beta_3 = 0 \tag{3-77}$$
$$(A_1 + A_2) \sin \alpha_1 + A_3 \cos \beta_2 - A_4 \sin \alpha_3 + A_5 \cos \beta_3 = 0 \tag{3-78}$$

由于 $w = 0$，波平行在 xOy 平面传播，故条件(3)可化为

$$\sum \left\{ \left[\frac{E\mu}{(1 + \mu) \cdot (1 - 2\mu)} + \frac{E}{1 + \mu} \right] \cdot \frac{\partial u}{\partial x} + \frac{E\mu}{(1 + \mu) \cdot (1 - 2\mu)} \cdot \frac{\partial v}{\partial y} \right\}_a$$
$$= \sum \left\{ \left[\frac{E\mu}{(1 + \mu) \cdot (1 - 2\mu)} + \frac{E}{1 + \mu} \right] \cdot \frac{\partial u}{\partial x} + \frac{E\mu}{(1 + \mu) \cdot (1 - 2\mu)} \cdot \frac{\partial v}{\partial y} \right\}_b \tag{3-79}$$

同样的，类似上文中的推导，可以得到

$$(A_1 + A_2) c_1 \cos 2\beta_2 - A_3 c_2 \sin 2\beta_2 - A_4 c_3 \frac{\rho_b}{\rho_a} \cos 2\beta_3 - A_5 c_4 \frac{\rho_b}{\rho_a} \sin 2\beta_3 = 0 \tag{3-80}$$

式中：ρ_a、ρ_b 分别为两种介质的密度。

再由条件(4)的前一部分 $\sum (\tau_{xy})_a = \sum (\tau_{yx})_b$，并将应力分量转换成位移分量后可以得到

$$\rho_a c_2^2 \left[(A_1 - A_2) \sin 2\alpha_1 - A_3 \frac{c_1}{c_2} \cos 2\beta_2 \right] - \rho_b c_4^2 \left(A_4 \frac{c_1}{c_3} \sin 2\alpha_3 - A_5 \frac{c_1}{c_4} \cos 2\beta_3 \right) = 0 \tag{3-81}$$

根据以上由边界条件得出的 4 个关系式，可以将 A_2、A_3、A_4、A_5 由 A_1 表示，即可以通过入射的压缩波振幅来表示反射波和折射波的振幅。当入射波垂直入射，即 $\alpha_1 = 0$ 时，由

式(3-76)可知其余反射角、折射角也为零，代入关于振幅间的 4 个关系式可得

$$\begin{cases} A_2 = A_1 \cdot \dfrac{\rho_b c_3 - \rho_a c_1}{\rho_b c_3 + \rho_a c_1} \\ A_4 = A_1 \cdot \dfrac{2\rho_a c_1}{\rho_b c_3 + \rho_a c_1} \\ A_3 = A_5 = 0 \end{cases} \tag{3-82}$$

上式表明，压缩波垂直入射时，只产生压缩波，不产生剪切波，反射波与折射波的幅值受到两种介质的密度与波速乘积的影响。密度与波速的乘积称为介质的波阻抗。由式(3-82)可知，当两种介质的波阻抗相同时垂直入射不产生反射波；当第二种介质的波阻抗大于第一种介质的波阻抗时，反射波与入射波的振幅符号相同；当射入介质的波阻抗小于原介质的波阻抗时，反射波的振幅符号改变。

现在我们来讨论剪切波入射时的情况。如图 3-12，令其振幅为 B_1，以 β_1' 的角度入射到分界面 yOz。对于剪切波，需要讨论其振动方向，平行于 z 轴振动或是垂直于 z 轴在 xOy 平面内振动。

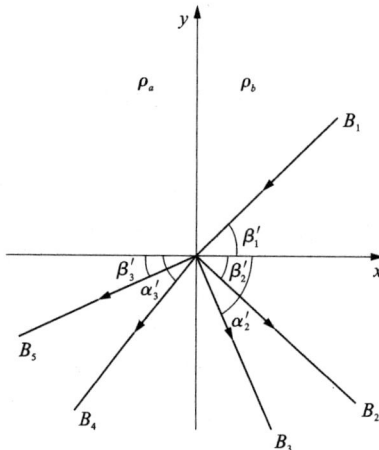

图 3-12　剪切波在不同介质面上的反射与透射

若剪切波的振动方向平行于 z 轴，则不存在垂直于分界面的运动，也不产生反射或折射的压缩波。令反射和折射产生的剪切波的振幅分别为 B_2、B_5，反射角 $\beta_2' = \beta_1'$，折射角为 β_3'，且有 $\dfrac{\sin \beta_3'}{\sin \beta_1'} = \dfrac{c_4}{c_2}$。由边界条件(2)、(4)的第二部分，即 $\sum w_a = \sum w_b$，$\sum (\tau_{zx})_a = \sum (\tau_{xz})_b$，可以得到

$$B_1 + B_2 - B_5 = 0 \tag{3-83}$$

$$\rho_a \sin 2\beta_1' (B_1 - B_2) - B_5 \rho_b \sin 2\beta_3' = 0 \tag{3-84}$$

若剪切波的振动方向平行于 xOy 平面，同压缩波一样，也会产生 4 种反射、折射波。令反射、折射产生的压缩波的振幅为 B_3、B_4，反射角与折射角分别为 α_2'、α_3'，则剪切波入射至分界面后夹角也有如下的正弦规律：

$$\frac{\sin \beta_1'}{c_2}=\frac{\sin \beta_2'}{c_2}=\frac{\sin \alpha_2'}{c_1}=\frac{\sin \alpha_3'}{c_3}=\frac{\sin \beta_3'}{c_4} \qquad (3-85)$$

考虑4种边界条件可以得到关于振幅间的如下关系：

$$(B_1-B_2)\sin \beta_1'+B_3 \cos \alpha_3'+B_4 \cos \alpha_3'-B_5 \sin \beta_3'=0 \qquad (3-86)$$

$$(B_1+B_2)\cos \beta_1'+B_3 \sin \alpha_2'-B_4 \sin \alpha_3'-B_5 \cos \beta_3'=0 \qquad (3-87)$$

$$c_2(B_1+B_2)\sin 2\beta_1'-c_1 B_3 \cos 2\beta_1'+c_3 B_4 \frac{\rho_b}{\rho_a}\cos 2\beta_3'-c_4 B_5 \frac{\rho_b}{\rho_a}\sin \beta_3'=0 \qquad (3-88)$$

$$\rho_a c_2\left[(B_1-B_2)\cos 2\beta_1'-B_3 \frac{c_2}{c_1}\sin 2\alpha_2'\right]-\rho_b c_4\left[B_4 \frac{c_4}{c_3}\sin 2\alpha_3'-B_5 \cos 2\beta_3'\right]=0 \qquad (3-89)$$

当入射波垂直射入时，$B_3=B_4=0$，不产生压缩波，以上关系式也简化为

$$B_1+B_2-B_5=0 \qquad (3-90)$$

$$\rho_a c_2(B_1-B_2)-\rho_b c_4 B_5=0 \qquad (3-91)$$

当两种介质的波阻抗相同时 $B_2=0$，即不产生反射的剪切波。

在本部分讨论的不同介质界面上发生的反射与折射的一般方程中，可令 $\rho_b=0$，即得到自由界面上振幅之间的关系式。此时位移相等的条件不可用，但由应力边界条件得到的式(3-80)、式(3-81)、式(3-88)和式(3-89)可简化得到前文中在自由边界反射得到的式(3-71)、式(3-73)和式(3-74)。

3.2.2　弹性波的波速

在前文对于式(3-41)的讨论中我们已经知道，对于形如 $\frac{\partial^2 f}{\partial t^2}=c^2 \frac{\partial^2 f}{\partial x^2}$ 的波动方程，c 表示了波的传播速度，称为弹性波的波速，常用到的有压缩波和剪切波的波速，波的传播速度与质点振动速度不是同一概念，以下进行讨论。

前文中提到，一个波动方程的通解式(3-41)包含两个部分，即 $u_1=G(x-ct)$，$u_2=H(x+ct)$，我们以其为沿 x 轴方向传播的纵波来讨论，则它们分别表示沿 x 正方向和负方向的两个纵波。以第一部分为例，由位移可以导出 x 方向上的正应变为

$$\varepsilon_x=\frac{\partial u_1}{\partial x}=\frac{\mathrm{d}G(x-ct)}{\mathrm{d}(x-ct)}\cdot \frac{\partial(x-ct)}{\partial x}=\frac{\mathrm{d}}{\mathrm{d}\xi}G(\xi) \qquad (3-92)$$

式中：$\xi=x-ct$。该波仅沿 x 轴方向传播，故其余应变分量都等于零，这也意味着弹性体的每一点都始终处于 x 方向的简单拉压状态。应用弹性方程式(3-25)可由应变分量求得应力分量，则

$$\sigma_x=\frac{E(1-\mu)}{(1-\mu)\cdot(1-2\mu)}\varepsilon_x \qquad (3-93)$$

$$\sigma_y=\sigma_z=\frac{E\mu}{(1-\mu)\cdot(1-2\mu)}\varepsilon_x \qquad (3-94)$$

切应力分量都为零。各正应力间的关系有

$$\frac{\sigma_y}{\sigma_x}=\frac{\sigma_z}{\sigma_x}=\frac{\mu}{1-\mu} \qquad (3-95)$$

根据位移条件也可以求出弹性体中质点沿 x 方向的速度分量，即

$$\dot{u}_1 = \frac{\partial u_1}{\partial t} = \frac{\mathrm{d}G(x-ct)}{\mathrm{d}(x-ct)} \cdot \frac{\partial(x-ct)}{\partial t} = -c\frac{\mathrm{d}}{\mathrm{d}\xi}G(\xi) \qquad (3-96)$$

其他方向上的速度分量为零。由速度分量和应变分量的关系式可以得到

$$\frac{\dot{u}_1}{c} = -\varepsilon_x \qquad (3-97)$$

因为应变 ε_x 总是很微小的值，所以弹性体内部质点的振动速度 $\dot{u}_1$ 都远远小于弹性波在其内部传播的速度 c。同样地，对于剪切波也可以得出相同的结论。

我们令压缩波和剪切波（也可称纵波与横波）的波速分别为 c_1、c_2，前文中式(3-36)和式(3-38)已经得出了它们的具体值，这样就有压缩波、剪切波的波速，分别为

$$c_1 = \sqrt{\frac{E(1-\mu)}{(1+\mu)\cdot(1-2\mu)\rho}}, \ c_2 = \sqrt{\frac{E}{2(1+\mu)\rho}} \qquad (3-98)$$

$$\frac{c_1}{c_2} = \sqrt{\frac{2(1-\mu)}{1-2\mu}} \qquad (3-99)$$

观察上式我们知道 c_1/c_2 总大于 1，即纵波波速总大于横波波速。对于岩石材料，其泊松比一般为 0.25，则 c_1/c_2 的值可能在 1.73 左右。表3-1还给出了一些常见介质中的压缩波与剪切波波速。

表 3-1　介质中的弹性波波速　　　　　　　　　　　单位：m/s

介质名称	c_1	c_2
空气	340	—
铝	6100	3100
钢	5800	3100
玻璃	6800	3300
砂岩	2400~4200	900~2400
页岩	1300~4000	800~2300
大理岩	5800~7300	3500~4700
花岗岩	4500~6500	2300~3800
玄武岩	4500~8000	3000~4500
混凝土	2000~4500	1200~2700

弹性波在介质中传播时，一个波可能包含着各种不同谐波成分，当其在某些介质中传播时，不同成分以各自不同的速度传播导致整体波包的形状产生变化而发生弥散，我们称之为频散。发生频散时，波的传播速度与组成这个波的各个成分的相速度(phase velocity)是不同的，这时波的整体传播速度称为群速度(group velocity)。

下面我们通过对两个平面简谐波的传播进行叠加，尝试讨论相速度 v_p 和群速度 v_g 的物理概念。假设它们均沿 x 方向传播，两波的振幅都为 A，角频率分别为 ω_1、ω_2，波数分别为 k_1、k_2，则两个波的波函数为

$$y_1 = A\cos(k_1 x - \omega_1 t) \tag{3-100}$$

$$y_2 = A\cos(k_2 x - \omega_2 t) \tag{3-101}$$

将两个平面简谐波合成后可以得到

$$\begin{aligned}
Y &= y_1 + y_2 \\
&= A\left[\cos(k_1 x - \omega_1 t) + \cos(k_2 x - \omega_2 t)\right] \\
&= 2A\cos\left(\frac{k_1 - k_2}{2}x - \frac{\omega_1 - \omega_2}{2}t\right) \cdot \cos\left(\frac{k_1 + k_2}{2}x - \frac{\omega_1 + \omega_2}{2}t\right)
\end{aligned} \tag{3-102}$$

式中的 $\frac{k_1 + k_2}{2}$、$\frac{\omega_1 + \omega_2}{2}$ 反映了对两个波函数参数的取平均，$k_1 - k_2$、$\omega_1 - \omega_2$ 是两个简谐波特征参数的差值，令 $\Delta k = k_1 - k_2$，$\Delta \omega = \omega_1 - \omega_2$，当 k_1 与 k_2 及 ω_1 与 ω_2 相差很小时，令 $k_1 \approx k_2 = k$，$\omega_1 \approx \omega_2 = \omega$，上式可近似地写为

$$Y = 2A\cos\left(\frac{\Delta k}{2}x - \frac{\Delta \omega}{2}t\right) \cdot \cos(kx - \omega t) \tag{3-103}$$

由上式可以看出，合成波不是一个简单的简谐波。我们可以将其看作两个部分，前一部分 $2A\cos\left(\frac{\Delta k}{2}x - \frac{\Delta \omega}{2}t\right)$ 表示随时间 t 和位置坐标 x 缓慢周期变化的振幅，后一部分表示这个波的相位。合成波的频率以及原来两个波的频率都与波长相近。由以上可得出合成波的波函数，我们接下来讨论相速度和群速度。

相速度，是指相位一定（即 $kx - \omega t$ 为常数）时相位移动的速度。因为有 $kx - \omega t =$ 常数，可以求出 x 对 t 的微商，即

$$v_{\mathrm{p}} = \frac{\mathrm{d}x}{\mathrm{d}t} = \frac{\omega}{k} \tag{3-104}$$

群速度，是指一定振幅（$\frac{\Delta k}{2}x - \frac{\Delta \omega}{2}t$ 为常数）移动的速度。因为有 $\frac{\Delta k}{2}x - \frac{\Delta \omega}{2}t =$ 常数，也可以求出 x 对 t 的微商，即

$$v_{\mathrm{g}} = \frac{\mathrm{d}x}{\mathrm{d}t} = \frac{\Delta \omega}{\Delta k} \tag{3-105}$$

根据所得的 v_{p} 与 v_{g} 的表达式我们可以发现，相速度表示在 ω-k 图像上一点与原点所成割线的斜率，而群速度表示图像上某一点处的斜率。我们也可以进一步演算发现

$$v_{\mathrm{g}} = \frac{\mathrm{d}\omega}{\mathrm{d}k} = \frac{\mathrm{d}(kv_{\mathrm{p}})}{\mathrm{d}k} = v_{\mathrm{p}} + k\frac{\mathrm{d}v_{\mathrm{p}}}{\mathrm{d}k} = v_{\mathrm{p}} - \lambda\frac{\mathrm{d}v_{\mathrm{p}}}{\mathrm{d}\lambda} \tag{3-106}$$

式中：$k = \frac{2\pi}{\lambda}$，λ 为波长。

我们可以发现：

（1）如果相速度 v_{p} 与波数 k 无关，即 $k\frac{\mathrm{d}v_{\mathrm{p}}}{\mathrm{d}k} = 0$ 时，$v_{\mathrm{g}} = v_{\mathrm{p}}$，群速度与相速度相等，此时没有频散产生。

（2）如果相速度 v_{p} 与波数 k 有关，即 $k\frac{\mathrm{d}v_{\mathrm{p}}}{\mathrm{d}k} \neq 0$ 时，群速度与相速度不相同，这就会产生波的频散。容易发现，当 $\frac{\mathrm{d}v_{\mathrm{p}}}{\mathrm{d}\lambda} > 0$ 时，群速度小于相速度，这种情况称为正常频散；当 $\frac{\mathrm{d}v_{\mathrm{p}}}{\mathrm{d}\lambda} < 0$

时，群速度大于相速度，称为反常频散。

如图 3-13 中的曲线 m、n 表示两种波的 ω-k 关系。曲线 m 为一条直线，各点处的斜率都相同，也都与过原点的割线斜率相同，即相速度等于群速度，此时无频散产生。曲线 n 是一条下凹曲线，且逐渐逼近曲线 m，取一点 A，则 OA 的斜率表示该点的相速度。很显然，对于曲线 n，各频率成分的相速度不相同，群速度小于相速度，即产生正常频散。

在岩石及岩体中，弹性波的波速也会受到很多因素的影响，主要如下。

(1) 结构面的影响。

岩石作为一种自然界天然存在的材料，在形成过程中内部存在很多的结构面。岩石内部结构面越多，完整性越差，弹性波的波速越低。不连续面使波动的传递受阻，弹性波只能在其边缘绕射，使波速降低。另外，结构面分布的不均匀性和方向性，也会使岩体中各方向上的弹性波传播速度不同，即波速的各向异性。

(2) 岩性、地质年代、风化程度的影响。

由于成岩方式、作用环境等的不同，不同岩石的岩性、坚硬程度有很大差别，一般来说，坚硬岩石中的弹性波波速高，软岩中的波速低。地质年代、风化程度的不同，也会使弹性波的波速不同。例如古生代及中生代地层中，纵波波速 $c_1 = 3100 \sim 4000$ m/s，而第三纪、第四纪火山喷出岩，$c_1 = 1500 \sim 2400$ m/s；新鲜、坚硬无明显裂隙的岩石一般比显著风化、黏土化岩体的波速更大。

(3) 岩体应力状态的影响。

相对于处在拉应力状态下的岩体，处在压应力状态下的岩体波速高，在一定范围内，波速会随岩体所受压应力的增大而增大。

(4) 温度的影响。

一般来说，随着岩石所处环境温度的升高，由于热应力的作用，岩石内部会有热裂纹产生与扩展，岩石中的微裂隙数量逐渐增多，随着裂纹尺度的增加会形成贯通裂纹，降低岩石的整体强度，也引起波速的下降。也有学者研究发现，随着温度的升高，存在一个裂纹平衡阶段，部分区域热应力减小，此时波速平衡在某个值。在常温附近，也有学者试验发现，岩石波速随温度的升高有小幅上升趋势。

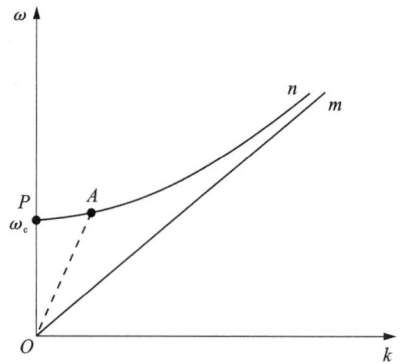

图 3-13　两种波的 ω-k 曲线

3.2.3　弹性波的衰减

1. 引起衰减的原因

弹性波在介质中传播时会存在能量损失，波的幅值、频率等参数随着距离的增加而不断下降的现象，称为弹性波的衰减。弹性波在介质中传播产生衰减的原因主要有以下几个方面：波的几何扩散、材料吸收、散射、波型转换等。

1）波的几何扩散

波的几何扩散是指弹性波在传播过程中，由于波源向各个方向扩展，波阵面的面积增大，而波阵面上各点的能量相对减弱，导致波的幅度减小。几何扩散是由波的传播特性引起的，受波阵面形状影响，与介质自身的性质无关。如在地震波的传播过程中，波阵面在由震源向四周扩散时，波前越来越大，即越远离震源，地震波的传播面积越大，前进过程中的地震波的振幅也越来越小，这就是地震波的几何扩散现象。

如图 3-14 所示，对于柱面波，其波前的形状为一个圆柱面，其面积可由 $S = 2\pi r l$ 计算，波的能量均匀分布在波阵面上，由于能量与弹性波的振幅的平方成正比，即 $E \propto A^2$，当柱面波传播时，振幅随传播半径的变化有

$$A = A_0 \cdot r^{-\frac{1}{2}} \tag{3-107}$$

对于球面波，传播时的波阵面面积为 $S = 4\pi r^2$，因此同理可得振幅的几何衰减应有

$$A = A_0 \cdot r^{-1} \tag{3-108}$$

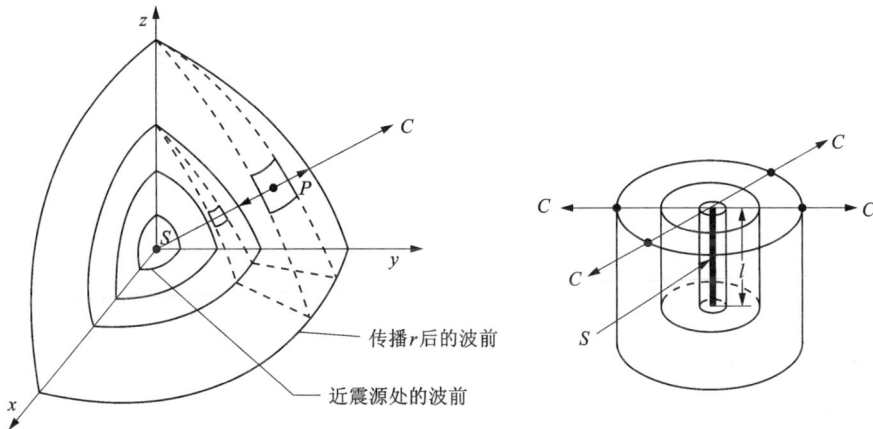

图 3-14 柱面波与球面波的传播

2）材料吸收

材料吸收是介质对弹性波的吸收作用，由于热传导、弛豫吸收及黏性吸收等原因，弹性波中的机械能向热能或其他形式的能量转化。弹性波的吸收衰减主要分为两个方面：一是弹性理论，外力的作用导致物体内部结构发生变化，外力完全消失后，物体内部存在剩余应变导致其无法恢复原状，这种机制造成了弹性波能量的耗散现象；二是内摩擦理论，弹性波在介质内部的传播过程中会受到其内部质点的摩擦作用，从而导致能量发生转化，在此过程中部分机械能转变为热能，导致弹性波能量的衰减。这种滞回和黏弹性等引起的损耗一般与距离呈指数关系：

$$A = A_0 e^{-\alpha r} \tag{3-109}$$

3）散射

当弹性波在非均匀介质中传播时，会发生散射现象。散射是波在传播时，由于介质的不均匀性而产生的能量不规则漫射。散射衰减与介质中的孔隙以及介质中材料的颗粒粒度大小相关，当弹性波的波长与材料中的颗粒大小相近（$\lambda \approx d$）时，就会发生散射现象。材料吸收和散射衰减是岩体衰减中的主要组成部分。

4）波型转变

前文中提到，当弹性波传播至两种介质界面时会发生反射与折射（如图 3-11 和图 3-12），并且会有不同类型的波产生，这使得原入射波的能量产生分散。弹性波在某些介质中传播时，由于介质的非均匀性，在内部不同颗粒或孔隙界面等会发生波型转换，使得波的能量降低，幅值减小，从而引起了衰减。

2.品质因子

由于介质的非完全弹性，波在传播过程中能量被吸收而使振幅衰减，一般可用无量纲量 Q 值的大小来描述介质的吸收消耗和非弹性性质，称为品质因子。它反映了在一个振动周期内，损耗的能量与总能量的相对比值关系。

$$Q^{-1} = -\frac{1}{2\pi} \cdot \frac{\Delta E}{E} \tag{3-110}$$

式中：E 为一个振动周期的总能量；ΔE 为消耗的能量。

可见，介质的 Q 值越大，能量损耗越小，介质越接近完全弹性。对于应力-应变关系呈线性的介质，波的能量与振幅的平方成正比，且通常观测的是振幅随时间、距离的衰减现象，有下式表示品质因子：

$$Q^{-1} = -\frac{1}{\pi} \cdot \frac{\Delta A}{A} \tag{3-111}$$

我们先来观察波动振幅 A 随距离 r 的衰减。波在一个波长 λ 的距离上振幅变化为 ΔA，那么有

$$\Delta A = \frac{\mathrm{d}A}{\mathrm{d}r} \cdot \lambda \tag{3-112}$$

根据波长与波速和频率的关系 $c = \lambda f$ 及式（3-108），可以得到

$$\frac{\mathrm{d}A}{\mathrm{d}r} = -\frac{\pi f}{Qc}A \tag{3-113}$$

上式的解为

$$A(r) = A_0 \mathrm{e}^{\frac{-\pi f r}{Qc}} \tag{3-114}$$

令 $\alpha = \frac{\pi f}{Qc}$ 为振幅随距离的衰减系数，则有

$$A(r) = A_0 \mathrm{e}^{-\alpha r} \tag{3-115}$$

$$Q = \frac{\pi f}{\alpha c} \tag{3-116}$$

品质因子是反映弹性波在介质中的衰减特性的重要参数之一。对于 Q 值的估算，许多学者提出了很多方法，总的来说主要分为两大类：时间域方法和频率域方法。时间域方法包含有子波模拟法、上升时间法、振幅衰减法、相位模拟法、解析信号法和脉冲振幅法等；频率域方法有频谱比法、质心频率偏移法、峰值频率偏移法、频谱模拟法等。时间域方法容易受到几何扩散、透射损失等非介质吸收的影响，而频率域方法基于信号频谱信息的变化，不受频率等无关因素的影响，应用较为广泛。但频率域方法往往要通过傅里叶变换，需要利用窗函数提取子波，容易受到干涉、子波截断效应的影响，因此也有学者将 Q 值反演与时频分析结

合或将小波变换引入频率域的方法中，优化了对 Q 值估算的方法。

3. 衰减的影响因素

1）频率

频率是表征弹性波特性的一个基本参数，不同频率弹性波的衰减情况一般不同。由于频散等的影响，弹性波中不同频率成分的衰减也有差异，越高的频率成分衰减越快。对于介质的品质因子 Q 而言，一般认为干燥岩石的 Q 与频率无关；对于含流体的岩石或饱和岩石，弹性波的传播路线复杂，受到流体流动的机制影响，衰减常常与频率有关，有些学者的研究发现频率与介质孔隙中流体黏度的乘积有关。在对地震波的研究中，由于浅地层中含有流体，浅地层 Q 是与频率相关的变量。各种岩石衰减系数与频率的关系如图 3-15 所示。

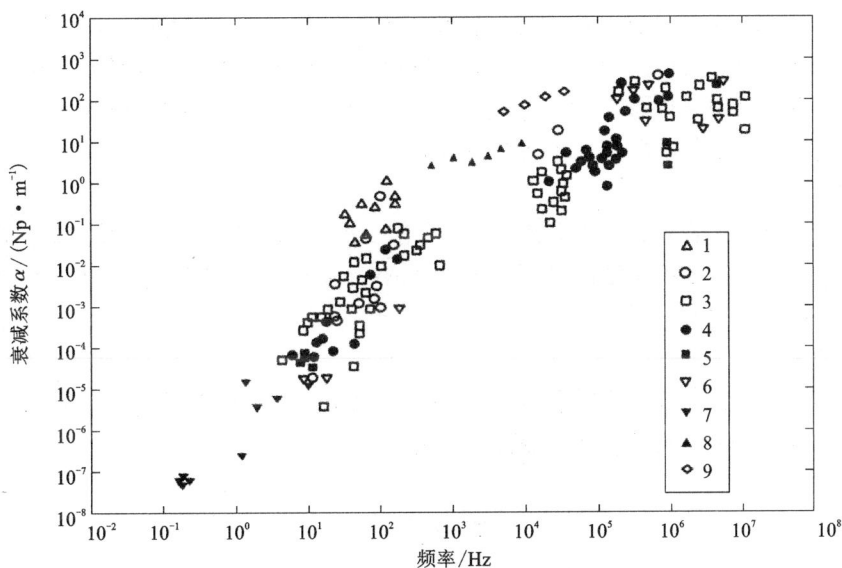

1—未胶结沉积岩；2—半交结沉积岩；3—固化的沉积岩；4，5—岩浆岩；
6—变质岩；7—深地震反射的结果；8—石灰岩；9—砂岩（干燥）。

图 3-15　各种岩石衰减系数与频率的关系

2）压力

压力对衰减的影响也很大。众多的研究已经表明，衰减会随着压力的增大而减小，Q 值升高。因为压力增大时，岩石内部的小纵横比裂隙或孔隙趋于闭合，对于干燥岩石，岩石骨架硬化；对于流体饱和岩石，内部小孔隙的闭合减少了喷射流引起的流体流动，都有利于降低衰减。但当处于高压力下时，Q 逐渐平稳成一个常数。

3）温度

在较低的温度下（150℃以下），Q 与温度无关；当温度不断增加时，衰减随温度的增加而增加，当温度达到孔隙流体的沸点附近，或当温度达到岩石发生热裂解时，衰减随温度的变化更趋剧烈。

4）孔隙度

孔隙对弹性波衰减的影响是复杂的，它同时会对材料吸收和散射衰减两个部分产生作用。较高的孔隙度一般对应着较多的孔隙、裂隙，产生更多的摩擦，造成较大的衰减，但在不同种岩石之间，较高的孔隙度也并不都意味着更低的 Q 值。对于相同孔隙度的介质，不同的孔隙纵横比、孔隙大小与孔隙分布等，也会对散射衰减产生影响。

5）孔隙流体

当岩石中还含有流体时，弹性波在介质中的衰减比干燥岩石中的更加复杂。当有流体开始深入岩石的孔隙时，由于润滑，内部的摩擦增多，或者岩石骨架发生了软化，Q 会呈现出明显减小的现象，衰减增大。当流体继续增加，流体的黏度会对衰减产生影响。对于低黏度的流体，完全饱和的岩石有 $Q_P>Q_S$，而部分饱和的岩石有 $Q_P<Q_S$。弹性波引起的流体流动也会造成衰减的增大，流动机制主要有 Biot 流（即惯性流）和喷射流两种。流体中同时有液相和气相存在时，"气泡"的存在使得流通通道减少，摩擦增大，也引起了更大的衰减。当流体几乎充满岩石孔隙，介质趋向完全饱和时，由于液相和固体框架间的空间减小，相对运动引起的摩擦减小，衰减反而又稍有下降。因此，岩石饱和度对衰减的影响一般为先随饱和度的增大而增大，到达某一饱和度后，又随其增大而减小。

6）岩性

大量的资料表明，岩浆岩、变质岩、结晶岩（包括石灰岩）的 Q 值最大，衰减最小；页岩次之；砂岩 Q 值较小；土壤及地面表层的 Q 值最小。这也是与不同成岩方式、不同风化程度以及岩石不同的自身结构有关。

7）应变振幅

当应变振幅较大时，衰减会随着应变振幅的增大而增加，Q 会减小，一般认为，当应变振幅小于 10^{-5} 时，应变振幅不会对衰减产生影响。

参考文献

[1] 郭伟国，李玉龙，索涛. 应力波基础简明教程[M]. 西安：西北工业大学出版社，2007.

[2] 黎在良，刘殿魁. 固体中的波[M]. 北京：科学出版社，1995.

[3] 考尔斯. 固体中的应力波[M]. 王仁，等译. 北京：科学出版社，1958.

[4] 王礼立. 应力波基础[M]. 2版. 北京：国防工业出版社，2005.

[5] 徐芝纶. 弹性力学（上册）[M]. 5版. 北京：高等教育出版社，2016.

[6] 刘喜武. 弹性波场论基础[M]. 青岛：中国海洋大学出版社，2008.

[7] 王文星. 岩体力学[M]. 长沙：中南大学出版社，2004.

[8] 陆基孟，王永刚. 地震勘探原理[M]. 3版. 东营：石油大学出版社，2009.

[9] 姜广辉，左建平，马腾，等. 高温处理下的花岗岩波速与渗透率变化规律试验研究[C]//中国力学大会-2017暨庆祝中国力学学会成立60周年大会论文集. 北京：中国力学学会，2017：1715-1734.

[10] 周莉，李德建，王春光. 温度对深部砂岩波速的影响[J]. 黑龙江科技学院学报，2007，17（3）：177-181.

[11] 李振春，王清振. 地震波衰减机理及能量补偿研究综述[J]. 地球物理学进展，2007，22（4）：1147-1152.

[12] 陈颙，黄庭芳，刘恩儒. 岩石物理学[M]. 合肥：中国科学技术大学出版社，2009.

[13] Hardy H R. Acoustic emission microseismic activity[M]. Netherlands：A. A. Balkema Publishers, 2003.

[14] 孙进忠，赵鸿儒，张宽一. 材料 Q 值的超声波测定方法[J]. 石油地球物理勘探, 1988, 23(6)：699-708，765.

[15] 刘祝萍，吴小薇，楚泽涵. 岩石声学参数的实验测量及研究[J]. 地球物理学报, 1994, 37(5)：659-666.

[16] 王子振，王瑞和，李天阳，等. 孔隙结构对干岩石弹性波衰减影响的数值模拟研究[J]. 地球物理学进展, 2014, 29(6)：2766-2773.

[17] Winkler K, Nur A. Pore fluids and seismic attenuation in rocks[J]. Geophysical Research Letters, 1979, 6(1)：1-4.

[18] Johnston D H. The attenuation of seismic waves in dry and saturated rocks[D]. Cambridge：Massachusetts Institute of Technology, 1973.

第4章 声发射采集设备及传感器

材料变形破坏时会产生瞬态弹性波, 声发射技术则是监测这些弹性波并通过分析弹性波信号来评估材料破裂状况的有效技术手段。通过声发射技术可以得到声发射特征参数与荷载和加载时间的关系, 确定声发射源的位置, 分析声发射源的特征, 并最终达到量化材料或结构损伤状态的目的。各种材料声发射信号的频率范围很宽, 从几赫兹的次声频、20 Hz ~ 20 kHz 的声频到数兆赫兹的超声频; 声发射信号幅度的变化范围也很大, 从纳米级的微观位错运动到米级的地震波, 这就需要借助灵敏的电子仪器才能监测出来。从声发射源发射的弹性波最终传播到材料的表面, 引起可以用声发射传感器探测到的表面位移, 这些传感器将材料的机械振动转换为电信号, 然后再将其放大, 进行处理和记录。因此, 整套声发射设备不仅要有灵敏的采集设备, 还需要针对特定材料、特定场合选择合适的传感器。本章将介绍声发射的采集设备及传感器的结构与作用。

4.1 声发射采集设备的构成

声发射采集设备通常由声发射传感器、前置放大器、数据采集卡、计算机及采集软件等部分组成。采集系统在标准的 PC 微机系统的基础上, 由多个各自独立的采集板插入微机的扩展槽内构成。每个采集板由两个声发射信号采集通道组成, 两个通道的数据采集、数据处理方式相同, 管理工作都由一个 C-51 单片机来完成。根据实际工作的需要, 采集系统可以任意扩展通道数, 如果扩展的采集板在一个主机箱内放不下, 可采用增加扩展箱的方式, 每个扩展箱可以增加 34 个采集板, 理论极限可以扩展 256 个通道。采集系统的组成如图 4-1 所示。

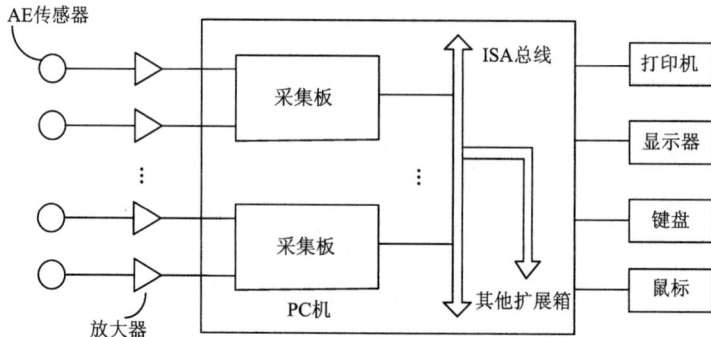

图 4-1 采集系统框图

采集系统工作原理如下。

系统启动：上位机（PC机）发出初始化信号，每个采集板上的下位机（C-51）接收到初始化信号，对各个采集板进行自检，自检完成后，下位机对采集板进行清零（累加器、触发器等），然后根据上位机提供的有关参数（固定门槛值、事件定义时间、峰值定义时间、事件禁止时间），设置各个计数器的工作方式和装入初始值进行数据采集前的准备工作，完成准备工作后，下位机向上位机发出准备完毕的信息，上位机接收到各个采集板完成的准备信息后，发出同步信号，把时钟送到各个采集板，开始数据采集。

数据采集：下位机接收到同步信号后，开始数据采集，当有声发射事件（hit）发生，即有第一次越过门槛值的振铃信号时，产生事件开始的中断请求信号，下位机响应中断，读取事件发生的时间，并把事件发生的时间存储在采集板上双口静态RAM相应的数据存储区。第一次越过门槛值的振铃信号，还要通知相应的计数器和计时器开始工作。当声发射事件结束时，即在规定的事件定义的时间内，没有过门槛值的振铃信号时，产生事件结束的中断请求信号，这个信号首先关闭这个采集通道和相应的计时器和计数器，同时传送给下位机申请中断，下位机响应中断后，读取采集的声发射参数，并把这些参数送到双口静态RAM的相应数据存储区，完成一次声发射事件的采集。数据传送完成后，下位机对这个采集通道进行置位和清零，重新设置采集前的参数，然后进行下一次数据采集。当采集过程中有数据溢出时，发出报警信号，通知下位机进行处理，处理完后，重新进行数据采集。当采集存储在双口静态RAM设定的存储区数据半满时，下位机向上位机发出数据满的中断请求，请求上位机取走双口RAM的存储数据进行处理。

数据通信：上位机在数据采集前，可以对所有的采集板进行管理，传送采集前各个采集板需预先设置各种参数，查询各个采集板的初始化状态，当各个采集板初始化完成后，发出同步采集信号，使各个采集板进行同步工作。在采集过程中，当某个采集板有数据满的中断请求时，上位机可以通过查询的方式查询申请中断的那一个采集板的板号和通道（可以不分奇偶通道或奇偶通道分开由软件设定），对这个采集板的数据进行处理。同时，在工作过程中，上位机也可以随时读取任何一个采集板采集的数据，进行实时性处理。

监测结束：由上位机发出停机信息，禁止各个采集板采集数据。

4.2　传感器和系统响应

声发射传感器就是将材料变形破坏产生的弹性波转化为电信号的一种监测装置。其中，传感器的谐振频率决定着所能采集到的声发射信号，频率接近谐振频率的信号可以很好地被传感器传递；反之，传感器不能很好地响应，即不在合适频率范围内的信号不能被传感器采集或所能采集到的很少。因此，传感器的选择和性能对声发射信号的采集至关重要。声发射传感器主要分为光学型、电容型和压电型三种，其中压电传感器最为常用。

4.2.1　压电传感器的构成

大多数情况下，如图4-2所示的保护壳中的压电元件被应用于声发射测量，且该压电传感器完全基于锆钛酸铅（压电元件）的压电效应。

与其他类型的声发射传感器相比，压电传感器具有重量轻、体积小、灵敏度高、频带宽等优点，其工作原理是基于某些电介质的压电效应。压电效应是电介质受外力作用，其表面产生电荷，在电场的作用下，电介质出现弹性变形，实现电荷与力的转换，并测量出最终转化为力的物理量，如压力、加速度等。目前最常用的压电材料（电介质）有石英晶体、铌酸锂（LiNbO₃）、镓酸锂（LiGaO₂）、锗酸铋（Bi₁₂GeO₂₀）等单晶体和经极化处理后的多晶体如钛酸钡压电陶瓷、锆钛酸铅系列压电陶瓷（PZT）。新型压电材料有高分子压电薄膜（如聚偏二氟乙烯 PVDF）和压电半导体（如 ZnO、CdS）。

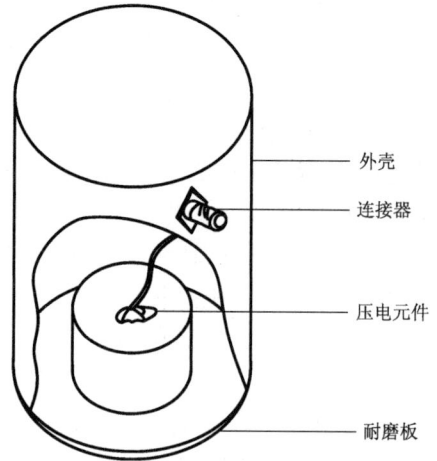

图4-2 压电传感器

压电传感器按使用用途分为压电加速度传感器、压电力矩传感器、压电力传感器、压电压力传感器；按输出信号种类可分为电荷型传感器和电压型传感器；按测量方向分为单轴传感器和多轴传感器。其中，压电加速度传感器按结构形式又可分为弯曲式、压缩式和剪切式等。

4.2.2 格林函数（校准）

从物理学角度上看，一个数理方程表示一种特定的场和产生这种场的源之间的关系，而格林函数则代表了一个点源所产生的场，知道了一个点源的场，就可以用叠加的方法算出任意源的场。格林函数又称为原函数或影响函数，是一种用于求解有初始条件或边界条件的非齐次微分方程的函数。

当材料表面的动态运动被转换成电信号时，声发射信号就会被监测到，被监测到之后，将电信号进行放大和滤波。在数学上，系统响应由图4-3中的线性系统表示。表面运动的输入函数 $f(t)$ 通过声发射传感器的传递函数 $L[\ ]$ 转换成电信号的函数 $g(t)$。这个系统可以用式（4-1）表示。

$$g(t) = L[f(t)] \qquad (4-1)$$

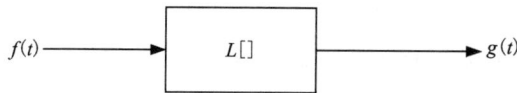

图4-3 线性响应系统

此时，卷积积分被定义为两个函数 $f(t)$ 和 $w(t)$ 的积分，即

$$f(t) = \int f(t-\tau)w(\tau)\mathrm{d}\tau = f(t) * w(t) \qquad (4-2)$$

式中：＊表示卷积。另外，狄拉克函数 $\delta(t)$ 有着重要作用，从定义上看，其可表示为

$$f(t) * \delta(t) \qquad (4-3)$$

在线性系统的情况下，等式（4-1）变成

$$g(t) = L[f(t) * \delta(t)] = f(t) * L[\delta(t)] \tag{4-4}$$

将 $L[\delta(t)]$ 设为 $w(t)$，可以得到

$$g(t) = f(t) * w(t) \tag{4-5}$$

因为函数 $L[\delta(t)]$ 是系统由于输入 δ 函数而产生的响应，这意味着传感器响应 $g(t)$ 是从输入 $f(t)$ 与系统脉冲响应 $w(t)$ 的卷积中获得的。引入傅里叶变换：

$$G(f) = \int g(t) \exp(-j2\pi ft)\,\mathrm{d}t = \iint f(t-\tau) w(\tau)\,\mathrm{d}\tau \exp(-j2\pi ft)\,\mathrm{d}t \tag{4-6}$$

令 $t-\tau = s$，得

$$G(f) = \int f(s) \exp(-j2\pi fs)\,\mathrm{d}s \int w(\tau) \exp(-j2pf\tau)\,\mathrm{d}\tau = F(f) W(f) \tag{4-7}$$

式中：$G(f)$、$F(f)$ 和 $W(f)$ 分别是 $g(t)$，$f(t)$ 和 $w(t)$ 的傅里叶变换，$w(t)$ 和 $W(f)$ 分别称为传递函数和频率响应函数。声发射传感器的校准相当于函数 $W(f)$ 的确定。另外，这意味着声发射波的频率成分通常被声发射传感器的函数 $W(f)$ 所模糊，因此，绝对校准意味着对函数 $w(t)$ 或 $W(f)$ 的定量估计。

与其他方法相比，使用声发射传感器测量的信号幅度较小，因此，传感器获得的声发射信号非常微弱，其必须经过放大才能被监测和记录。所有这些影响可以通过不同的传递函数来表示，系统中的声发射信号 $\alpha(t)$ 在数学上表示为

$$\alpha(t) = w_f(t) * w_a(t) * w(t) * f(t) \tag{4-8}$$

式中：$w_f(t)$ 和 $w_a(t)$ 是滤波器和放大器的传递函数。为了从理论上表征声发射源，知道这些函数的权重并消除它们的影响是非常重要的，通常情况下，两个滤波器的频率响应 $w_f(f)$ 和放大器 $w_a(f)$ 在频域中相当平坦或几乎恒定。结果发现，声发射传感器的频率响应或传递函数 $W(f)$ 或 $w(t)$ 对声发射信号的频率成分具有很大的影响。

4.2.3　压电传感器的幅频特性及标定

1. 谐振频率

1）谐振现象

谐振式测量是通过谐振式敏感元件，即谐振子的振动特性来实现的。谐振子在工作过程中，可以等效为一个单自由度系统。其动力学方程为

$$m\ddot{x} + c\dot{x} + kx - F(t) = 0 \tag{4-9}$$

式中：m 为振动系统的等效质量，kg；c 为振动系统的等效阻尼系数，N·s/m；k 为振动系统的等效刚度，N/m；$F(t)$ 为作用外力，N；$m\ddot{x}$、$c\dot{x}$ 和 kx 分别反映了振动系统的惯性力、阻尼力和弹性力。

根据谐振状态应具有的特性，当上述振动系统处于谐振状态时，作用外力应当与系统的阻尼力相平衡，惯性力应当与弹性力相平衡，系统以其固有频率振动，即

$$\begin{cases} c\dot{x} - F(t) = 0 \\ m\ddot{x} + kx = 0 \end{cases} \tag{4-10}$$

这时振动系统的外力超前位移矢量 90°，与速度矢量同相位。弹性力与惯性力之和为零。系统的固有频率表示为

$$\omega_n = \sqrt{\frac{k}{m}} \tag{4-11}$$

这是一个非常理想的情况，在实际应用中很难实现，原因是实际振动系统的阻尼力很难确定。因此，可以从系统的频谱特性来认识谐振现象。

当外力 $F(t)$ 是周期信号时，即

$$F(t) = F_m \sin \omega t \tag{4-12}$$

则系统的归一化幅值响应和相位响应分别为

$$A(\omega) = \frac{1}{\sqrt{(1-P^2)^2 + (2\xi_n P)^2}} \tag{4-13}$$

$$\varphi(\omega) = \begin{cases} -\tan^{-1} \dfrac{2\xi_n P}{1-P^2}, & P \leqslant 1 \\[3mm] -\pi + \tan^{-1} \dfrac{2\xi_n P}{P^2-1}, & P > 1 \end{cases} \tag{4-14}$$

式中：ξ_n 为系统的阻尼比系数，$\xi_n = \dfrac{c}{2\sqrt{km}}$，对谐振子而言，$\xi_n \ll 1$，为弱阻尼系统；$P$ 为相对于系统固有频率的归一化频率。

如图 4-4 给出了系统的幅频特性曲线 [图 4-4(a)] 和相频特性曲线 [图 4-4(b)]。

当 $P = \sqrt{1-2\xi_n^2}$ 时，$A(\omega)$ 达到最大值，有

$$A_{\max} = \frac{1}{2\xi_n \sqrt{1-\xi_n^2}} \approx \frac{1}{2\xi_n} \tag{4-15}$$

这时，系统的相位表示为

$$\varphi = \tan^{-1} \frac{2\xi_n P}{2\xi_n^2} \approx -\tan^{-1} \frac{1}{\xi_n} \approx -\frac{\pi}{2} \tag{4-16}$$

通常，工程上将系统的幅值增益达到最大值时的工作情况定义为谐振状态，相应的激励频率 $\omega_r = \omega_n \sqrt{1-\xi_n^2}$ 定义为系统的谐振频率。

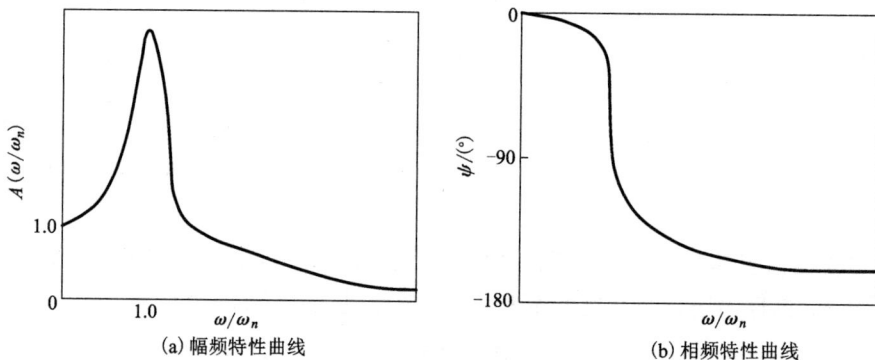

(a) 幅频特性曲线　　　　　　　(b) 相频特性曲线

图 4-4　系统的幅频特性曲线和相频特性曲线

2）品质因数 Q

谐振式传感器有许多独特的优点，其中最重要的一个是阻尼小，谐振响应曲线陡窄，如图 4-5 所示。一切机械结构都是具有若干阻尼的，阻尼白白浪费能量，从而需要增添外部的激振力。如果系统的阻尼足够小，则传感器的测量精度就高。人们用术语"品质因数" Q 表征阻尼的大小，这也是表示谐振曲线锐度的一种方法。

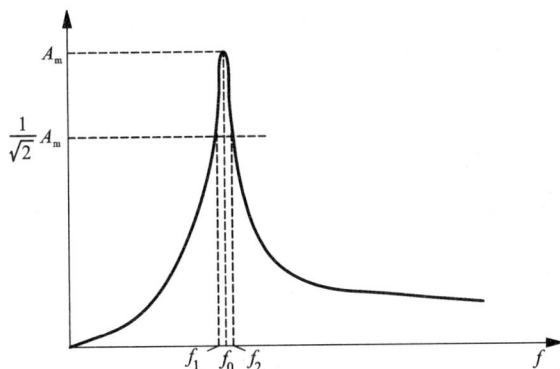

图 4-5　频响曲线

品质因数 Q 定义为每周储存的能量与阻尼消耗的能量之比，即

$$Q=\frac{每周期储存的平均能量}{每周期被阻尼所消耗的能量} \tag{4-17}$$

Q 值越高，对于储存的能量来说所需付出的能量耗散就越少，储能效率就越高。很明显，阻尼小，Q 值就高。可以用一个窄带滤波器来表征高 Q 值。滤波器只让谐振点附近的频率通过，对其他频率则起抑制作用，因此，频率选择性好。所谓频率选择性，是指传感器从不同频率的信号总合中选出所需信号频率的能力，它反映了谐振曲线的尖锐程度，所以，Q 值直接影响传感器频率选择性的好坏。Q 值越高，意味着损耗越小，谐振频率的稳定度越高，传感器也就越稳定，抗外界振动干扰的能力越强，这样，传感器的重复性就越好。例如，振筒式压力传感器的 Q 值可达 5000 以上，而振梁式压力传感器的 Q 值则高达 50000 以上。

如何计算品质因数 Q 的具体数值，或者怎样定量表示频率选择性的好坏，一个简便的方法是根据机械结构的频响曲线来确定，如图 4-5 所示。设与谐振时最大振幅 A_m 对应的中心频率为 f_0，此即有用信号；把谐振峰两侧与振动幅值为 70% A_m（约 $\frac{1}{\sqrt{2}}A_m$）对应的频率范围定义为通频带宽度 Δf，Δf 越小，谐振峰越尖锐，谐振系统的频率选择性就越好，即抑制无用信号的能力越强，Q 值也越大。因此 Q 值与 Δf 成反比，即

$$Q=\frac{f_0}{\Delta f} \tag{4-18}$$

如果系统的 Q 值在 5000 以上，表明当固有频率 f_0 为 5000 Hz 时谐振曲线的宽度仅 1 Hz，表示阻尼很小。

2. 标定方法

传感器的标定因激励源和传播介质不同，可以组成多种多样的方法，但是不管哪一种方法，目前都没有被普遍承认。激励源可分为噪声源、连续波源和脉冲波源三种类型。属于噪声源的有氦气喷射、应力腐蚀和金镉合金相变等；连续波源可以由压电传感器、电磁超声传感器和磁致伸缩传感器等产生；脉冲波源可以由电火花、玻璃毛细管破裂、铅笔芯断裂、落球和激光脉冲等产生。传播介质可以是钢、铝或其他材料的棒、板和块。

作为传感器标定的激励源，在测量的频率范围内，希望具有恒定的振幅。显然，没有一

个模拟噪声源可以被认为是真正的白噪声,提供一个振幅恒定的包括各种频率的单纯正弦连续波也是难以做到的。单位脉冲函数 $\delta(t)$ 的振幅频谱为

$$G(\omega) = \int_{-\infty}^{\infty} \delta(t) \cdot e^{-j\omega t} dt = 1 \tag{4-19}$$

可见,理想的激励源应该是 δ 源。

在脉冲波源中,激光脉冲设备昂贵,限制了它的应用;玻璃毛细管很难做到壁厚均匀,在使用中难以获得良好的重复性;落球法获得的信号频率低;电火花法受气候、湿度和其他因素影响;铅笔芯断裂法受操作人和材料表面条件影响。

1)激光脉冲法

激光脉冲法的标定原理如图 4-6 所示,首先利用非接触式的光探头,测得激光脉冲产生的声源传播到试件对面中心引起的表面速度 $v(t)$;然后用被标定的传感器代替光探头,测得传感器在表面速度激励下的输出电压 $u(t)$,则传感器的速度灵敏度可按下式求得。

$$T(t) = \frac{u(t)}{v(t)} \tag{4-20}$$

式中:$T(t)$ 为传感器的灵敏度;$u(t)$ 为传感器的输出电压;$v(t)$ 为输入速度。

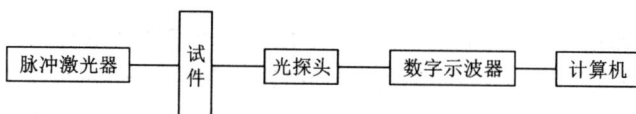

图 4-6 激光脉冲法

2)玻璃毛细管破裂法

玻璃毛细管破裂法是 C. C. Feng 等人提出的。这种方法的工作原理如图 4-7 所示,标定块为 762 mm×762 mm×381 mm,重量为 2 t 的软钢块,内部无缺陷(经无损检测),模拟源和待定传感器置于中心位置附近。传感器接收到信号的记录时间是 130 μs。

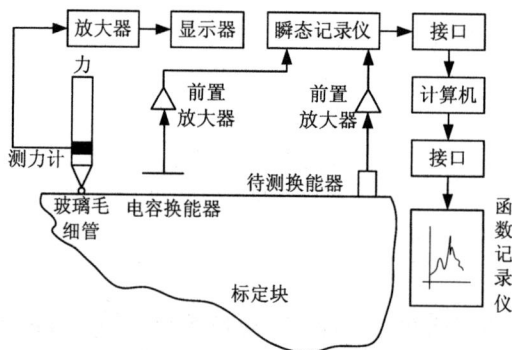

图 4-7 玻璃毛细管破裂源标定法

在记录时间内,应不受边界反射波的影响。传感器接收的信号经放大和滤波后,由瞬态记录仪存储记录,经计算机进行频谱分析,其结果由 X-Y 记录仪记录。玻璃毛细管的直径为

$0.3\sim0.25$ mm，用一个石英力规测量压破玻璃管的力。将电容传感器作为标准传感器测量由于玻璃毛细管破裂而产生脉冲波的垂直位移 δ，实际测得的结果与根据理论计算公式得式（4-21）。

$$\delta = \frac{F(1-\sigma^2)}{\pi Er} \tag{4-21}$$

式中：F 为作用力，N；σ 为标定块的泊松比；E 为杨氏模量；r 为传感器与加载点距离，m。

3）电火花法

电火花法是在两个电极上加高压电源，使极间的空气击穿，空气击穿产生的声波入射到固体介质表面转换为表面波。也可以将标定块（金属介质）作为一个电极，另一个电极和它之间直接产生火花（图 4-8）。当入射角满足式（4-22）时，将在固体表面激励出频率丰富的表面波。

$$\sin \alpha = \frac{c_{空气}}{c_{表面}} \tag{4-22}$$

式中：$c_{空气}$ 与 $c_{表面}$ 分别为空气与标定块表面的声速。

对钢或铝一类的标定块来说，α 在 7°左右。这种方法容易使标定块表面受蚀。

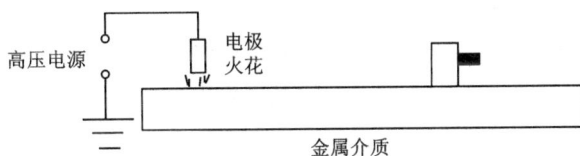

图 4-8　电火花标定方法

4）铅笔芯断裂法

断裂铅笔芯也可以产生一个阶跃函数形式的点源力。采用直径为 0.3 mm 的 2H 石墨铅笔芯代替图 4-7 中的玻璃毛细管，就是铅笔芯断裂源的标定方法。这种方法简单、经济、重复性好，而且调节铅笔芯直径、长度和倾角就可以改变力的大小和方向。荷载突然释放的时间与玻璃毛细管相近（<0.1 μs），适当地配用力规也可以测出力的大小，铅笔芯断裂源的大致结构如图 4-9 所示。采用阶跃点力产生弹性波的格林函数数值计算方法，计算 40 μs 接收波形的结果与实验结果一致。铅笔芯断裂源设备简单且容易携带，常应用于工程现场的传感器标定。

在实际标定传感器的工作中，标定块尺寸总是有限的，但是只要标定块的厚度大于 3 倍瑞利波波长，在标定块表面传播的波形主要就是瑞利波。对于每一个 δ 源的作用，传感器响应的振铃持续时间约为 100 μs，在这段时间内，需要避免边界反射波的干扰，就是说标定块尺寸应足够大。对传感器的响应函数 $u(t)$ 进行频谱分析，即傅氏展开，如式（4-23）。

$$Fu(t) = U(\omega) = \int_{-\infty}^{\infty} u(t) \cdot e^{-j\omega t} dt \tag{4-23}$$

考虑到响应函数的持续时间（几百毫秒），积分限可由 $-\infty-\infty$ 变为 $b-a$，b 是传感器开始响应的时间，a 是响应终了的时间，即式（4-24）。

$$Fu(t) = U(\omega) = \int_b^a u(t) \cdot e^{-j\omega t} dt \tag{4-24}$$

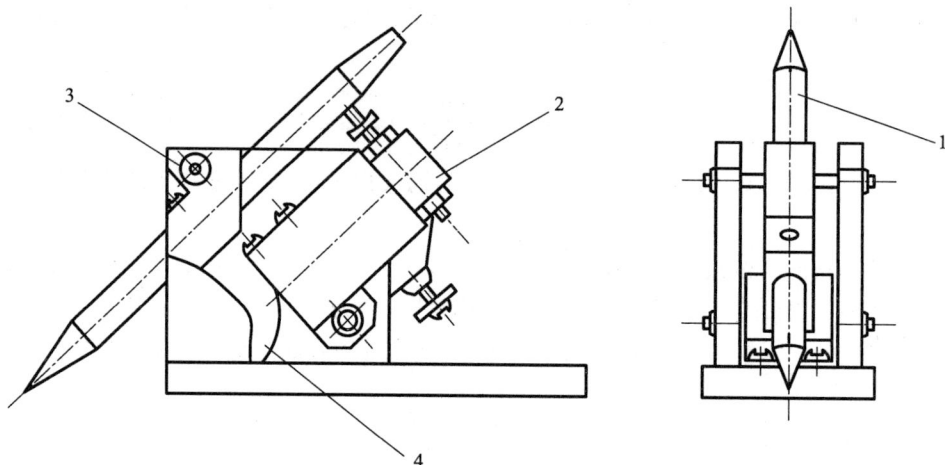

1—铅笔；2—应力规；3—支点；4—弹簧。

图4-9　铅笔芯模拟声源

这样可避免边界反射波的影响，有人称积分限为"时间窗口"。

对标定块除要求有足够大的尺寸外，还要求其表面具有足够的光洁度，以避免表面对波的衰减作用。

多通道声发射系统工程应用中还常用声发射传感器自身产生的声发射信号来进行传感器性能的简易标定。具体方法是，给系统中某声发射传感器输入电脉冲使其产生声信号并在应用对象中传播，其他传感器接收这个信号，根据接收信号的有无、幅度大小、波形频率特征等情况判断传感器的工作情况。

4.2.4　响应特性

传感器的响应特性决定了被测量的频率范围，必须在允许的频率范围内保持不失真的测量条件。由声发射传感器的结构原理可知，可以将声发射传感器等效为由运动物体、弹性元件和阻尼器组成的单自由度二阶系统，如图4-10所示。声发射波作用在压电片上，使物体产生运动的力 $x(t)$，则物体的运动方程为

$$\frac{m\mathrm{d}y^2(t)}{\mathrm{d}t^2}+\frac{c\mathrm{d}y(t)}{\mathrm{d}t}+ky(t)=x(t) \qquad (4-25)$$

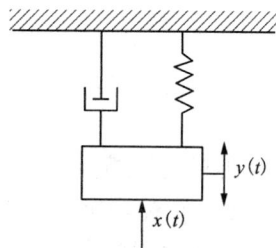

图4-10　声发射传感器等效模型

式中：m 为传感器参与变形的所有部件的等效质量；c 为弹性元件在变形过程中受到的阻尼；k 为弹性元件的刚度；$y(t)$ 为位移。

声发射波为衰减正弦波，传感器的响应 $y(t)$ 也是以正弦规律变化的信号，仅幅值和相位与输入信号不同，其传递函数为

$$H(s) = \frac{k}{\dfrac{s^2}{\omega_0^2} + \dfrac{2\xi s}{\omega_0} + 1} \tag{4-26}$$

式中：ω_0 为传感器固有的角频率，$\omega_0 = \sqrt{\dfrac{k}{m}}$；$\xi$ 为阻尼系数，$\xi = \dfrac{c}{2\sqrt{km}}$；$k$ 为静态灵敏度，$k = \dfrac{1}{m\omega_0^2}$。

频率响应为

$$H(j\omega) = \frac{k}{1 - \left(\dfrac{\omega}{\omega_0}\right)^2 + 2\xi \cdot j\left(\dfrac{\omega}{\omega_0}\right)} \tag{4-27}$$

式中：ω 为输入信号的角频率。

传感器的幅频特性为

$$|H(j\omega)| = \frac{k}{\sqrt{\left[1 - \left(\dfrac{\omega}{\omega_0}\right)^2\right]^2 + 4\xi^2\left(\dfrac{\omega}{\omega_0}\right)^2}} \tag{4-28}$$

相频特性为

$$\varphi(\omega) = \tan^{-1}\frac{2\xi\dfrac{\omega}{\omega_0}}{1 - \left(\dfrac{\omega}{\omega_0}\right)^2} \tag{4-29}$$

以 ω 为横坐标，以 $|H(j\omega)|$ 为纵坐标，绘出传感器的幅频特性曲线；以 $\varphi(\omega)$ 为纵坐标，绘出其相频特性曲线。如图 4-11 所示为典型压电传感器的频响曲线，一些传感器的基本参数见表 4-1(以 PAC 公司生产的传感器为例)。

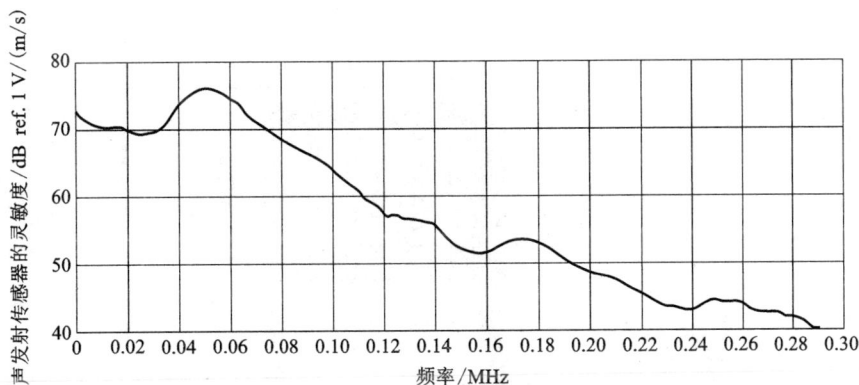

图 4-11　典型压电传感器频响曲线

表 4-1 压电传感器频响曲线参数

传感器型号	直径×厚度/mm	工作温度/℃	峰值灵敏度{dB ref. 1 V/(m/s)[1 V/μbar]}	工作频率/kHz	谐振频率/kHz
A3	16×23	−65～177	83	15～55	30
D9241A	24×20	−45～125	82	20～60	30
R6D	19×22	−65～177	75	35～100	55
R15a	19×22	−65～175	69	50～400	75
R15D	18×17	−65～177	58	50～400	75
R15S	18×17	−65～177	69	50～400	75
R30a	19×22	−65～177	58	150～400	300
R30D	18×17	−65～177	58	150～400	300
Mini30S	10×12	−65～177	62	270～970	325
Nano30	8×8	−65～177	62	150～400	140
PICO	5×4	−65～177	54	200～750	250
S9225	3.6×2.4	−54～121	48	300～1800	250

4.2.5 其他类型传感器

除了压电传感器,其他新型传感器也逐渐被用于声发射监测中。如图 4-12 为高温激光声发射系统,由于陶瓷在烧制的过程中破裂会导致严重的制造问题,且在加热、烧结和冷却过程中也会产生裂纹。由于压电材料锆钛酸铅具有居里点,因此压电传感器(PZT 传感器)在高温下的应用受到限制,而激光系统则不存在这个问题,在陶瓷烧制过程中用激光系统进行声发射监测,可以辅助优化烧制条件。

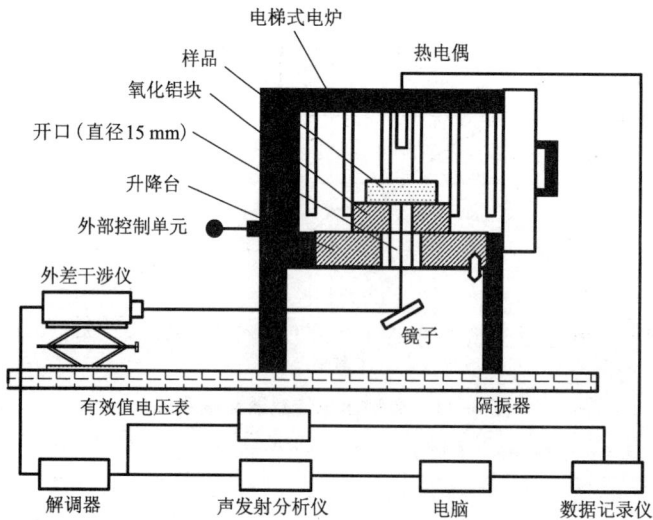

图 4-12 高温激光声发射系统

此外,光纤传感器也是一种新型的声发射传感器,可以替代压电传感器。光纤传感器有诸多优势,例如具有径细、质软、重量轻的机械性能;绝缘、无感应的电气性能;耐水、耐高温、耐腐蚀的化学性能等。如图4-13所示是将光纤传感器应用于管道结构监测的一个例子。

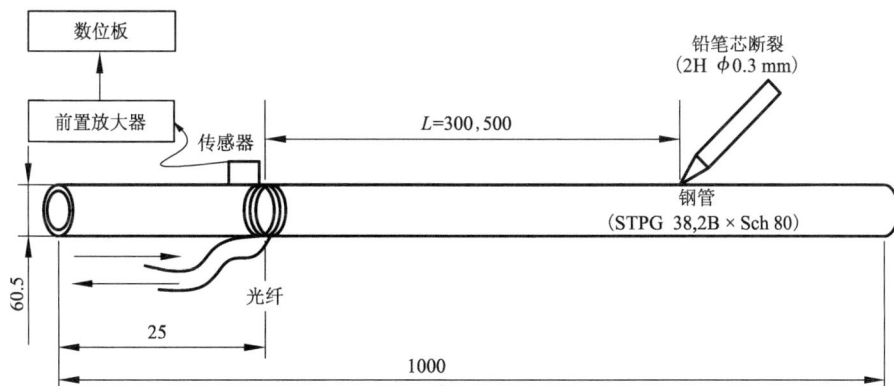

图4-13 管道结构的光纤声发射传感器

4.3 采集参数设置

采集参数的设置是声发射信号采集的重要环节。采集参数分为采集通道参数和撞击定义参数,其中,采集通道参数包括门槛值、系统增益、采样频率、采样长度、预触发、滤波设置等,撞击定义参数包括峰值定义时间、撞击定义时间和撞击闭锁时间等。门槛值的设置与岩样尺寸和周围噪声等因素有关;系统增益则要求与放大器的放大倍数一致;采样频率的设置要服从 Nyquist 采样定理,而采样长度越大,所采集的数据量就越大,但数据量越大会导致迟滞时间(mask time)的增加。这些参数的正确设置关乎整个采集过程中所采集到信号的完整性和正确性,且需要根据具体试验情况而定。

4.3.1 采集通道参数设置

1)门槛值设置

声发射门槛值的设置与信号的信噪比有关,设置合理的门槛值是剔除噪声干扰的一种有效方法,且关系到检测系统的灵敏度。门槛值设置过低时,测得的信号越多,数据处理难度越大,且声发射信号中会包含大量的噪声信号,声发射源信号被淹没在噪声信号中;门槛值设置过高时,采集到的声发射信号减少,导致重要的声发射源信号丢失,因此,需要在采集声发射信号前设置合理的门槛值。

门槛值多用 dB_{AE} 来表示,多数检测是在门槛值为 35~55 dB 的中灵敏度下进行的,最常用的门槛值为 40 dB。不同的门槛值设置与适用范围见表 4-2。常用的金属压力容器的检测门槛值一般为 40 dB,长管拖车的检测门槛值为 32 dB,纤维增强复合材料压力容器的检测门槛值一般为 48 dB。而岩石声发射试验中,门槛值的选择与加载方式、环境噪声和岩性等都有很大的关系,因此,需要针对具体试验进行设定。

表4-2　门槛值设置与适用范围

门槛值/dB$_{AE}$	适用范围
25~35	高灵敏度检测，多用于低幅度信号、高衰减材料、基础研究
35~55	中灵敏度检测，广泛用于材料研究和构建无损检测
55~65	低灵敏度检测，多在高幅度信号、强噪环境下使用

2）系统增益设置

声发射传感器具有较高的输出阻抗，输出的声发射信号非常弱，再经过电缆的干扰和长距离输送，信号的强度和信噪比大大降低。前放增益的主要作用为在传感器和电缆间提供阻抗匹配，防止信号的衰减，放大微弱的输入信号，提高信号的强度和信噪比，插入滤波器组件提供频率滤波功能等。前放增益对传感器采集到的信号进行放大，信号放大后幅值的计算公式为

$$A = 20 \times \lg\left(\frac{A_1}{A_0}\right) - P \tag{4-30}$$

式中：A 为信号放大后的幅值；A_1 为前放增益输出的电压；A_0 为传感器的基准电压 1 μV；P 为前放增益。

则由式（4-30）可以计算得到不同前放增益下门槛值的极限值，见表4-3。

表4-3　不同前放增益下门槛值设置的范围

前放增益/dB	12	26	40
门槛值设置范围/dB	28~128	14~114	0~100

3）采样频率设置

采样频率是指以每秒为基础的数据采集板采集的波形速率。采样频率的单位 1MSPS 的意思是每微秒一个采集样本，当实际测量某一数据频率时，采样频率应设置为一高于最高数据频率 2 倍的值，一般取 5~10 倍。

采样频率的确定须遵循 Nyquist 采样定理，即假设一个频带有限的信号频谱的最高频率 f_M，如果采样频率 f_S 等于或大于信号 f_M 的 2 倍，则可以用采样信号恢复成原信号，而不产生失真。$2f_M$ 叫作 Nyquist 频率，采样时间间隔 T_S 为 $1/(2f_M)$。

采样定理满足了最低取样速度，即在信号频谱最高频率所对应的一个周期中，至少应进行两次采样。这样不必传送信号本身，只要传送信号的离散样一致，即可在接收端根据这些采样恢复原来的连续信号。

4）采样长度设置

采样长度 T 是指能够分析到信号中的最低频率所需要的时间记录长度。如果信号中含有最低频率 f_L，采样后要保持该频率成分，则采样长度由下式确定：

$$T > \frac{1}{2f_L} \tag{4-31}$$

因此，采样长度不能取得太短，否则进行频率分析时，频率轴上的频率间隔 Δf（$\Delta f = 1/T$）太大，频率分辨率太低，一些低频成分就分析不出来。另外，采样长度 T 与采样点数 N

和采样时间间隔 T_S 成正比，即式(4-32)。

$$T = NT_\mathrm{S} = \frac{N}{f_\mathrm{S}} \tag{4-32}$$

如果采样长度 T 取得较长，虽然频率分辨率得到了提高，但在 T_S 不变的情况下，采样点数 N 增多，使计算机的工作量增大；当 N 不变时，则采样时间间隔 T_S 增大，采样频率降低，所能分析的最高频率 f_M 也随之降低，因此需要综合考虑采样长度、采样点数和采样频率的关系问题。

5) 预触发设置

预触发是在触发点之前记录多长时间的数值。一般允许的最小触发值是零，最大触发值则需用采样长度除以采样频率计算得到。例如采样长度为 1 k，采样频率为 4 MHz 时，允许的最大触发值为 1024/4 = 256 μsec。

6) 滤波设置

滤波器可以对电源线中特定频率的频点或该频点以外的频率进行有效滤除，得到一个特定频率的电源信号，或消除一个特定频率的电源信号。

在进行滤波设置时应该设置上、下限，为每个可用通道选择模拟滤波器的高通及低通滤波。需要注意的是，如果需要进行波形分析，这些值的设置应保持在采样频率的 1/2 以下，如果根据此要求进行滤波设置，导致问题出现，则应提高采样频率。

4.3.2 撞击定义参数设置

需注意的是，如果是撞击定义的采集方式，需要对撞击定义参数进行设置。不同公司的定义方式不同，本书以 PAC 公司的声发射系统为例来说明撞击定义参数的设置方法。PAC 公司的撞击定义参数有 3 个，分别为峰值定义时间、撞击定义时间和撞击闭锁时间。

如图 4-14 所示，峰值定义时间(peak definition time, PDT)是为了正确确定声发射撞击信号上升时间设置的新的最大峰值等待时间间隔，主要用于确定声发射波形的真正峰值点而预先确定的一个时间参数，设置应该尽量短，但是过短会把低幅值的前驱波误作为主波处理。

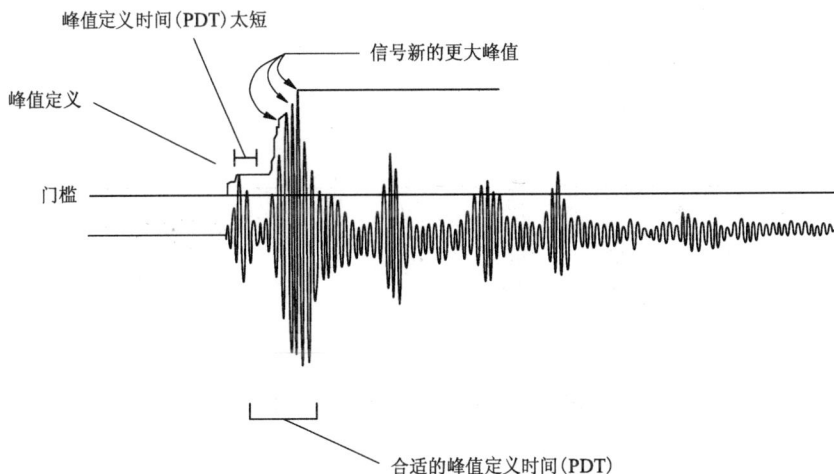

图 4-14 峰值定义时间示意图

如图 4-15 所示,撞击定义时间(hit definition time,HDT)是为正确确定一个声发射信号的终点而设置的等待时间间隔,主要用于确定单个撞击的结束,停止测量过程并储存测试特征数据。在检测中,如果 HDT 选择过短,就会将一个声发射撞击信号误判为两个或者多个声发射信号,因此,一般将 HDT 设置成时间的两倍,HDT 应尽可能长,保证信号的通过率,但是又不能过长,如果 HDT 选择过长,就会将两个或者多个声发射撞击信号定义为一个声发射撞击信号。

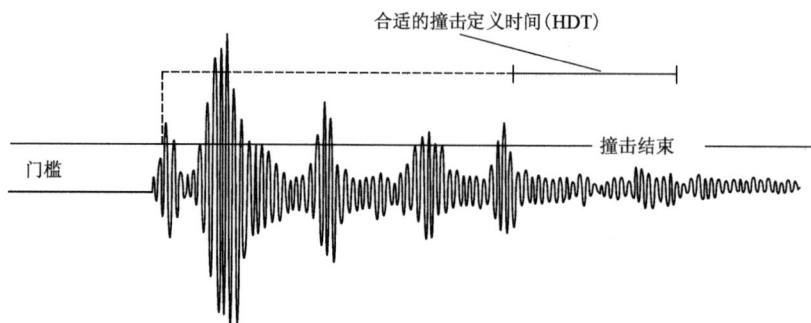

图 4-15 撞击定义时间示意图

如图 4-16 所示,撞击闭锁时间(hit lockout time,HLT)是在采集信号的过程中为了避免受到反弹波的影响而设置自动关闭测量的间隔时间。HLT 在电路对 HDT 设置完毕后启动,系统锁定一段时间不再处理任何撞击信号,用于根绝回声和噪声的干扰,HLT 设置应较长,可消除噪声的干扰,但同时应避免太长(信号会被当成噪声处理掉),因此需设置合理的值才能进行信号采集。通常情况下,一个撞击信号采集与测试结果之间的转换至少需要消耗 300 μs,因此,HLT 值的设定最小为 300 μs。

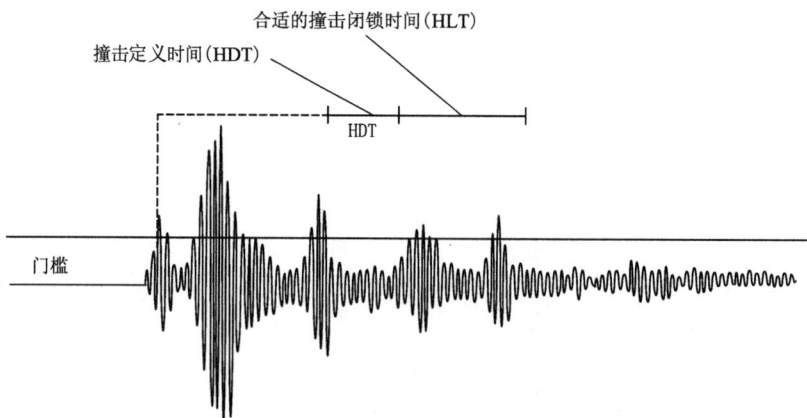

图 4-16 撞击闭锁时间示意图

声发射波形随试件的材料、形状和尺寸等因素的不同而变化,因此撞击定义参数应根据试件中所观察到的实际波形进行合理选择,其推荐范围见表 4-4。

表4-4 撞击定义参数设置

材料与试件	PDT/μs	HDT/μs	HLT/s
复合、非金属材料	20~50	100~200	300
金属小试件	300	600	1000
高衰减金属构件	300	600	1000
低衰减金属构件	1000	2000	20000

参考文献

[1] 郭慧. 声发射数据采集系统的研究[D]. 呼和浩特：内蒙古工业大学，2013.

[2] 尹作友. 声发射采集系统的设计与研究[J]. 辽宁工学院学报，2002，22(2)：6-8.

[3] 陈加伟. 金属残余应力声发射检测研究[D]. 沈阳：沈阳工业大学，2018.

[4] 沈功田. 声发射检测技术及应用[M]. 北京：科学出版社，2015.

[5] 何存富，周辛庚. 超声换能器灵敏度标定的一种新方法—激光超声法[J]. 计量学报，1999，20(1)：65-69.

[6] 焦湖东. 钢筋混凝土损伤演化声发射监测及破坏机理研究[D]. 济南：济南大学，2015.

[7] 李孟源，尚振东，蔡海潮，等. 声发射检测及信号处理[M]. 北京：科学出版社，2010.

[8] 袁振明，马羽宽，何泽云. 声发射技术及其应用[M]. 北京：机械工业出版社，1985.

[9] （日）胜山邦久. 声发射AE技术的应用[M]. 冯夏庭，译. 北京：冶金工业出版社，1996.

[10] Physical Acoustics Corporation. PCI-2 based AE system user's manual[M]. 2007.

[11] Grosse C U, Ohtsu M. Acoustic emission testing[M]. Berlin：Springer-Verlag, 2008.

第5章　声发射信号特征参数分析

　　声发射监测系统通过传感器和采集设备，将破裂源产生的弹性波转换为电信号，进而输出声发射信号的波形。通过波形分析技术，可以提取声发射信号的特征参数，如幅值、计数、能量、持续时间、上升时间、峰值频率、中心频率等，也可以通过这些参数引申出其他特征参数，如 b 值、RA 值、AF 值等。这些特征参数往往包含了震源丰富的信息，分析声发射信号特征参数的分布规律或随加载时间和应力的变化关系，不仅可以评估材料变形破坏的状况，还可以分析宏观破坏发生的前兆特征。

5.1　声发射信号波形特征

　　传感器收集的声发射信号受到声发射源、传播路径、传感器响应特性等的影响，其接收的信号极为复杂，与震源处真实的声发射信号相差很大，因此传感器输出的信号是已知的，但是输入的信号是未知的。根据观察到的声发射信号波形特征，一般将其分为突发型和连续型两种，具体的突发型与连续型声发射信号波形图如图 5-1 所示。

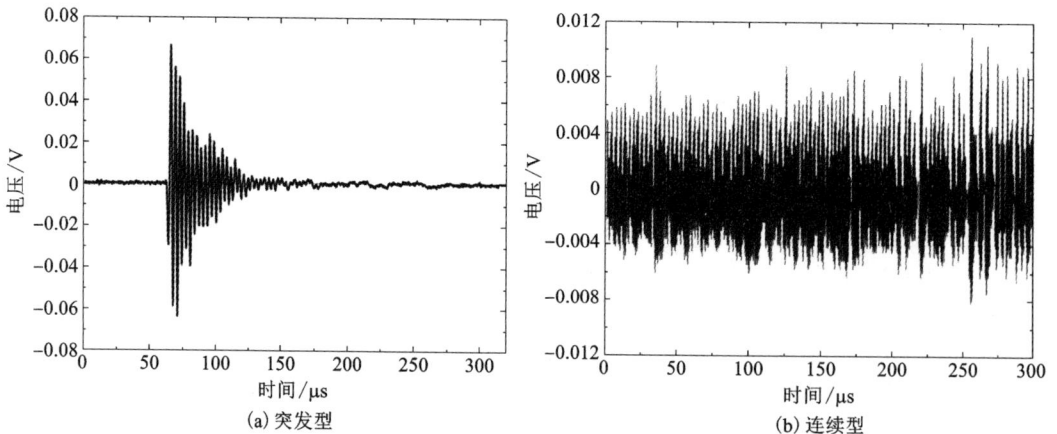

图 5-1　突发型与连续型声发射信号波形

　　当信号由区别于背景噪声的脉冲组成，且在时间上可以分开时，即认为是突发型声发射信号；如果信号的单个脉冲不可分辨，则称为连续型声发射信号。值得注意的一点是，目前已经有一些学者认为，真实的声发射信号只有突发型，连续型声发射信号也是由大量小的突发型信号组成，只不过现有采集设备及技术无法将其分辨出来而已。

由于声发射信号的上述特点，目前采集和处理声发射信号的方法可分为两大类，一类是以多个简化的波形特征参数来表示声发射信号的特征，然后对其进行分析和处理；另一类为存储和记录声发射信号的波形，并对波形进行频谱分析。简化波形特征参数分析法是 20 世纪 50 年代以来广泛使用的经典声发射信号分析方法，目前在声发射监测中仍得到广泛应用，且几乎所有声发射监测标准对声发射源的判据均采用简化波形特征参数。频谱分析可以通过频率、相位等分析了解声发射信号的组成。

5.2　撞击驱动的声发射信号特征参数

这里首先要区分声发射事件与撞击(hit)的含义，产生声发射的一次材料局部变形或者断裂称为一个声发射事件。当声发射事件产生的弹性波传播至传感器，并且波形越过门槛值时，采集设备会完整地记录该声发射事件波形，这就是一个撞击，也称为波击。若该声发射事件被多个传感器所记录，则每个传感器都收到了一个撞击。下面将从时间域(时域)和频率域(频域)两方面来介绍声发射信号特征参数。

5.2.1　时域特征参数

如图 5-2 所示为标准突发型声发射信号简化波形图，常见的声发射信号时域特征参数如下。

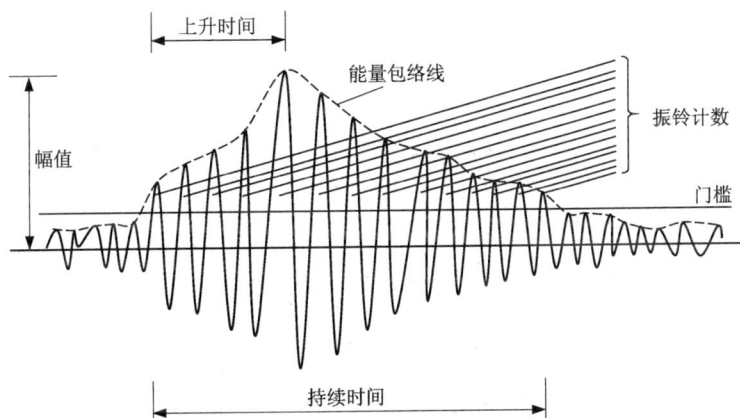

图 5-2　突发型声发射信号简化波形

1)撞击计数

超过门槛值并使任一通道获取数据的任何信号称为一个撞击。所测得的撞击个数可分为总计数和计数率。撞击计数反映了声发射活动的总量和频度，常用于声发射活动性评价。

2)振铃计数

如图 5-2 所示，每当声发射信号波形幅值第一次超过设定的门槛值，将产生一个钟形脉冲，此脉冲即为振铃计数的触发信号。将超过门槛值的电信号的每一个震荡波视为一个振铃计数。振铃计数可以用总计数和计数率来表示。

振铃计数既适用于突发型声发射信号，也适用于连续型声发射信号分析，可粗略反映信号的强度和频率。此外，振铃计数的多少与门槛值的大小有关，容易受声发射信号监测系统灵敏度的影响。

3）幅值

声发射信号波形的最大电压值称为幅值，反映了事件的大小，与门槛值无关，其大小决定了事件的可监测性，常作为声发射源的类型鉴别以及强度大小的评价和衰减快慢的度量。幅值通常用分贝值（dB）表示，其与声发射信号波形电压幅值 V_{max} 的换算关系如下式：

$$dB_{AE} = 20\lg\left(\frac{V_{max}}{1\ \mu\text{-volt}}\right) - (\text{前放增益}) \tag{5-1}$$

式中：前放增益为前置放大器的分贝增益值，dB。

4）上升时间

上升时间定义为声发射信号第一次越过门槛至最大振幅所经历的时间间隔，通常以微秒（μs）计。

如前所述，工程中监测到的声发射波形是由传感器、前置放大器以及显示或记录仪器组成的监测系统输出电信号的波形，而非声发射波原始的波形。因此，上升时间不仅受到采集设备的性能和门槛值设定的影响，还受到传感器动态响应的影响，这使得上升时间的物理意义不明确，有时用于机电噪声的鉴别。

5）持续时间

持续时间是信号第一次越过门槛电压至最终降至门槛值所经历的时间间隔，常以 μs 表示，如图 5-2 所示。其与振铃计数相似，但常用于特殊波源类型和噪声的鉴别，其大小与门槛值有关。

6）能量

如图 5-2 所示，能量是信号监测波包络线下的面积。这里的能量反映了事件的相对能量和相对强度，对门槛值和弹性波的传播特性不甚敏感，可用于波源类型的识别，也可取代振铃计数以评价声发射的活动性。

7）有效值电压（RMS）与平均信号电平（ASL）

采样时间内信号电平的均方根值称为有效电压值，以 V_{RMS} 表示，有

$$V_{RMS} = \sqrt{\frac{1}{N}\sum_{i=1}^{N} v_i^2} \tag{5-2}$$

式中：N 为采样点数；v_i 为采样点对应的电压值。

有效值电压与声发射的大小有关，测量简便，其大小与门槛值电压无关，主要用于连续型声发射信号的活动性评价。

平均信号电平主要用于对时间分辨率要求不高的连续型声发射信号的评价，也可用于背景噪声水平的测量。平均信号电平与前述均值的意义相仿，只不过以 dB 表示。

8）外变量

外变量是指试验过程中的外加变量，包括时间、荷载、位移、温度及疲劳周次等。外变量不属于声发射信号参数，而属于撞击信号参数的数据集，它可用于声发射信号的活动性分析。

9）其他参数

除以上参数外，一般声发射采集仪器还会根据采集数据定义其他参数，如表 5-1 是美国

物理声学公司(PAC)的 PCI-2 声发射采集系统定义的其他参数。

表 5-1　声发射采集系统定义的其他参数

参数	计算方法
峰值计数	波形上从第一电压点到最高电压点的阈值跨越数
平均频率	振铃计数除以持续时间(这是从时域进行的定义，而不是频域)
反算频率	峰值计数除以峰值后计数，峰值后计数为总计数减去峰值计数
初始频率	峰值计数除以持续时间
信号强度	绝对信号电压放大前的时间积分，与能量成正比
绝对能量	在信号电压放大前，信号电压的平方的时间积分

岩体中释放的弹性波信号的频率与震源脉冲的持续时间相关，而脉冲持续时间则与震源的尺度相关，由于声发射、微震和地震的破裂尺度不同，因此产生信号的频率就有很大的差别。一般来说，地震信号的频率在几赫兹以下，微震信号的频率在几赫兹到数千赫兹之间，而声发射信号的频率则在几千赫兹到数兆赫兹之间。

应当注意的是，表 5-1 中的几种频率是由声发射采集系统通过对信号波形的拾取，并根据振铃计数与时间的关系来定义的，并不是信号的真实频率，但是它可以在一定程度上反映真实信号的频率，进而反映震源特性。实质上，频率是表征弹性波震源特性的一个重要参数，不同类型的震源产生不同尺度的破裂，不同尺度的破裂则产生不同频率的信号。一般而言，大尺度裂纹产生的信号含有较显著的低频率成分，而小尺度裂纹产生的信号含有较显著的高频成分。

5.2.2　频域特征参数

声发射信号具有瞬态性和随机性，属于非平稳随机信号的范畴，由一系列频率和模式丰富的信号组成。时域描述不能很好地揭示信号特征，因为瞬态和随机信号不仅能随时间变化，还和频率、相位等信息有关，这就要进一步分析信号的频率结构，并在频域中描述信号，即频谱分析。信号从时间域变换到频率域主要通过数学工具——傅里叶级数(FS)与傅里叶变换(FT)实现。

1)周期信号的频谱分析

以 T 为周期的周期信号(周期函数)$x(t)$ 可以表示成无穷个正弦或余弦函数之和，可由式(5-3)表示。

$$x(t) = a_0 + \sum_{n=1}^{\infty} (a_n \cos n\omega_0 t + b_n \sin n\omega_0 t) \tag{5-3}$$

式中：$n = 1, 2, 3, \cdots$；$\omega_0 = 2\pi/T$；a_0、a_n、b_n 称为傅里叶系数，其值分别为

$$a_0 = \frac{1}{T} \int_{-\frac{T}{2}}^{\frac{T}{2}} x(t) \, \mathrm{d}t \tag{5-4}$$

$$a_n = \frac{2}{T} \int_{-\frac{T}{2}}^{\frac{T}{2}} x(t) \cos n\omega_0 t \, \mathrm{d}t \tag{5-5}$$

$$b_n = \frac{2}{T}\int_{-\frac{T}{2}}^{\frac{T}{2}} x(t)\sin n\omega_0 t \mathrm{d}t \tag{5-6}$$

为了显示傅里叶级数在工程应用中的物理意义，傅里叶级数可以表示为三角函数形式，即

$$x(t) = a_0 + \sum_{n=1}^{\infty} A_n \cos(n\omega_0 t + \varphi_n) \tag{5-7}$$

式中：$A_n = \sqrt{a_n^2 + b_n^2}$，为谐波分量的幅值；$\varphi_n = -\arctan\dfrac{b_n}{a_n}$，为谐波分量相位；$a_0$为直流分量。

根据欧拉公式 $e^{j\theta} = \cos\theta + j\sin\theta$，式(5-3)中 $x(t)$ 也可以表示成复指数函数形式，即

$$x(t) = \sum_{-\infty}^{\infty} X_n e^{j\omega_0 t} \tag{5-8}$$

一般将 X_n 称为周期信号的频谱函数。

根据式(5-7)，即可以作出 A_n–ω 图(幅值–频率图)和 φ_n–ω 图(相位–频率图)。周期信号的频谱图是离散的，只有在频率 $\omega = n\omega_0(n = 0, 1, 2, 3, \cdots)$ 时有值，由无限多条谱线组成，每一条谱线代表一个谐波的分量，谱线的高度表示相应谐波分量的幅值或相位的大小。如图5-3为某周期信号的幅值谱和相位谱，不同的频率有其对应的幅值和相位角。

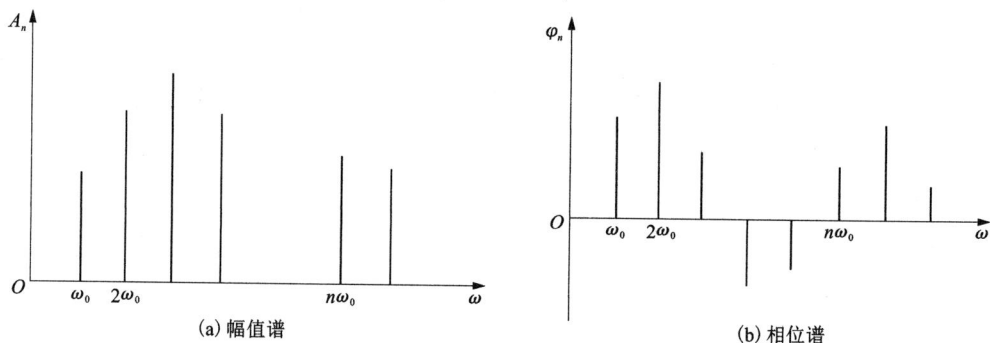

图5-3　某周期信号的幅值谱和相位谱

2)非周期信号的频谱分析

对于非周期信号，不能依照上面的傅里叶级数分解成正(余)弦函数之和，需要用傅里叶变换实现其时域到频域的变换，得式

$$X(\omega) = \int_{-\infty}^{\infty} x(t) e^{-j\omega t} \mathrm{d}t \tag{5-9}$$

其傅里叶逆变换为

$$x(t) = \frac{1}{2\pi}\int_{-\infty}^{\infty} X(\omega) e^{j\omega t} \mathrm{d}\omega \tag{5-10}$$

$X(\omega)$ 称为信号 $x(t)$ 的频谱密度函数。在频域坐标系中，典型的幅值频谱密度–频率图如图5-4所示，称为信号 $x(t)$ 的频谱密度图。由图可见，非周期信号的频谱密度图是连续的。其纵坐标表示信号的幅值密度，而不是谐波的幅值，其量纲

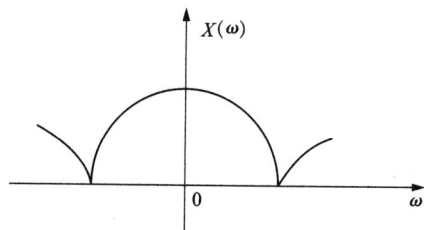

图5-4　幅值频谱密度–频率图

是信号量纲/Hz。

在监测突发型声发射信号或采用断铅标定时,声发射传感器输出信号为衰减正弦信号,其表达式为

$$x(t) = \mathrm{e}^{-at} \sin \omega_0 t, \quad a > 0 \tag{5-11}$$

其时域图、幅值谱和相位谱如图 5-5 所示。

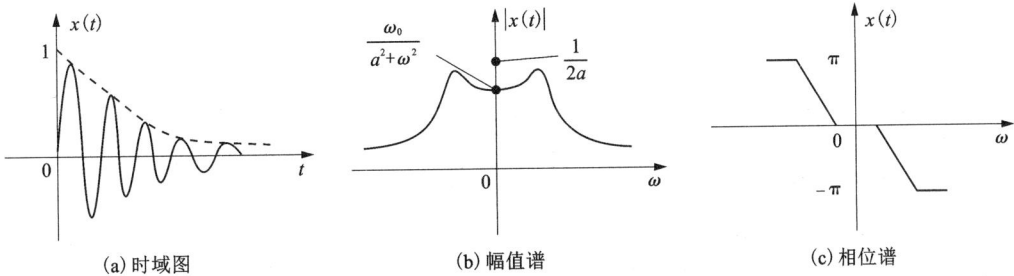

(a) 时域图　　　　　(b) 幅值谱　　　　　(c) 相位谱

图 5-5　衰减正弦信号的时域图、幅值谱、相位谱

3) 基于快速傅里叶变换(FFT)信号分析仪上的频谱与功率谱密度

FFT 信号分析仪的工作原理是离散傅里叶变换,即 DFT。对信号 $x(t)$ 进行 DFT,实质上包含几个环节:时域采样(时域离散化)、时域截断(加窗)和频域采样(频域离散化)。根据傅里叶变换的性质,在频域采样过程中,实际上是对时域信号的周期化,即此时参与变换的信号不再是原信号 $x(t)$,而是以窗宽 T 为周期的信号 $x_T'(t)$。既然 $x_T'(t)$ 是周期信号,经变换后所得到的自然是该信号的频谱函数 X_n',称为信号 $x(t)$ 的 FFT 谱或线性谱(linear spectrum)。典型的 FFT 谱如图 5-6 所示(单边显示)。

离散傅里叶变换之后的频谱函数 X_n' 是复函数,在工程应用中不够方便,为此,将其与复共轭相乘,得到其功率谱(power spectrum),即式

$$Ps = X_n' X_n'^* = |X_n'|^2 \tag{5-12}$$

在声发射信号频域分析中,将频率作为自变量,把信号 $x(t)$ 看作是频率 f 的函数 $x(f)$,在频谱分析相应的图形表示中,横坐标是频率,这时图形表示为信号的频谱。以频率为横坐标、幅值为纵坐标的称为幅频图;以频率为横坐标、功率为纵坐标的称为功率谱图,如图 5-7 为某一声发射信号功率谱示意图。

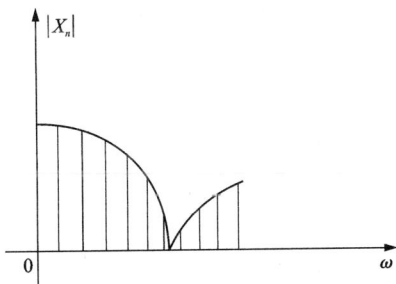

图 5-6　典型的 FFT 谱

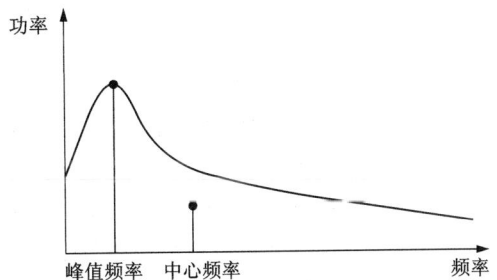

图 5-7　功率谱示意图

由功率谱图可以分别定义声发射信号的峰值频率和中心频率。峰值频率为功率谱图最高点对应的频率。中心频率为功率谱图质心点对应的频率。

5.3 Kaiser 效应和 Felicity 效应

1. Kaiser 效应

"锡鸣"在中世纪就已被众人所知——将一块锡片放在耳边反复折叠，可以听到噼啪声。1945 年第二次世界大战后，Joseph Kaiser 拜访了机械学会主席 Ludwig Föppl 教授，询问能否研究金属在机械应力作用下发出的声音。Föppl 对研究技术材料在机械应力下的行为背景有着浓厚的科学兴趣，但关于晶格变形的过程所知甚少，这类研究当时在世界各地都有开展。因此 Föppl 教授给予了他的认可，Kaiser 开始研究金属材料在不同拉伸作用下发出声音的实验。

1950 年，Kaiser 根据在实验室中观察到的铜、锌、铝、锡、铁和铸钢等多种金属及其合金的声发射现象，发表了他的博士论文，并在实验中发现，金属材料在受到拉伸时，当应力不超过以前受过的最大应力时，没有声发射产生；一旦应力超过以前材料受到的最大应力，声发射活动显著增加。这表明金属受力时，其声发射活动具有应力记忆的特性，即通过声发射可以测出以往材料所受的应力，这种现象就叫作声发射的 Kaiser 效应。

Kaiser 效应在声发射监测中有着重要用途，包括在役构件新生裂纹的定期过载声发射监测、岩体等原先所受最大应力的推定、疲劳裂纹起始与扩展声发射监测、通过预载措施消除加载销孔的噪声干扰，以及加载过程中常见的可逆性摩擦噪声的鉴别。

在岩石力学工程领域，Kaiser 效应一般用来测量地应力。通常是在母岩上的多个方向钻取多个岩芯，然后对每个岩芯进行声发射测试，通过声发射参数确定岩芯的 Kaiser 效应点及该点处的应力；基于岩芯 Kaiser 效应点的应力，确定母岩的最大水平主应力、最小水平主应力以及最大水平主应力与标志线的夹角，最后通过一定方法确定母岩所受应力的原始方向（方位角）。

2. Felicity 效应

材料重复加载时，重复荷载到达原先所加最大荷载之前即产生明显声发射信号的现象，称为 Felicity 效应，也可认为是反 Kaiser 效应（如图 5-8 所示）。重复加载时的声发射起始荷载(P_{AE})与原先所加最大荷载(P_{max})之比(P_{AE}/P_{max})，称为 Felicity 比。

Felicity 比作为一种定量参数，较好地反映了材料中原先所受损伤或结构缺陷的严重程度，已成为缺陷严重性的重要判据。树脂基复合材料等黏弹性材料因具有应变对应力的滞后效应而使其应用更为有效。

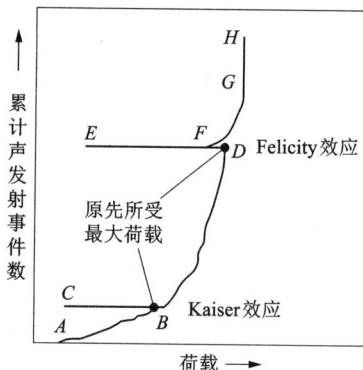

图 5-8 两种效应对比

Felicity 比大于 1 表示 Kaiser 效应成立，而小于 1 则表示不成立。在这些复合材料构件中，将 Felicity 比小于 0.95 作为声发射源超标的重要判据。

Kaiser 效应与 Felicity 效应是描述材料同一性质的两个对立统一的方面，它们在一定程度上反映了材料自身固有的性质，为评价材料或构件的损伤严重程度提供了重要依据。不同的材料有着不同的 Felicity 比；组分相同而热处理状态不同的材料也可能表现出不同的效应。此外，材料表现为 Kaiser 效应还是 Felicity 效应，还与试验条件、荷载水平和加载速率等多种外部因素有关。

5.4　声发射信号特殊参数分析

5.4.1　声发射信号 *RA–AF* 值分布

材料是发生塑性破坏还是脆性破坏，除了材料本身的性质，还与材料的受力状态、围压大小、加载速率、温度、含水量等因素有关。例如，岩石在一般情况下通常表现为脆性破坏，在三轴加压情况下，随着围压的增加有从脆性逐渐向塑性转变的趋势，甚至表现为完全的塑性。因此，一般所谓的"脆性材料"或"塑性材料"的说法是不准确的，而应理解为在通常情况下，它们表现为脆性破坏或塑性破坏。

脆性破坏的过程是材料内部不断发生断裂的过程。断裂(fracture)与破坏(failure)在断裂力学中具有不同的含意，微观上岩石裂纹的穿晶(拉伸)断裂和沿晶(剪切)断裂，最终导致岩石的宏观性失稳破坏。断裂时材料内部将有新的裂纹形成，原有的裂纹也可能扩展，当这些裂纹的尺寸增大、数量增多后，就可能在材料内部贯通、聚合成大裂纹，最后导致材料完全解体分离成几部分。

材料断裂破坏过程中，拉伸和剪切破裂所释放的声发射信号明显不同，拉伸破裂释放的纵波能量较大，其声发射波形上升时间短且频率高；而剪切破裂释放的横波能量较大，其声发射波形上升时间长且频率低。鉴于此，在声发射监测中上升时间与幅值的比值(rise time/amplitude, *RA* 值)、计数与持续时间的比值(counts/duration, *AF* 值)常用于破裂机制的定性分析。

如图 5-9 所示，若某一微破裂事件的 *AF* 与 *RA* 比值大于某 *K* 值，则可认为发生张拉破裂，意味着拉伸裂纹的萌生或扩展；反之，则可认为发生的是剪切破裂，意味着剪切裂纹的萌生或扩展。图中对角线即为拉伸和剪切破裂的划分线。其中，*K* 值的确定依赖于被测试对象的材料与结构，在 RILEM 推荐标准中给出了一些可供参考的经验值。

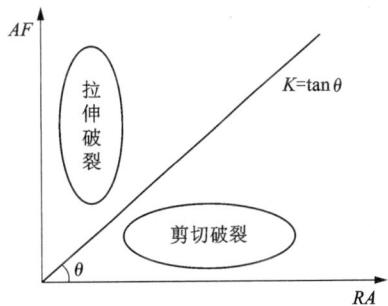

图 5-9　*RA–AF* 值分布图

以剪切破裂为主导的破坏，往往在临近破坏阶段出现较多剪切破裂事件，对应的声发射信号 *RA* 值较大、*AF* 值较小。而许多室内试验结果表明，即使是以拉伸破裂为主导的破坏，在临近破坏阶段，也同样会较多地呈现剪切特征，即 *RA* 值较大、*AF* 值较小的声发射信号，混凝土弯曲试验、大理岩弯曲试验与直接拉伸试验、不同岩石的巴西劈裂试验等试验中的声发射监测结果都揭示了这一现象，且随着加载速率与破坏规模的增大，*RA* 值与 *AF* 值分布的变化更为显著，即不论何种形式的破坏，在失稳前都会出现声发射信号剪切波成分增加的特征。

5.4.2 声发射信号 b 值

1. b 值的提出

19 世纪的意大利经济学家 Pareto 研究了个人收入的统计分布，发现少数人的收入要远多于大多数人的收入，提出了著名的 80/20 法则，即 20% 的人口占据了 80% 的社会财富，这就是 Pareto 定律，其分布符合幂律分布。

幂律分布是指某个具有分布性质的变量，且其分布密度函数是幂函数的分布，在双对数坐标下幂律分布表现为一条斜率为幂指数的负数的直线。在统计学中，幂律是两个量之间的一种函数关系，其中一个量的变化将会导致另一个量的相应幂次比例的变化，且与初值无关。例如，正方形面积与边长的关系，如果长度加倍，那么面积扩大 4 倍。

其实，在自然界与社会生活中许多现象都服从于类似 Pareto 定律的分布规律，其中就包括地震发生的规模大小与其频数的关系。在一定的时空范围内，发生的地震事件能量大小与其频数关系就符合这种关系，即能量越小的地震其频数越多，而大能量地震的频数越少，地震学家通过对大量数据的统计发现，两者之间符合幂律关系，见式(5-13)和式(5-14)。

$$N = C \cdot E^{\beta} \tag{5-13}$$

$$\lg N = \beta \lg E + \lg \partial \tag{5-14}$$

式中：N 为地震发生的频数；E 为地震的能量；∂、β 为常数。

然而，由于地震能量难以测量，也就无法对地震的规模大小进行准确评价。1935 年 Richter 针对美国加利福尼亚州地区的地震，首次提出用震级的概念来度量地震震源能量释放的多少，被称为里氏震级，根据地震仪器采集的地震波信号，并针对距离进行衰减补偿计算，见公式(5-15)。地震能量与震级呈指数关系，从式(5-16)可以看出，震级每增加一级，其能量相应的增大将近 32 倍，在震级 8.3~8.5 时会产生饱和效应，使得一些强度明显不同的地震在用传统方法计算后得出的里氏震级数值却一样，因此地震学家在后来的研究中提出了更多的震级标度，如面波震级 M_s、体波震级 M_b 及矩震级 M_w 等。

$$M_L = \lg(A) + Q_d(\Delta) \tag{5-15}$$

$$E \propto 10^{1.5 M_L} \tag{5-16}$$

式中：M_L 为里氏震级；A 为用伍德–安德森地震仪测量的地震波的最大振幅；$Q_d(\Delta)$ 是随震中距 Δ 的距离矫正函数。

根据震级和能量的关系，Gutenberg 和 Richter 进一步提出震级–频率关系的 Gutenberg-Richter 公式，即 G-R 定律，见式(5-17)。

$$\lg N = a - bM \tag{5-17}$$

式中：M 为地震震级；N 为震级大于 M 的累计频数或者某一震级间隔内震级为 M 的频数，a 为与地震活动性相关的经验常数；斜率 b 值为某一时空范围内小地震与大地震的数量比，对确定潜在区域内地震年平均发生率起着重要作用。

此后 b 值在地震活动性、地震构造学以及地震危险性分析中得到了广泛的应用。

此外，有学者研究表明，b 值与分形维数 D 存在一定对应关系，$D \propto b$。分形维数反映了复杂形体占有空间的有效性，是复杂形体不规则性的度量。Aki 通过研究认为 b 值与断层分形维数 D 的关系为 $D = 3b$，而大量学者研究发现不同条件下两者之间系数并不固定，但却存在正相关关系。

2. b 值在岩石声发射中的应用

G-R 定律在小尺度材料破坏中同样适用，岩石破裂试验结果显示，b 值大小表征了介质内部应力水平的高低，由于岩石在受载破坏过程中产生的声发射事件与地震有相同的分布规律，只是破裂尺度上存在着差异，因此可通过研究不同加载条件下岩石声发射 b 值的特性来表征其破裂模式和破坏机理。通过监测岩石受力变形至破坏过程中内部微破裂事件的时空演化，发现 b 值随应力增加而减小。在声发射 b 值计算中，式(5-17)中震级由幅值代替，则有

$$\lg N = a - b\left(\frac{A_{dB}}{20}\right) \tag{5-18}$$

式中：A_{dB} 为用分贝表示的声发射信号幅值；$A_{dB}/20$ 是为了得到与地震震级量级相当的数值，便于对比分析。

岩石声发射 b 值计算中所使用的幅值是震源项衰减后由声发射传感器接收到的显幅值，并不是震源处弹性波的幅值。由于弹性波在岩石中的衰减是一个非常复杂的问题，受介质组成成分、应力水平、温度等多种因素的影响，所以很难对显幅值进行衰减补偿得到震源的真实幅值。研究人员为了使声发射显幅值计算的 b 值更接近震源尺度分布的 b 值，做出了许多尝试。基于耗散衰减和弹性吸收对 b 值计算的影响，Lockner 等指出考虑 $1/r$ 的几何衰减情况对显幅值进行修正，并用多个传感器的数据进行平均得到近似的震源幅值，进而计算 b 值。Kwiatek 等则利用均方根原则估计得到声发射震级，计算公式如下：

$$M_{AE} = \lg\left[\frac{1}{n}\sum_{i=1}^{n}(A_i R_i)^2\right]^{0.5} \tag{5-19}$$

式中：A_i 为第 i 个传感器接收到的信号的首波幅值；R_i 为震源到第 i 个传感器的距离。

3. b 值影响因素

由 G-R 关系可知，$\lg N$ 与 M 之间应该呈线性关系，然而实际资料显示二者之间并不是完全的线性关系，在小震级段和大震级段分别出现"掉头"和"摆尾"现象，同时在中间段有时也表现出一定的对线性拟合的偏离，如图 5-10 所示。

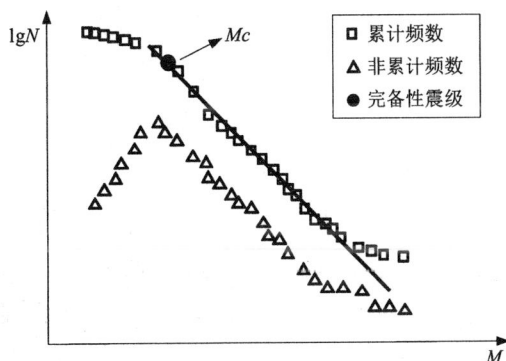

图 5-10　累计频数与非累计频数分布图

造成 G-R 关系偏离线性关系的原因有很多。由于 b 值是基于震级统计目录计算，因此震级目录的完备性是造成 G-R 关系偏离线性最重要的原因，在小震级一端主要是由于数据采集设备能力的限制，以及大尺度的破裂发生时掩盖了小尺度的破裂，越是震级小的地震，在目录中缺失越多；在大地震一端主要是由于震级的饱和效应，即传统的震级计算时对地震波幅值取对数，当幅值增大到一定程度时，幅值持续增大但震级基本不变。

因此在进行 b 值计算时，需要选取完备性震级 Mc（magnitude of completeness），认为震级大于 Mc 的目录是相对完备的，并选取震级大于 Mc 的部分计算 b 值，如图 5-10 所示。而在岩石声发射中，由于环境噪声以及声发射设备的电流噪声，在信号采集前已经设置了门槛值，换言之，幅值低于门槛值的岩石声发射信号已经舍弃了，所以声发射幅值-频数分布中一般只观察到线性段，前面小震级分流"掉头"的现象很少出现。

计算 b 值的窗口的样本容量也十分重要，当样本容量较小时，$\lg N$-M 表现的线性不规则，其结果误差较大。样本容量越小，累计计数与非累计计数的 $\lg N$-M 计算的 b 值差距越大。从理论上讲，用于 b 值估计的累计频率分布将不可避免地导致偏差，累计频率震级分布的回归分析有自然平滑的效果，而分段频率分布则不会。除了以上因素，震级分组间隔大小、样本震级跨度、震级计算误差以及计算方法也会影响 b 值的正确估计。

4. 岩石声发射 b 值计算方法

1）最小二乘法

最小二乘法是最直接的 b 值估计方法，其基本原理是通过最小化误差平方和，使拟合对象无限接近目标对象。假设 $\lg N$ 与 M 之间呈线性关系，当震级 M 取 M_1, M_2, M_3, …, M_n 时，$\lg N$ 的取值分别为 $a-bM_1$, $a-bM_2$, $a-bM_3$, …, $a-bM_n$，然而实际观测数据却是 $\lg N_1$, $\lg N_2$, $\lg N_3$, …, $\lg N_n$，最小二乘法的原理就是选取合适的 a 和 b，使观测数据与理论值的平方和 S 最小，即

$$S = \sum_{i=1}^{n} \left[\lg N_i - (a - bM_i) \right] \tag{5-20}$$

求解 a 和 b 可以通过求下面方程组：

$$\begin{cases} \dfrac{\partial}{\partial a}S(a, b) = 0 \\[2mm] \dfrac{\partial}{\partial b}S(a, b) = 0 \end{cases} \tag{5-21}$$

求解得

$$b = \frac{\sum\limits_{i=1}^{n} M_i \cdot \sum\limits_{i=1}^{n} \lg N_i - n \sum\limits_{i=1}^{n} M_i \cdot \lg N_i}{\left(\sum\limits_{i=1}^{n} M_i \right)^2 - n \sum\limits_{i=1}^{n} M_i^2} \tag{5-22}$$

最小二乘法虽然简单易行，考虑了全部的震级数据，但从统计学的角度出发却并不合理，最小二乘法的误差分布为高斯分布，赋予了震级频数分布中各数据点相同的权重，而实际震级越小其频数越多，应当赋予更高的权重，因此，最小二乘法并不适用于地震、微震以及岩石声发射试验中 b 值的估计。

2)极大似然估计

另一种常用的 b 值估计方法是 Aki 和 Utsu 提出的极大似然法, 极大似然法的基本原理是使某一事件发生的概率为最大时的参数值。如果令 $\partial = a \cdot \ln 10$, $\beta = b \cdot \ln 10$, 式(5-13)可以变为

$$\ln N = \partial - \beta M \qquad (5-23)$$

假设震级分布呈指数, 即 $N = e^{\partial - \beta M}$, 在某一震级范围 $[M_1, M_n]$ 的地震数目, 即

$$N_t = e^{\partial - \beta M_n} - e^{\partial - \beta M_1} \qquad (5-24)$$

震级 M 的概率分布函数为

$$F(M) = \frac{N(M_n) - N(M)}{N_t} = \frac{N(M_n) - e^{\partial - \beta M}}{N_t} \qquad (5-25)$$

假设震级 M 是连续随机变量, 对概率分布函数求导可得概率密度分布函数, 即

$$f(M) = \frac{\beta e^{\partial - \beta M}}{e^{\partial - \beta M_1} - e^{\partial - \beta M_n}} = \frac{\beta e^{-\beta M}}{e^{-\beta M_1} - e^{-\beta M_n}} \qquad (5-26)$$

当震级 M_n 远大于 M_1, $e^{-\beta M_1} \gg e^{-\beta M_n}$, 上式可以进行简化, 即

$$f(M) = \beta e^{-\beta(M - M_1)} \qquad (5-27)$$

震级样本的联合概率密度函数, 即

$$f(M_1, M_2, \cdots, M_n \mid \beta) = \prod_{i=1}^{n} \beta e^{-\beta(M_i - M_1)} \qquad (5-28)$$

两边取对数, 构建最大似然函数, 即

$$L = \sum_{i=1}^{n} \left[\ln \beta - \beta(M_i - M_1) \right] \qquad (5-29)$$

对参数 β 求偏导数, 可得到 β 的极大似然估计值, 即

$$\frac{\partial L}{\partial \beta} = \sum_{i=1}^{n} \left[\frac{1}{\beta} - (M_i - M_1) \right] = 0 \qquad (5-30)$$

$$\beta = \frac{1}{\overline{M} - M_1} \qquad (5-31)$$

因此, 可以得到极大似然估计的 b 值为

$$b = \frac{\beta}{\ln 10} = \frac{1}{\ln 10 \cdot (\overline{M} - Mc)} \qquad (5-32)$$

Aki 和 Utsu 提出的极大似然法的优点是赋予大小地震相同的权重, 避免了较小震级地震对 b 值估计的影响。极大似然法的假设为震级是连续的随机变量, 同时没有设定震级的最大值, 然而实际中的震级并非连续的随机变量。如果简单假设震级为连续的随机变量, 会带来两类偏差: 第一类, 幂律分布的连续随机变量的震级均值 u 与震级进行分档后的震级均值 $\overline{M}$ 有差异; 第二类, 最小完备性震级 Mc 与真实值之间也存在一定差异。

第一类偏差, 主要是受震级归档效应影响, 即震级 M_i 实际代表 $M_i - \frac{\Delta M}{2} \leqslant M_i \leqslant M_i + \frac{\Delta M}{2}$ 范围内的地震, 其中 ΔM 为 $\frac{1}{2}$ 的震级间隔。在区间 $\left[M_i - \frac{\Delta M}{2}, M_i + \frac{\Delta M}{2} \right)$ 内震级-频数关系并非对

称或者均匀分布，而是服从指数分布，这意味着 $\left[M_i-\dfrac{\Delta M}{2}, M_i\right)$ 区间中的地震数量多于 $\left(M_i, M_i+\dfrac{\Delta M}{2}\right]$，区间的平均震级小于 M_i。因此，当震级间隔设置越大，采用极大似然法计算的平均震级 $\overline{M}$ 与实际的平均震级 u 之间的偏差越大。

对于第二类偏差，Utsu 最早提出可以对式(5-32)进行一个修改，由于完备性震级 Mc 对应的震级档实际包含 $Mc-\dfrac{\Delta M}{2}\leqslant Mc\leqslant Mc+\dfrac{\Delta M}{2}$ 范围内的所有地震，因此可以用真实的最小完备性震级 $Mc-\dfrac{\Delta M}{2}$ 代替 Mc，相应的式(5-32)变为式(5-33)。

$$b=\frac{1}{\ln 10 \cdot \left[\overline{M}-\left(Mc-\dfrac{\Delta M}{2}\right)\right]} \tag{5-33}$$

3）FGS 方法

前面提到，震级-频数分布不可避免会偏离 G-R 关系，一定程度上是由于小地震的缺失与大地震震级饱和，以及衰减修正不完善对震级-频数分布的影响。而在岩石声发射试验中，受定位精度等因素的影响，很多研究未对声发射信号幅值的衰减进行修正，而直接用传感器收到信号的显幅值进行 b 值估算，这就引出了一个问题：基于衰减后显幅值计算的 b 值是否能表征声发射事件震源处的幅值-频数分布特征。

基于对岩石声发射测试中 b 值的深入分析，以及弹性波衰减对声发射幅值分布的影响，Liu 等从统计学的角度探讨了衰减对幅值-频数分布的影响，理论上证明了衰减前后 b 值在一定区间内不变。也就是说，当震源幅值在有限区间内服从指数分布时，衰减后的幅值在一定区间内也服从相同的指数分布。基于此项研究，Liu 等提出了一种利用传感器接收到的显幅值估算岩石声发射 b 值的新方法——FGS 方法，该方法的计算步骤为：

（1）假设对数频率-幅值分布有 n 个点，A_{i-1} 和 A_i 是两个连续的幅值，则在 $A=A_i$ 的斜率定义可表示为

$$S(A_i)=\frac{\lg N_i-\lg N_{i-1}}{A_i-A_{i-1}} \tag{5-34}$$

然后计算每一段的斜率有 $n-1$ 个，用 std_0 来表示斜率的标准差，同样地，用 std_1 表示所有斜率小于 0 的标准差。

（2）定义一个区间 $\left[S(A_i)-r_0 std_1, S(A_i)+r_0 std_1\right]$，$r_0$ 是一个尺度参数，其最初设置为 0.1。对于每一个小于 0 的斜率，如果有最多斜率落在了 $A=A_i$ 的斜率范围内，用 $S(A_i)$ 代替 $S(A_{i0})$ 为基准斜率，并且落在此区间内最多的斜率个数记为 s，同时定义一个步距 $h=\dfrac{\max\{S(A_{i0})-\min[S(A_i)], \max[S(A_i)]-S(A_{i0})\}}{\dfrac{u+s}{std_0}}$，$u$ 是另一个类似于 r_0 的尺度参数，它的最初定义为 10。

（3）第 2 步定义的区间调整为 $\left[S(A_{i0})-kh, S(A_{i0})+kh\right]$，$k=1, 2, 3, 4, \cdots, m$。落在每个区间内的斜率数量形成一个 m 阶序列，记为 $\{temp1_m\}$，$\{temp1_m\}$ 的一阶差分形成了一个

$m-1$ 阶序列,记为 $\{temp2_{m-1}\}$。

(4) 利用 Fisher 最优分割法按照每一个的偏差平方和最小的原则把 $\{temp2_{m-1}\}$ 分成两类,如果 $k=k_i$ 是最优分割点,则获得了区间 $[S(A_{i0})-k_i h, S(A_{i0})+k_i h]$。在此分析中只考虑斜率小于 0,因此区间调整为 $[S(A_{i0})-k_i h, 0)$。

(5) 为了进一步优化基准斜率 $S(A_{i0})$,定义 $[S(A_{i0})-k_i h, 0)$ 内的斜率的标准差为 std_2,把落在区间 $[S(A_{i0})-std_2, 0)$ 两端异常的点剔除,最后把落在此区间内的点用广义线性回归求得的斜率记为基准斜率。

(6) 重复以上第 3 步和第 4 步,重新获得最优分割点,最后区间内最小的幅值和最大的幅值分别是此线性段的左端点和右端点。

(7) 利用全局搜索算法进行 1000 次计算,通过寻找线性段回归的最小误差方差,确定初始集 r_0 和 u 的最优值,最终筛选出幅值-频数分布的对数线性段。

根据筛选出来的幅值-频数分布的线性段,利用广义线性回归模型,并假设误差为泊松分布,对线性段进行拟合得到 b 值。

5.4.3　声发射信号 *Ib* 值

Shiotani 为了将 b 值分析应用于边坡破坏的评价,通过加入振幅分布的统计值,对 b 值的计算方法进行了修改,现在被称为 Ib 值(improved b-value)。改进 b 值(Ib 值)分析中的声发射振幅范围是根据均值和标准差等统计值确定的,如下式:

$$Ib = \frac{\lg N(\mu-\alpha_1 \sigma)-\lg N(\mu+\alpha_2 \sigma)}{(\alpha_1+\alpha_2)\sigma} \tag{5-35}$$

式中:μ 为声发射幅值分布中的平均幅值;σ 为标准差;α_1 为与较小振幅有关的系数;α_2 为与裂缝水平有关的系数。当要比较 b 值和 Ib 值时,应将 Ib 值乘以 20。

Ib 值是用于识别材料破坏过程的参数,反映声发射幅值的集中或者离散程度,声发射 Ib 值的增大表明大量低幅值事件的发生与裂隙延伸或剪切破坏有关,Ib 值减小表明少量的高能量事件与可能出现初始断裂尤其是较大尺度破坏有关。

5.4.4　声发射信号 *S* 值

地震学家经常使用的一个重要术语是地震活动性。这是对一地区地震活动状态的描述,在地震预报中,地震活动性的强弱也是重要的预报指标之一,常见的地震活动性描述为"空区"和"平静"。但是,所有这些概念,都是一种定性的"说法",在数学中是一些模糊概念。我们说地震活动性强或弱,什么算强,什么算弱,在地震学家心目中是有一定的依据和一些共同的标准的,但又不能确切地、严格地用某种数字表述。

为了定量地描述地震活动性,早在 1985 年,Ризниъеыко 曾经引入地震活动度 A 的概念,其基本思路是将 A 跟能级 K 的小震的频度 N_k 联系起来,将各地震震级折合到等效频度。但使用者发现由于高震级折合数太大,A 受大震级的控制太强,其方法并不理想。

1987 年,谷继成等根据模糊数学中关于描述一个模糊集合的模糊熵和欧几里得距离等数学概念,引入一个新的定量的模糊概念——地震活动度 S,来对地震活动性的强弱程度进行定量描述。地震活动度 S 包含了地震活动性的时、空、强等因素,即控制因素为地震频数、平均震级或平均释放能量、最大震级以及地震空间分布的集中度及其记忆效应。

用平均震中距离 d 描述地震分布的密度情况，如图 5-11 所示，d 越小则密度越大。设 (x_i, y_i)、(x_j, y_j) 是第 i、j 个地震的平面直角坐标值，或 (λ_i, φ_i)、(λ_j, φ_j) 是其经纬度值，则 d 由下式计算得到：

$$d = \frac{2}{N(N-1)} \sum d_{ij} \tag{5-36}$$

式中：

$$d_{ij} = \sqrt{(x_i - x_j)^2 + (y_i - y_j)^2} \tag{5-37}$$

或

$$d_{ij} = \sqrt{2} R_v \sin^{-1} \left[1 - \cos \varphi_i \cdot \cos \varphi_j \cdot \cos(\lambda_i - \lambda_j) - \sin \varphi_i \cdot \sin \varphi_j \right]^{\frac{1}{2}} \tag{5-38}$$

式中：R_v 为地球平均半径。

当考虑地震活动度随时间变化时，则除了上述的空间集中度外，还需考虑一种记忆效应。例如第一个时间段中有分布模式 $P(t)$，第二个时间段中有分布模式 $P(t')$，那么这两种分布之间（在空间分布上）又有影响，这种分布上的记忆性强弱，我们用两个分布模式 $P(t)$、$P(t')$ 的覆盖率来描述。设分布 $P(t)$ 的平均半径是 $d/2$，每一种分布模式所占面积为 $\pi d^2 / 4$，而分布 $P(t)$ 有 $\pi d'^2 / 4$。如图 5-11 所示，如果 O 和 O' 分别是分布 $P(t)$ 和 $P(t')$ 的原点，$L = \overline{OO'}$，则取记忆效应为

$$R = e^{\frac{L}{d+d'}} \tag{5-39}$$

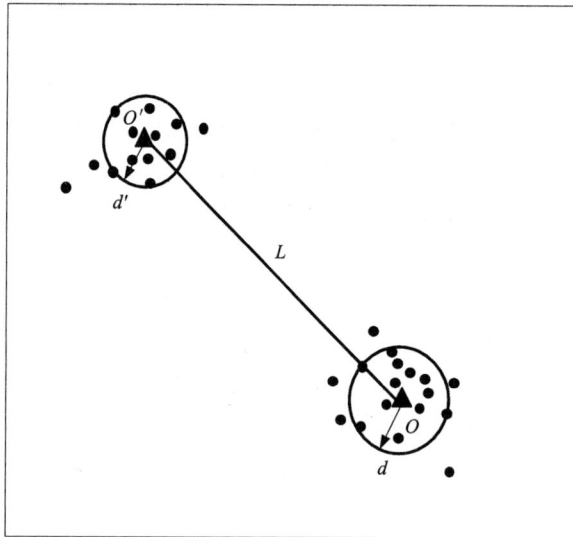

图 5-11　基于平均震中距离 d 描述地震分布的密度情况

由此，通过讨论各个指标的权重因子，最终得到地震活动性计算公式如下：

$$S = \lg(N+1) + 0.257 \lg \frac{1}{N} \sum_{i=1}^{N} 10^{1.5M_i} + 0.19 M_s + 0.375 \times 10^{-kd(1+R)} \tag{5-40}$$

式中：S 为地震活动度；N 为地震的总频数；M_i 为第 i 个地震的震级；M_s 为最大震级；k 为

常数。

当不考虑定位集中度和记忆效应时，式(5-40)可以简化为

$$S = 1.17 \cdot \lg(N + 1) + 0.29 \cdot \lg\left(\frac{1}{N}\sum_{i=1}^{N}10^{1.5M_i}\right) + 0.15M_s \tag{5-41}$$

在进行岩石声发射活动度分析时，震级 M_i 由 $(A_{dB}/20)$ 代替。

参考文献

[1] (日)胜山邦久. 声发射 AE 技术的应用[M]. 冯夏庭, 译. 北京: 冶金工业出版社, 1996.

[2] 李孟源. 声发射检测及信号处理[M]. 北京: 科学出版社, 2010.

[3] 沈功田. 声发射检测技术及应用[M]. 北京: 科学出版社, 2015.

[4] 郑海起, 康海英, 金海薇. 频谱与频谱密度的概念和应用[J]. 全国高校机械工程测试技术研究会. 中国振动工程学会动态测试专业委员会代表大会暨学术年会. 2004.

[5] Tensi H M. The Kaiser-effect and its scientific background[J]. Journal of Acoustic Emission, 2004, 22: s1-s16.

[6] 吴顺川, 甘一雄, 任义, 等. 基于 RA 与 AF 值的声发射指标在隧道监测中的可行性[J]. 工程科学学报, 2020, 42(6): 723-730.

[7] 郑确, 刘财, 田有, 等. 地震活动性中震级–频度关系研究进展与再认识[J]. 地球物理学进展, 2018, 33(5): 1879-1889.

[8] Carpinteri A., Lacidogna G. Earthquakes and acoustic emission [M]. Netherlands: Taylor & Francis/Balkema, 2007.

[9] Rao M V M S, Lakshmi K J. Analysis of b-value and improved b-value of acoustic emissions accompanying rock fracture[J]. Current Science, 2005, 89: 1577-1582.

[10] Colombo I S, Main I G, Forde M. Assessing damage of reinforced concrete beam using "b-value" analysis of acoustic emission signals[J]. Journal of Materials in Civil Engineering, 2003, 15(3): 280-286.

[11] Shiotani T, Luo X, Haya H, et al. Damage quantification for concrete structures by improved b-value analysis ofae[C]. Earthquakes and Acoustic Emission: Selected Papers from the 11th International Conference on Fracture. Turin: CRC Press, 2007: 181.

[12] Lockner D A, Byerlee J D, Kuksenko V, et al. Quasi-static fault growth and shear fracture energy in granite [J]. Nature, 1991, 350(6313): 39-42.

[13] Kwiatek G, Goebel T H W, Dresen G. Seismic moment tensor and b value variations over successive seismic cycles in laboratory stick-slip experiments [J]. Geophysical Research Letters, 2014, 41(16): 5838-5846.

[14] Liu X L, Han M S, He W, et al. A new b value estimation method in rock acoustic emission testing [J]. Journal of Geophysical Research: Solid Earth, 2020, 125(12): e2020JB019658.

[15] Chen D L, Liu X L, He W, et al. Effect of attenuation on amplitude distribution and b value in rock acoustic emission tests[J]. Geophysical Journal International, 2021, 229(2): 933-947.

[16] Shiotani T. Evaluation of progressive failure using AE sources and improved b-value on slope model tests [J]. Progress in Acoustic Emission VII, JSNDI, 1994: 529-534.

[17] Shiotani T. Application of the AE improved b-value to quantiative evaluation of fracture process in concrete-materials[J]. Journal of Acoustic Emission, 2001, 19: 118-133.

[18] Shiotani T, Ohtsu M. Prediction of slope failure based on AE activity [J]. ASTM Special Technical

Publication，1999，1353：156-174.

［19］Shiotani T，Ohtsu M，Ikeda K. Detection and evaluation of AE waves due to rock deformation［J］. Construction and Building Materials，2001，15(5-6)：235-246.

［20］Shiotani T，Ohtsu M，Monma K. Rock failure evaluation by AE improved b-value［J］. JSNDI & ASNT，Proc. 2nd Japan-US Sym. on Advances in NDT，1998：421-426.

［21］谷继成，魏富胜. 论地震活动性的定量化：地震活动度[J]. 中国地震，1987，3(S1)：14-24.

［22］Physical Acoustics Corporation. PCI-2 based AE system user's manual［M］. 2007.

［23］Grosse C U，Ohtsu M. Acoustic emission testing［M］. Berlin：Springer-Verlag，2008.

第6章　声发射源定位

目前，声发射监测技术已广泛应用于矿山开采、深埋隧道、核废料处置等地下工程，是岩体工程灾害防控体系的重要组成。声发射源定位可以实时捕捉和评估潜在危险区域的孕育过程，为地下工程高应力区域能量调控、潜在失稳灾害预警等防控手段的实施提供支撑。目前，声发射源定位技术在更新迭代过程中取得了长足进步，基于不同的定位思想逐渐发展出诸多经典的声发射源定位方法，适用于更为复杂的实验室和工程场景。

声发射源定位的目的是准确定位出被检测件在某一范围内的损伤位置。通过在材料表面按一定的几何关系安装声发射传感器，在检测过程中根据传感器监测到的声发射信号特征参数计算出声发射源（即损伤源）位置的方法称为声发射源定位法。根据声发射监测原理可知，声发射监测主要包括三个方面：分析声发射源性质、评估声发射源的严重程度、准确确定声发射源位置。其中，声发射源定位一直是声发射监测技术研究的重点和难点。

常用的声发射源定位方法主要有基于时差的声发射源定位方法和基于互相关时延估计的声发射源定位方法。按照声发射源定位的目的，其分线性定位、平面定位、三维立体定位。常用的几种定位算法主要有最小二乘法、Bayesian 定位方法、慢度离差法、相对定位法、Geiger 定位方法和单纯形定位方法。时差定位就是经到时差、波速、传感器间距等参数的测量及复杂的算法运算，可确定声源的坐标或位置，是目前最普遍的声发射源定位方法。本章主要介绍震源定位的理论与方法，并分析震源定位精度的影响因素。

6.1　震源定位的历史及方法

声发射分析中的定量方法需要定位技术来尽可能准确地提取声发射事件源的坐标。在实践中有许多不同的方法来定位声发射源，可以用来在一维、二维或三维空间中获得所需的分辨率。最合适的技术取决于实验的目的、所需要的解决方案和几何形状。

声发射源定位方法是在地震学的框架下发展起来的，震源定位原理只需稍加修改即可直接应用于声发射源定位。关于地震的定位方法，Aki 和 Richards、Shearer、Bormann 分别在1980 年、1999 年和 2002 年对其进行了详细的总结和描述。1912 年 Geiger 提出的 Geiger 迭代定位算法，其实质是将非线性方程组线性化，并通过最小二乘法原理求解，该方法需要求解偏导数和逆矩阵，计算量很大。1928 年 Inglada 提出了 Inglada 线性非迭代震源定位方法。美国矿业局（USBM）研究人员于 20 世纪 70 年代初期提出了 USBM 震源定位方法。1979 年，唐兴国将 Powell 直接搜索法用于震源定位，得到了较好的定位效果。1985 年，Thurber 采用包含二阶偏导数的非线性牛顿法来进行定位计算，二阶偏导数的引入虽然提高了算法的稳定性，但是同时也大大增加了计算量。20世纪80年代末单纯形法被引入震源定位中。1993年，Sambridge等应用遗传算法进行震源定位计算。1999年，周民都等采用遗传算法对15个地震事件进行了定位，并与Powell等方法进行对比，发现遗传算法给出的定位结果在震源深度和发震时刻上更具优势。2000年Waldhauser和Ellsworth提出的双差定位法，也都是针对震源定位提出的。

随着震源定位方法的发展和不断完善，声发射源定位技术的研究和应用也随之迈入新进程，人们开始对不同材料进行声发射源定位。相关声发射源定位的例子，具体可参考Grosse（1996）、Zang等人（1998）、Ohtsu（1998）、Köppel和Grosse（2000）、Moriya等人（2002）、Finck等人（2003）、Sellers等人（2003）以及Schechinger（2005）等文献（见章节后参考文献）。

目前震源定位中应用最多的就是Geiger提出的经典方法以及在此基础上建立的各种线性方法，这类方法在很大程度上依赖于初始值的选取，如果初始值选取不当，将造成迭代过程的失稳或发散，特别是当系统本身不稳定时，发散问题会更加严重。到目前为止，大部分经典的震源定位方法仍在使用，其中，基于到时的经典定位方法易受到时拾取精度和波速模型的影响，进而出现定位结果精度低的问题。进入21世纪后，上述经典方法的改良或多种方法的优化组合应用被相继提出，同时出现了以逆时成像、干涉成像为代表的新的震源定位方法，通过优化和改造有望应用到微震及声发射源定位中。

震源定位方法有很多，从原理出发则主要为两类，分别为基于到时的定位方法和基于波形互相关技术的定位方法。

6.2　基于到时的定位方法

基于到时的定位方法主要有两种，分别为基于到时的定位和基于到时差的定位，两者都有相同的基本假设，即所有传感器接收的信号都来自同一个震源。其中，基于到时的定位允许声发射源的位置确定为计算坐标；基于到时差的定位则需计算传感器阵列中每个传感器处应力波到达时间的差值，这种方法也称为"三角法"。这两种方法都是基于P波传播时间的震源定位方法，都需要拾取P波到时，并测定P波速度。

6.2.1　P波到时拾取方法

1) *STA/LTA* 法

长短时窗比法（short time window average/ long time window average，*STA/LTA*）是目前广为使用的到时拾取方法之一，在1986年由Stevenson提出。其原理为：在信号到达时，信号到达附近的 $\frac{STA}{LTA}$ 值会较平静时的 $\frac{STA}{LTA}$ 值有突变。依此，可以设置一个阈值，将 $\frac{STA}{LTA}$ 的值首次到达阈值的时刻判断为到时，其计算步骤为：

(1) 分别确定长短时窗的长度 W_{LTA}、W_{STA} 以及阈值 λ。

(2) 分别计算长短时窗内的数据点的绝对值的平均值，记为 $\bar{x}_L$、$\bar{x}_S$。

（3）当所求的$\dfrac{STA}{LTA}$值$\dfrac{\bar{x}_S}{\bar{x}_L}$首次大于或等于 λ 时，则视为触发阈值点，获取对应的到时，用公式可以表示为

$$\frac{STA(k)}{LTA(k)} = \frac{\dfrac{1}{W_{STA}} \displaystyle\sum_{n-k-W_{STA}}^{k} |x(n)|}{\dfrac{1}{W_{LTA}} \displaystyle\sum_{n-k-W_{LTA}}^{k} |x(n)|} \tag{6-1}$$

式中：k 代表第 k 个采样点，且有 $k = W_{LTA}$，$W_{LTA}+1$，$\cdots$，N。

当$\dfrac{STA}{LTA}$的比值首次到达阈值 λ 时，则判断此时刻为到时。

图 6-1 显示了典型的震源波形图像及其$\dfrac{STA}{LTA}$到时拾取方法的原理。图中横坐标为时间，纵坐标为震源信号的电压值（使用的传感器为压电式传感器）。

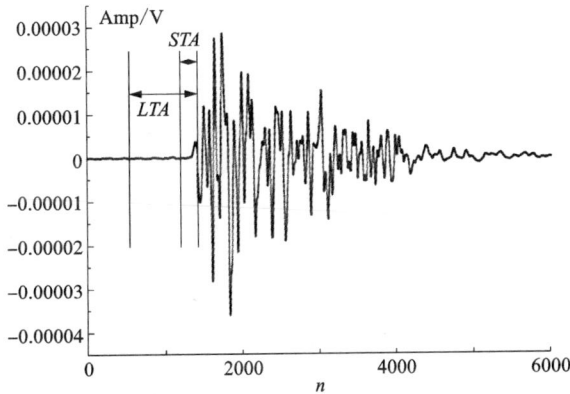

图 6-1　典型的震源信号及其 *STA/LTA* 拾取示意图

可以看出，$\dfrac{STA}{LTA}$算法的本质是根据短时窗中包含的起振幅值，使短时窗内的幅度均值大于长时窗中的幅度均值来对初至时间进行选取的。

假设 $LTA = a * STA$，则可以得到式（6-2）：

$$\frac{STA(k)}{LTA(k)} = \frac{\dfrac{1}{W_{STA}} \displaystyle\sum_{n-k-W_{STA}}^{k} |x(n)|}{\dfrac{1}{W_{LTA}} \displaystyle\sum_{n-k-W_{LTA}}^{k} |x(n)|} = a * \frac{\displaystyle\sum_{n-k-W_{STA}}^{k} |x(n)|}{\displaystyle\sum_{n-k-W_{LTA}}^{k} |x(n)|} \tag{6-2}$$

进一步假设在长时窗与短时窗的交集内，震源幅值接近于 0，且短时窗的长度足够小，则可以获得式（6-3）：

$$\sum_{n-k-W_{STA}}^{k} |x(n)| = \sum_{n-k-W_{LTA}}^{k} |x(n)| \tag{6-3}$$

代入式（6-2），可以得到式（6-4）：

$$\frac{STA(k)}{LTA(k)} = \frac{\dfrac{1}{W_{STA}}\sum\limits_{n-k-W_{STA}}^{k} |x(n)|}{\dfrac{1}{W_{LTA}}\sum\limits_{n-k-W_{LTA}}^{k} |x(n)|} = p \tag{6-4}$$

由此可以得知，在无背景噪声的条件下，$\dfrac{STA}{LTA}$算法的阈值选取与长时窗长度和短时窗长度之比相关。因此，实际的拾取过程中，应该根据不同的参数值对阈值进行选取。

2) $PAI\text{-}k$ 法

$PAI\text{-}k$ 拾取算法的原理是，一般噪声信号满足高斯分布，此时，峰度统计量 K 约等于 0，当 P 波到达时，信号不再符合高斯分布特征，峰度值会突然增大，此时，可以根据这一性质，将峰度值最大处作为到时触发点，从而拾取得到震源信号的到时。

对于包含 N 个采样点的震源数据，其 $PAI\text{-}k$ 到时拾取方法的步骤为：

(1) 选定滑动时长长度参数 M 的值。

(2) 计算震源数据中各采样点 k 处的滑动峰度值 $K(k)$，滑动峰度值的定义如式(6-5)。

$$K(k) = (M-1)\frac{\sum\limits_{n-k-W_{STA}}^{k}[x(n)-\hat{m}_k]^4}{\left\{\sum\limits_{n-k-W_{STA}}^{k}[x(n)-\hat{m}_k]^2\right\}^2} - 3 \tag{6-5}$$

式中：$k = M, M+1, \cdots, N$。

(3) 在获得所有采样点的峰度值之后，选取其中的最大值，最大峰度值对应的 k 即为所拾取到的到时。

由式(6-5)可以看出，与 $PAI\text{-}k$ 拾取方法相关的参数仅为滑动时长的长度 M，较 $\dfrac{STA}{LTA}$ 法受到的参数影响较少。

3) AIC 法

赤池信息准则(akaike information criterion, AIC)是评估统计模型的复杂度和衡量统计模型资料拟合程度的一种标准，是由日本统计学家赤池弘次创立和发展的。赤池信息准则建立在信息熵的概念基础上，可权衡所估计模型的复杂度和此模型拟合数据的优良性。

AIC 的定义为式(6-6)：

$$AIC = 2\lg(f_{\max}) + 2n \tag{6-6}$$

式中：$f_{\max}$ 为最大的频度；n 为参数的个数。

l 次的自回归过程的 AIC 可以表示为式(6-7)：

$$AIC = n(\lg\sigma^2 + \lg 2\pi + 1) + 2(l+2) \tag{6-7}$$

式中：σ^2 为自回归模型的方差；n 为数据量。

对于获得的震源波形数据，可以看作是一个时间序列。假设其含有 n 个采样点，采用 AIC 方法对其进行模式划分。假设在采样点 x_k 处可以正确地将波形数据划分为平静期和接收区两个部分，则对这两部分采用 AIC 准则对该模型进行判断，当在 x_k 处的 AIC 值取到最小时，即可认为 x_k 正确地将波形数据划分为两部分，即此时 x_k 对应的到时数据为所拾取的最佳到时。

设震源数据有 n 个采样点，在 x_i 处，将所有 n 个采样点分割为两部分，前一部分为 x_1，x_2，…，x_{i-1}，x_i，后一部分的 $n-i$ 个分量为 x_{i+1}，x_{i+2}，…，x_{n-1}，x_n，其对应的 AIC 值可以表示为式(6-8)：

$$AIC = AIC_1 + AIC_2 = k\lg\sigma_1^2 + (n-k)\lg\sigma_2^2 + n(\lg2\pi+1) + 2(l_1+l_2+4) \tag{6-8}$$

式中：σ_1^2、σ_2^2 分别为震源数据的第一部分及第二部分的方差；l_1、l_2 分别为第一部分和第二部分的自回归次数。

当式(6-8)取到最小值时，对应的 x_i 所在的到时即为 AIC 法所拾取到的震源到时数据。将式(6-8)进行简化，可以得到式(6-9)：

$$\min = k\lg\sigma_1^2 + (n-k)\lg\sigma_2^2 \tag{6-9}$$

即对每个数据点，首先分别计算其前半部分的方差值及后半部分的方差值，再计算方差值与对应数据量之间的乘积，当式(6-9)中两部分之和最小时，对应的数据点即为到时所在的数据点。

由上述步骤可以看出，AIC 法没有参数的影响，与 STA/LTA 及 $PAI-k$ 算法相比，不会产生参数所引起的误差。

6.2.2　P 波速度测定

前面 3.2.2 节中提到，弹性波速度受很多因素的影响，而不同目的的声发射试验条件都不同，对 P 波速度测定的影响很大。如果使用单一波速进行定位，定位精度会受到极大的影响。因此，需采用合适的方法在加载过程中测定不同加载阶段不同方向上的波速，才有利于实现震源的精确定位。

以 Lei 等的方法为例，在圆柱形岩石试样表面安装多达 32 个压电传感器(PZT)，用于监测声发射信号和测量 P 波速度，如图 6-2 所示。传感器直径 5 mm，厚度 1 mm，谐振频率为 2 MHz。6 对 X 型应变片固定在试样表面的中间位置，接收器和触发器之间的变化由自动开关控制。信号在输入波形记录系统之前被放大到 40 dB，该系统采样频率可达 40 ns，动态范围为 12 位。使用 2 个 16 位的模拟数字 A/D 板记录应力、应变和围压，测试系统框架如图 6-3 所示。在试验过程中，利用自动开关控制盒将一些传感器在声发射采集和 P 波速度测量之间进行切换，连接传感器至脉冲激发器，在岩样中激发脉冲，其他传感器接收激发的信

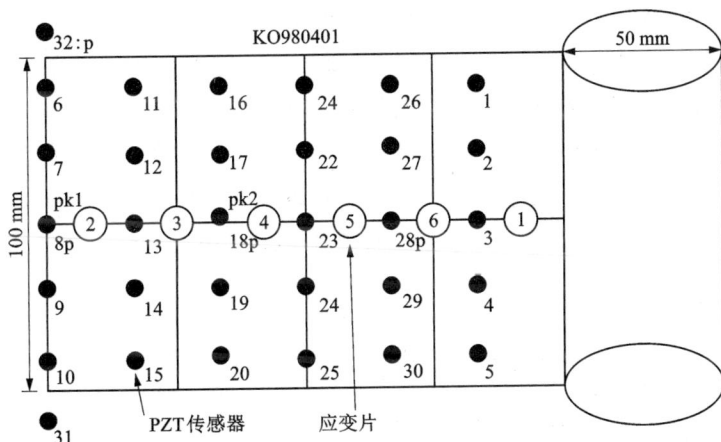

图 6-2　试样表面传感器及应变片布置图

号,通过变换不同传感器激发脉冲,这样就可以得到岩样中不同路径的 P 波速度和波速层析成像,并对不同加载阶段的 P 波速度进行测量,从而利用 P 波初至时间和实测 P 波速度自动确定不同加载阶段下声发射震源的位置。

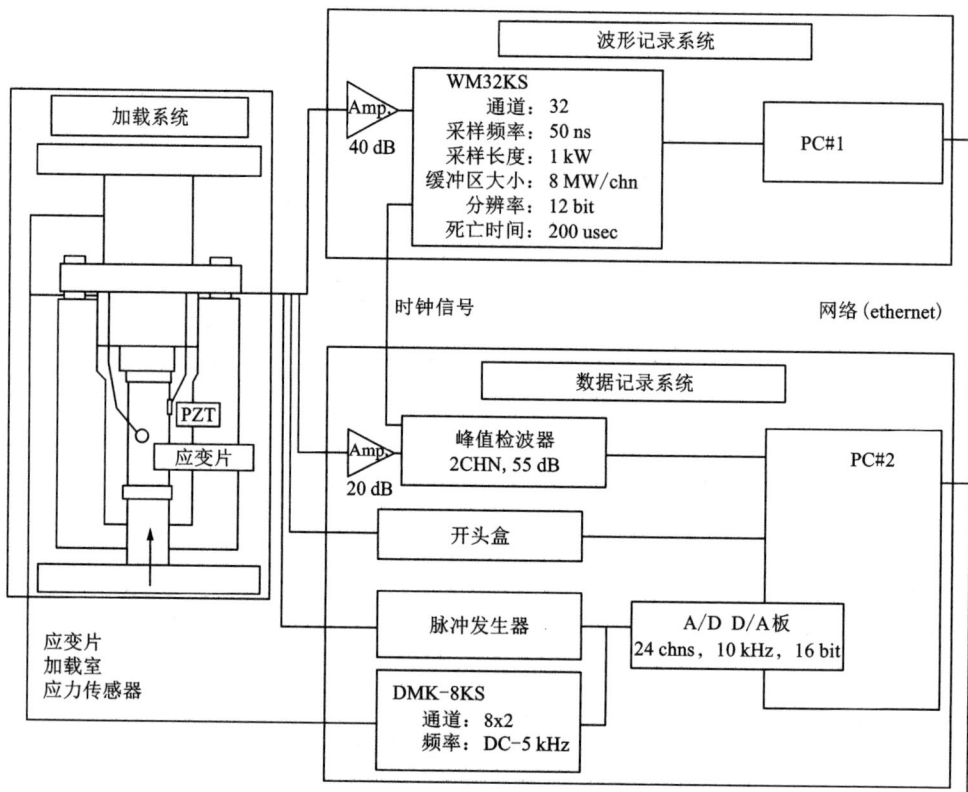

图 6-3 测试系统框架示意图

6.2.3 基于到时的定位算法

由于 P 波传播速度最快,而且初至时间易于识别,一般情况下宜采用 P 波定位。采用此法定位时,需假设岩层是均匀速度模型,P 波传播速度为已知,同时要在至少 4 个以上不同地点布设监测台站。假定震源到各台站间的岩层均匀(即均匀速度模型),则 P 波的传播速度 C_{con} 为定值。震源坐标为 (x_0, y_0, z_0);$T_i(i=1, 2, \cdots, n)$ 为第 i 个监测台站,各台站坐标是 $(x_i, y_i, z_i)(i=1, 2, \cdots, n)$;$l_i(i=1, 2, \cdots, n)$ 为各台站至震源的距离;$t_i(i=1, 2, \cdots, n)$ 为 P 波到达各台站的时刻,t_0 为震源产生的时刻,则有式(6-10):

$$t_i = \frac{l_i}{C_{con}} + t_0 \tag{6-10}$$

由空间两点间距离公式,可得式(6-11):

$$l_i = \sqrt{(x_i - x_0)^2 + (y_i - y_0)^2 + (z_i - z_0)^2} \tag{6-11}$$

将式(6-11)代入式(6-10)中,可得式(6-12):

$$t_i = \frac{l_i}{C_{con}} + t_0 = \frac{\sqrt{(x_i-x_0)^2 + (y_i-y_0)^2 + (z_i-z_0)^2}}{C_{con}} + t_0 \, (i = 1, 2, \cdots, n) \tag{6-12}$$

式中：t_i，C_{con}，(x_i, y_i, z_i) 均为已知量；地震事件震源位置 (x_0, y_0, z_0) 和震源产生的时刻 t_0 属未知量，需要求解。

设 $\bar{t}$ 为 P 波到达各台站的平均时刻，$\bar{l}$ 为各台站至震源的平均距离，则

$$\bar{t} = \frac{1}{n} \sum_{i=1}^{n} t_i = \frac{1}{n} \sum_{i=1}^{n} \left(\frac{l_i}{C_{con}} + t_0 \right) = \frac{1}{n} \sum_{i=1}^{n} \frac{l_i}{C_{con}} + t_0 = \frac{\bar{l}}{C_{con}} + t_0 \tag{6-13}$$

$$\bar{l} = \frac{1}{n} \sum_{i=1}^{n} l_i = \frac{1}{n} \sum_{i=1}^{n} \sqrt{(x_i - x_0)^2 + (y_i - y_0)^2 + (z_i - z_0)^2} \tag{6-14}$$

由式 (6-12) 和式 (6-13) 可以构成最小二乘函数，即式 (6-15)：

$$\min f_k = \sum_{i=1}^{n} (t_i - \bar{t})^2 \tag{6-15}$$

式 (6-15) 是一个非线性拟合问题，求其最小二乘解，即可得到震源位置 (x_0, y_0, z_0) 以及震源产生时刻 t_0 的解。

6.2.4　基于到时差的定位算法

设第 k 个传感器计算到时为式 (6-16)：

$$t_k = t_0 + \frac{\sqrt{(x_i-x_0)^2 + (y_i-y_0)^2 + (z_i-z_0)^2}}{C_{con}} \tag{6-16}$$

2 个不同的传感器 i 和 j 的到时之差为式 (6-17)：

$$\Delta t_{ij} = t_i - t_j = \frac{L_i - L_j}{C_{con}} \tag{6-17}$$

其中，

$$L_i = \sqrt{(x_i-x_0)^2 + (y_i-y_0)^2 + (z_i-z_0)^2}$$

$$L_j = \sqrt{(x_j-x_0)^2 + (y_j-y_0)^2 + (z_j-z_0)^2}$$

对于每一组观测值 $(x_{ik}, y_{ik}, z_{ik}; x_{jk}, y_{jk}, z_{jk})$，式 (6-17) 可确定一个回归值，即式 (6-18)：

$$\Delta \hat{t}_{ij} = t_i - t_j = \frac{L_i - L_j}{C_{con}} \tag{6-18}$$

用这个回归值 $\Delta \hat{t}_{ij}$ 与实测值 Δt_{ij} 之差来描述回归值与实测值的偏离程度。对于 $(x_{ik}, y_{ik}, z_{ik}; x_{jk}, y_{jk}, z_{jk})$，$\Delta t_{ij}$ 与 $\Delta \hat{t}_{ij}$ 的偏离越小，则认为直线和所有的试验点的拟合度越好。全部观察值 Δt_{ij} 与拟合值 $\Delta \hat{t}_{ij}$ 的偏离平方和可描述全部观察值与拟合值的偏离程度，则 (x_0, y_0, z_0) 应使得 $Q(x_0, y_0, z_0)$ 达到最小，即 (6-19)：

$$Q(x_0, y_0, z_0) = \sum_{i,j=1}^{n} \left(\Delta \hat{t}_{ij} - \frac{L_i - L_j}{C_{con}} \right)^2 = \min \tag{6-19}$$

将该方法称为传统方法，有 3 个未知数，但作为三维定位，仍至少需 4 个传感器。

6.2.5 其他定位算法

1）非线性定位算法

近年来，非线性方法论已成为自然科学领域的前沿。由于大多数地球物理问题都是非线性问题，因此在解决地球物理问题时，非线性方法往往比线性方法更加接近实际情况。各种非线性优化方法得到了迅速发展，包括最速下降法、牛顿法和共轭梯度法等基于导数运算的方法；包括蒙特卡罗方法、遗传算法（GA）、模拟退火法（SA）、随机搜索和单纯形搜索算法等基于非导数的非线性方法。此外，基于波动方程的震源定位算法也是一种非线性定位方法，可同时获得源位置和速度反演信息。由于计算机技术飞速发展，非线性方法在地球物理反演中发挥了重要作用。

Powell 定位算法是一种搜索目标函数最小值的直接方法。该方法不需要计算偏导数或逆矩阵，对初始迭代值要求低，具有良好的适应性。其基本原则是将整个计算过程分为几个阶段，每个阶段（一次迭代）由 $n+1$ 个一维搜索组成。在每个阶段，首先沿着已知的 n 个方向搜索以获得最佳点，然后沿着连接该阶段的初始点和最佳点的路径搜索以找到下一个最佳点，使用最后的搜索方向替换前 n 个方向中的一个最佳点以开始下一个阶段，直到计算的残差值小于给定的允许误差或迭代次数已达到约束值为止。Powelll 定位算法也广泛应用于地震的震源定位。

蒙特卡罗法最初是由 Metropolis 和 Ulam 提出的，与穷举方法相比，该方法在模型空间中并没有进行完全搜索，而是进行随机搜索。实践表明，如果在模型空间中随机选择模型并找到目标函数的全局最小值，与规划模型空间的大空间相比，能够节省大量时间来计算模型的全局最小值，但是工作量仍然较大，并且不能保证搜索到的最小值是全局最小值。同时，蒙特卡罗方法的固有随机性可能会导致计算的失败。

1962 年，Spendley 等人提出了单纯形法作为几何搜索方法，单纯形法具有每次迭代优于前一次迭代的性质，因此，只能通过进行重复迭代才能获得最优解。同时，单纯形法也可以用于判断是否存在最优解。Nelder 和 Mead 于 1965 年提出了一种基于 Spendley 的单纯形法的迭代搜索方法。Prugger 和 Gendzwill 将单纯形法引入地震定位中，并获得了较为满意的定位结果，该方法避免了导数运算和矩阵转置运算，大大降低了计算的复杂度。

遗传算法也是一种非线性全局优化算法，其基本思想是模仿生物界的遗传过程。使用遗传算法的第一步是对问题的参数进行编码，通常以二进制数对参数进行编码。对于地震的定位，所涉及的参数是 (x, y, z, t_0)，并对此参数的最大值及最小值进行编码，随机生成一组个体，称为群体。计算得到的时间和实际观测时间之间的残差作为适应度函数。残差越小，个体的生存概率越高；随之，该个体作为父母的概率也越高。后代可以通过交叉产生，并且引入一定的突变概率以丰富群体的多样性。对获得的后代重复上述过程，直到满足停止的规则，或者获得了具有最高适应度函数的个体时，所得到的个体即为最佳的震源参数。遗传算法的优点在于求解过程只与对象有关。它只需要进行交叉和变异等简单的操作，无须计算导数等复杂的数学运算，具有良好的全局优化能力。现遗传算法已广泛应用于震源定位和地球物理反演等学科领域。

预先测量的波速可能导致震源定位结果存在较大的误差，针对此问题，董陇军等人提出了基于无需预先测速的微震及声发射源定位方法，并进行了断铅及花岗岩加热破裂试验，对该算法的准确性及适用性进行了评估。结果表明，该方法的定位精度较预先测速的算法有了显著提高，优于使用传统定位方法预测波速的结果。另外，董陇军等基于到时差模型的震源定位函数，提出了一种无需预先测速的多步定位方法，称为 MLM。根据初始定位结果中所获得的最小和最大的波速值，代入下一次定位计算中作为波速的约束条件，由此，可以连续缩小速度的差异。重复上述步骤，直到所获波速的最大值与最小值之间的差达到预设的阈值，此时获得的坐标数据即为所需要的震源坐标。与传统的定位方法（TLM）和 TD 方法相比，MLM 可以提高复杂环境中的定位精度和计算效率。

2）联合定位算法

单事件定位算法主要涉及定位算法效率的优化问题，而忽略了到时及波速结构的简化对定位结果的影响，并且波速结构的简化是影响定位精度的重要因素。可以通过将校正参数添加到到时残差公式中，来描述到时对定位结果的影响。由简化的波速结构引起的误差可以通过震源参数和波速结构的联合反演来解决。联合反演问题不再是单一求解震源的位置，而是求解震源区域的位置。下面简单介绍几种主要的联合反演方法。

1976 年，Crosson 首次提出了震源位置和波速结构的联合反演算法。该方法使用优化的最小二乘法，并将波速结构设为震源的未知参数之一，以减少由简化的波速结构而引起的定位误差。通过该方法可以得到地震参数以及速度结构信息，即使在速度结构中存在低速区域，仍能得到合理的结果。

Hales 将一个用于描述台站校正的参量加入观察到的走时和地震的行程时间表中，记录走时之间的差异。1967 年，Douglas 提出了联合震中测定法（JED），该算法将台站的校正参量 Δt_0^s 添加到残差公式中进行联合反演运算，获得地震事件的坐标和台站位置的联合反演。

Dewey 提出了一种对 Douglas 的定位算法进行优化的定位算法，称为联合中心测定法（JHD），并将其用于委内瑞拉西部地震事件的重新定位。Pavlis 和 Booker 于 1983 年提出了基于 JHD 参数分离的 PMLE 方法，PMLE 只需较少的计算并且具有很强的稳定性。

3）相对定位算法

Spence 提出了基于多事件联合定位算法的主事件定位算法，该算法是基于 P 波到时差的相对定位算法。主事件定位算法是由 JED 算法演化而来，该定位算法的原理是，当两个事件之间的距离远小于两个事件与台站之间的距离时，可以认为两个事件和台站之间的时间差由相对距离和事件之间的波速确定。因此，该算法可以消除震源和台站之间复杂波速结构的影响。在该方法中，选择一个已确定位置的地震事件，称为主事件，并计算围绕它的一组地震位置以确定这些事件的源位置。该定位方法不需要进行迭代计算，但是该定位方法的准确性取决于主事件的选择。

如果两个地震的震源机制相似且间隔很近，则在同一台站上记录的传播路径和波形是相似的。通过使用波形互相关技术，事件之间的到时差可以精确到毫秒级别，两次地震之间的相对误差可以减少到几十米。Waldhauser 和 Ellsworth 提出了双差定位算法（DD）且基于该算法开发了一个震源定位程序——hypoDD，并将该算法应用于加利福尼亚州海沃德断层的地震定位中。双差定位算法与其他的定位算法的区别在于，该方法不需要台站的校正项来消除速度结构的影响。它的突出优点是可以使用波形的互相关分析来选择震源事件的到达时间，并大大提高到时数据的准确性。同时，双差定位算法还反映了地震群中每个地震与预先选定的地震源的相对位置，这与主事件定位方法有很大的不同，该算法的适用性也大大提高。此外，双差法的抗干扰性和鲁棒性也很强。

综上所述，在对震源进行定位的过程中，到时拾取的精度、波速结构模型的选取以及定位算法的选取都会对定位结果产生极大的影响。另外，在工程实际中，存在的背景噪声可能会引起监测传感器的误触发，导致到时数据存在异常。目前国内外现有的震源定位算法主要考虑波速模型的优化以及算法精确度和效率的优化，而极少考虑到时数据中的异常数据对定位精度的影响。因此，消除异常到时数据对定位精度的影响，并综合考虑波速模型的优化，对震源位置进行精确定位，是对现有震源定位方法的良好补充，也能够进一步推广微震及声发射监测技术在岩土工程中的应用。

6.3 基于波形互相关技术的定位方法

设 $x(t)$ 和 $y(t)$ 为随机变量，$x(t)$ 在 t 时间时，$y(t)$ 在 $(t+\tau)$ 时的乘积平均值为

$$R_{xy}(\tau) = \frac{1}{N} \sum_{1}^{N} x(t) y(t + \tau) \tag{6-20}$$

称式(6-20)为 $x(t)$ 和 $y(t)$ 的互相关函数。

如果对 $x(t)$ 和 $y(t)$ 以 Δt 的时间间隔采样，而 $\Delta \tau = \Delta t$，那么 $t = n\Delta t$，$t = r\Delta t$。n 为延迟时间序列，r 为时间序列，则

$$R_{xy} = \frac{1}{N} \sum_{1}^{N} x(r) y(r + n) \tag{6-21}$$

$x(t)$ 和 $y(t)$ 均为物理单位，$R_{xy}(n)$ 的值无法说明 $x(t)$ 和 $y(t)$ 有多高的相关程度，所以在实际数据处理过程中，一般用相关系数表示，即

$$\rho_{xy}(\tau) = \frac{R_{xy}(\tau)}{\sqrt{R_x(0)^2}}, \ |\rho_{xy}(\tau)| \leqslant 1 \tag{6-22}$$

在实际定位中对已知点的定位需要知道时间，其具体实现过程以图 6-4 为例，将传感器 1 和传感器 2 接收到的声发射信号直接做互相关分析。找出传感器接收到的两个震源信号的互相关系数最大值 $R_{xy}(m_{peak})$ 对应的时间延迟，为 τ。试验过程中设置的采样点为 N，采用 $N =$ length(x) 来取，x 为采样数据，满足计算机内存

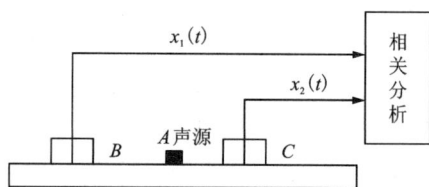

图 6-4 互相关传感器图

和 FFT 计算精度即可，传感器 1 和 2 之间的时间延迟公式为

$$\tau = \frac{N - \phi}{f_s} \tag{6-23}$$

式中：f_s 为采样频率；ϕ 为互相关系数最大值 $R_{xy}(m_{peak})$ 对应的采样点。

利用互相关对未知点实现空间定位(算法采用最小二乘法)，这种方法在理论上至少需要 4 个传感器，得到 3 组方程，进行联立求解。接收到的信号两两之间做互相关分析，就可以得到 3 个时间延迟，再用最小二乘法做空间定位求解，即可得到定位点。

定位实现是在各向同性的介质中建立坐标系，其计算模型为 $A_1(x_1, y_1, z_1)$，$A_2(x_2, y_2,$

z_2），$A_3(x_3, y_3, z_3)$，$A_4(x_4, y_4, z_4)$，分别是 4 个传感器的坐标，设 G 点为震源，坐标为 $G(x, y, z)$。

对于 A_1 和 A_2，有

$$v\Delta_{12} = \sqrt{(x-x_2)^2 + (y-y_2)^2 + (z-z_2)^2} - \sqrt{(x-x_1)^2 + (y-y_1)^2 + (z-z_1)^2} \qquad (6-24)$$

对于 A_2 和 A_3，有

$$v\Delta_{23} = \sqrt{(x-x_3)^2 + (y-y_3)^2 + (z-z_3)^2} - \sqrt{(x-x_2)^2 + (y-y_2)^2 + (z-z_2)^2} \qquad (6-25)$$

对于 A_3 和 A_4，有

$$v\Delta_{34} = \sqrt{(x-x_4)^2 + (y-y_4)^2 + (z-z_4)^2} - \sqrt{(x-x_3)^2 + (y-y_3)^2 + (z-z_3)^2} \qquad (6-26)$$

式中：v 为波速；Δ_{ij} 为震源信号从 G 点到达第 i 个传感器和第 j 个传感器的时间差。

综合方程组求解，求出声发射源 G 点的坐标。将利用式（6-23）求解的时间 τ 代替 Δ_{ij}，即可实现空间定位。但这样得到的互相关图波形密集，会出现相同波峰的情况，不容易找到正确的峰值以及对应的采样点，从而使式（6-23）计算有误，且最小二乘法求解时容易出现无解问题。

6.4 定位结果的验证

声发射源定位结果的验证通常是由已知的主动震源坐标与解算出的定位坐标进行比对，从而获得定位误差与精度。主动震源试验大致分为脉冲形式和断铅形式。通常，在岩石声发射试验中，通过断铅试验对定位精度进行评估。一般采用断铅点与声发射平均定位点之间的位置偏差（距离）、声发射源定位点与声发射平均定位点之间的标准差为衡量评价声发射源定位精度的标准。在声发射断铅点、声发射源定位点与声发射平均定位点三类点的相关三维坐标数据中，断铅点表示实际断铅位置，声发射源定位点为利用传感器采集的声发射信号并通过计算所得出的声发射源定位点位置。

1）位置偏差

断铅点与声发射平均定位点位置偏差计算式为

$$\Delta d_i = \sqrt{(X_i - \overline{X_i})^2 + (Y_i - \overline{Y_i})^2 + (Z_i - \overline{Z_i})^2} \qquad (6-27)$$

式中：Δd_i 为断铅点 i 与其声发射平均定位点之间的位置偏差，$1 \leqslant i \leqslant 25$；$X_i$、$Y_i$ 和 Z_i 分别为断铅点 i 在 x、y 和 z 轴的坐标。

2）标准差

声发射源定位点与声发射平均定位点标准差计算式为

$$S_i = \sqrt{\frac{1}{5} \sum_{j=1}^{5} \left[(x_{ij} - \bar{x}_i)^2 + (y_{ij} - \bar{y}_i)^2 + (z_{ij} - \bar{z}_i)^2 \right]} \qquad (6-28)$$

式中：S_i 为声发射源定位点与声发射平均定位点之间的标准差，$1 \leqslant i \leqslant 25$。

3）平均位置偏差

为综合考虑同一平面的 25 个断铅点总体位置偏差，给出了平均位置偏差的概念，其计算式为

$$\overline{\Delta d} = \frac{1}{25} \sum_{i=1}^{25} \Delta d_i \tag{6-29}$$

式中：$\overline{\Delta d}$ 为平均位置偏差；Δd_i 为第 i 点位置偏差，$1 \leqslant i \leqslant 25$。

4）平均标准差

为综合考虑同一平面的 25 个断铅点的总体标准差，给出了平均标准差的概念，其计算式为

$$\overline{S} = \frac{1}{25} \sum_{i=1}^{25} S_i \tag{6-30}$$

式中：$\overline{S}$ 为平均标准差；S_i 为第 i 点标准差，$1 \leqslant i \leqslant 25$。

6.5 震源定位精度的影响因素

大多数声发射源定位方法都是假设材料是均质且各向同性的，这一假设通常适用于建筑材料的声发射分析。而对于分层甚至是异质和各向异性材料，则必须考虑材料对波的传播和路径的影响才能进行准确定位。对于声发射源定位来说，决定定位精度的是 P 波速度的准确测定和到时的准确拾取，在岩石声发射源定位中，由于岩石是复杂的各向异性材料，基于到时的定位方法通常会产生非常差的震源定位结果，这主要是由弹性波在岩石中传播的弥散效应和衰减效应引起的。

1）弥散效应

弥散会导致波形在传播时发生变化，这使得我们很难定义来自同一震源不同传感器收到信号的到时，从而可能会导致到时拾取出现重大误差，进而影响定位精度。

图 6-5 说明了波在薄板中传播的弥散效应。裂纹起始点到每个传感器的距离不同，导致每个传感器捕获的波形形状不同，而对到时的不准确拾取可能会导致震源定位出现重大误差。

2）衰减效应

一旦震源处产生的弹性波开始传播，其能量或振幅就会减小，这种效应称为衰减效应。衰减效应与弥散效应具有类似的影响效果。弹性波能量和振幅随传播距离的增大而减小，这就导致在不同传感器上的到时拾取并不在信号的同一点上，使我们很难用传感器之间的一致性来定义到时。并且，由于弹性波在试样中传播时会衰减，因此没有足够的传感器可以监测到弹性波用以精确定位。

3）其他影响因素

除了弥散效应和衰减效应，其他因素也会对震源定位的精度产生影响。其中，复杂的几何形状会对震源定位产生影响，它需要特殊的计算和设置；多个震源也会导致定位的误差，即到达多个传感器的信号可能不是来自单一的震源，从而可能得到一个不正确的震源位置，而目前使用的软件也无法处理多源的问题。当然，如前述 6.2 节中提到的，定位算法的选取也会影响震源定位的精度。

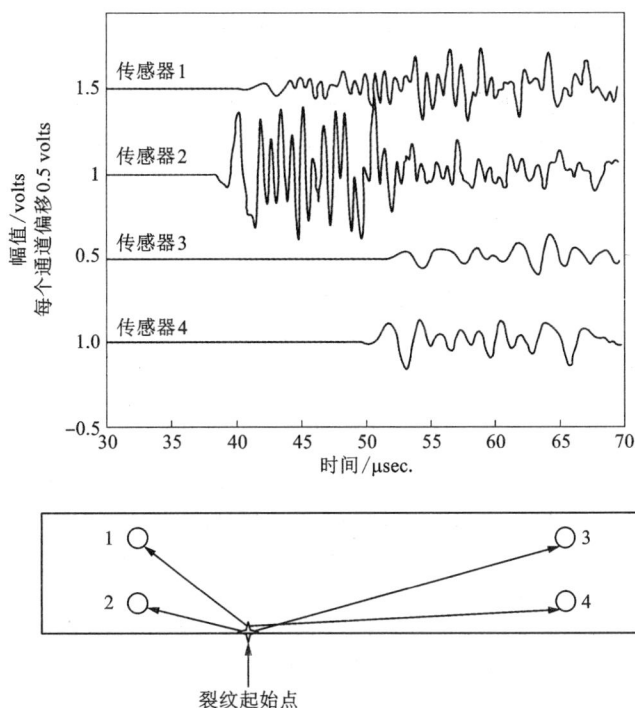

图 6-5　在薄板中的弥散效应

参考文献

［1］ Bormann P. IASPEI new manual of seismological observatory practice［M］. GeoForschungs Zentrum Potsdam, 2002.

［2］ Aki K, Richards P G. Quantitative seismology：Theory and methods［Z］. 1980.

［3］ Shearer P M. Introduction to seismology［M］. Cambridege：Cambridge university press, 1999.

［4］ Geiger L. Probability method for the determination of earthquake epicenters from the arrival time only ［J］. Bulletin of Saint Louis University, 1912, 8（1）：56-71.

［5］ Inglada V. Die berechnung der herdkoordinated eines nahbebens aus den dintrittszeiten der in einingen benachbarten stationen aufgezeichneten P-oder P-wellen［J］. Gerlands Beitrage zur Geophysik, 1928, 19 （12）：73-98.

［6］ 唐国兴. 用计算机确定地震参数的一个通用方法［J］. 地震学报, 1979, 1（2）：186-196.

［7］ Thurber C H. Nonlinear earthquake location：theory and examples［J］. Bulletin of the Seismological Society of America, 1985, 75（3）：779-790.

［8］ Sambridge M, Gallagher K. Earthquake hypocenter location using genetic algorithms［J］. Bulletin of the Seismological Society of America, 1993, 83（5）：1467-1491.

［9］ 周民都, 张元生, 张树勋. 遗传算法在地震定位中的应用［J］. 西北地震学报, 1999, 21（2）：167-171.

［10］ Waldhauser F, Ellsworth W L. A double-difference earthquake location algorithm：Method and application to the northern Hayward fault, California［J］. Bulletin of the seismological society of America, 2000, 90（6）：

1353-1368.

[11] Grosse C. Quantitative zerstörungsfreie Prüfung von Baustoffen mittels Schallemissionsanalyse und Ultraschall [D]. Stuttgart: University of Stuttgart, 1996.

[12] Zang A, Christian Wagner F, Stanchits S, et al. Source analysis of acoustic emissions in aue granite cores under symmetric and asymmetric compressive loads[J]. Geophysical Journal International, 1998, 135(3): 1113-1130.

[13] Ohtsu M. Basics of acoustic emission and apllications to concrete engineering[J]. Materials Science Research International, 1998, 4(3): 131-140.

[14] Köppel S, Grosse C. Advanced acoustic emission techniques for failure analysis in concrete[Z]. WCNDT proceedings, 2000.

[15] Moriya H, Manthei G, Mochizuki S, et al. Collapsing method for delineation of structures inside AE cloud associated with compression test of salt rock specimen[C]//16th International Acoustic Emission Symposium, 2002: 12-15.

[16] Finck F, Yamanouchi M, Reinhardt H, et al. Evaluation of mode I failure of concrete in a splitting test using acoustic emission technique[J]. International Journal of Fracture, 2003, 124(3): 139-152.

[17] Sellers E J, Kataka M O, Linzer L M. Source parameters of acoustic emission events and scaling with mining - induced seismicity[J]. Journal of Geophysical Research: Solid Earth, 2003, 108(B9).

[18] 刘晗, 张建中. 微震信号自动检测的STA/LTA算法及其改进分析[J]. 地球物理学进展, 2014, 29(4): 1708-1714.

[19] Stevenson P R. Microearthquakes at Flathead Lake, Montana: A study using automatic earthquake processing [J]. Bulletin of the Seismological Society of America, 1976, 66(1): 61-80.

[20] Saragiotis C D, Hadjileontiadis L J, Panas S M. PAI-S/K: A robust automatic seismic P phase arrival identification scheme[J]. IEEE Transactions on Geoscience Remote Sensing, 2002, 40(6): 1395-1404.

[21] Akaike H. Information theory and an extension of the maximum likelihood principle[M]. Berlin: Springer, 1998: 199-213.

[22] Lei X, Kusunose K, Rao M V M S, et al. Quasi-static fault growth and cracking in homogeneous brittle rock under triaxial compression using acoustic emission monitoring[J]. Journal of Geophysical Research, 2000, 105(B3): 6127-6139.

[23] Powell M J. An efficient method for finding the minimum of a function of several variables without calculating derivatives[J]. The Computer Journal, 1964, 7(2): 155-162.

[24] Metropolis N, Ulam S. The monte carlo method[J]. Journal of the American Statistical Association, 1949, 44(247): 335-341.

[25] Spendley W, Hext G R, Himsworth F R. Sequential application of simplex designs in optimisation and evolutionary operation[J]. Technometrics, 1962, 4(4): 441-461.

[26] Nelder J A, Mead R. A simplex method for function minimization[J]. The Computer Journal, 1965, 7(4): 308-313.

[27] Prugger A F, Gendzwill D J. Microearthquake location: A nonlinear approach that makes use of a simplex stepping procedure[J]. Bulletin of the Seismological Society of America, 1988, 78(2): 799-815.

[28] 万永革, 李鸿吉. 遗传算法在确定震源位置中的应用[J]. 地震地磁观测与研究, 1995, 16(6): 1-7.

[29] Sambridge M, Drijkoningen G. Genetic algorithms in seismic waveform inversion[J]. Geophysical Journal International, 1992, 109(2): 323-342.

[30] 陈炳瑞, 冯夏庭, 丁秀丽, 等. 基于模式-遗传-神经网络的流变参数反演[J]. 岩石力学与工程学报,

2005(4): 553-558.

[31] Dong L J, Sun D, Li X B, et al. Theoretical and experimental studies of localization methodology for AE and microseismic sources without pre-measured wave velocity in mines [J]. IEEE Access, 2017, 5: 16818-16828.

[32] Crosson R S. Crustal structure modeling of earthquake data: 1. Simultaneous least squares estimation of hypocenter and velocity parameters[J]. Journal of Geophysical Research, 1976, 81(17): 3036-3046.

[33] Dewey J W. Seismicity studies with the method of joint hypocenter determination [D]. City of Berkeley: University of California, Berkeley, 1971.

[34] Pavlis G L, Booker J R. Progressive multiple event location (PMEL) [J]. Bulletin of the Seismological Society of America, 1983, 73(6): 1753-1777.

[35] Spence W. Relative epicenter determination using P-wave arrival-time differences [J]. Bulletin of the Seismological Society of America, 1980, 70(1): 171-183.

[36] Waldhauser F. HypoDD—A program to compute double-difference hypocenter locations [J]. US Geol. Surv. Open-File Rept, 2001(1): 113.

[37] 赵兴东, 刘建坡, 李元辉, 等. 岩石声发射定位技术及其实验验证[J]. 岩土工程学报, 2008, 30(10): 1472-1476.

[38] Prosser W, Gorman M. Plate mode velocities in graphite/epoxy plates[J]. The Journal of the Acoustical Society of America, 1994, 96(2): 902-907.

第 7 章　震源机制

　　震源机制是指震源区在地震发生时的物理过程。对地震震源的研究开始于 20 世纪初，1910 年提出的弹性回跳理论，首次明确表述了地震断层成因的概念。在地震学的早期研究中，人们就已注意到 P 波到达时地面的初始振动有时是向上的，有时是向下的。20 世纪的 10—20 年代，许多地震学者在日本和欧洲的部分地区发现，同一次地震在不同地点的台站记录所测得的 P 波初动方向具有四象限分布的特征。日本的中野广最早提出了震源的单力偶力系，第一次把断层的弹性回跳理论和 P 波初动的四象限分布联系起来。此后，本多弘吉又提出双力偶力系，事实证明它比单力偶力系更接近实际。美国的 P. Byerly 发展了最初的震源机制求解法，1938 年第一次利用 P 波初动求出完整的地震断层面解。历史上对震源的研究是沿两条途径发展起来的。一条途径是企图用在震源处作用的体力系来描述震源，另一条途径是用震源处某个面的两侧发生位移或应变的间断来描述震源。1958 年，加拿大的 J. A. Steketee 在前人工作的基础上提出了震源的三维弹性位错理论，将这两种描述方法统一了起来。此后，许多地震学家发展和应用了这一理论。利用震源机制，人们对世界上不少大地震作出了比较合理的解释。研究震源机制，对于由前震预报主震，或由主震资料预报强余震的分布，以及由地震资料研究构造带的应力分布状况，都是很有意义的。由于声发射和地震都是岩石内部应变能释放的外在表现，有着相同的物理机制，因此，震源机制的研究成果也可用于对声发射源特性的认识。

7.1　震源表述

　　地壳构造运动(岩层构造状态的变动)使岩层发生断裂、错动而引起的地面震动称为构造地震，简称地震。地壳深处发生岩层断裂、错动的地方称为震源。震源至地面的距离称为震源深度，一般把震源深度小于 60 km 的地震称为浅源地震；60~300 km 的称为中源地震；大于 300 km 的称为深源地震。震源正上方的地面称为震中，震中邻近地区称为震中区，地面上某点至震中的距离称为震中距。

　　直观上来讲，震源破裂形成的断层或断裂长度有所不同，从几厘米到几千米不等。当观测点到地震震中的距离或者观测波长远大于地震震源破裂尺度时，对震源的描述最简单的做法就是将其视为一定空间尺度下的一个点源，也就是爆炸源。爆炸源在各个方位角的台站观测上的 P 波初动极性相同，但是地震学家很早也发现了地震具有明显的 P 波初动四象限分布特性，随后在 1923 年，Nakano 提出了震源单力偶模型。单力偶模型可以解释无限空间的膨

胀或者压缩四象限位移场，但是单力偶模型无法满足模型力矩为零的条件，导致震源在空间旋转而不符合角动量守恒定律。为了解决这个问题，Honda（1957）提出可以在单力偶上添加一个与其方向垂直、力矩相反的力偶，形成双力偶模型。双力偶模型力矩为零，满足 P 波无限空间位移场初动极性四象限分布特征，并且也满足 S 波的初动分布和 P/S 相对振幅特征。双力偶模型是震源描述的经典模型，20 世纪 60 年代开始地震学家证明了双力偶点源与剪切位错点源满足弹性力学等效性，随后不断发展并完善了地震震源位错理论，从而可以定量地模拟并分析震源特性。

在远场情况下，根据位移表示定理，假设平面断层存在于各向同性介质，断层面上发生的错动方向相同，则断层活动激发的位移与震源滑动率函数有关。其中，震源滑动率函数具有时间和空间的特征，在远场情况下，若忽略其空间变化特征，则称其为远场震源时间函数或震源时间函数。通过震源时间函数可反演地震矩、持续时间以及滑动随时间变化的关系等震源活动信息。将震源时间函数进行傅里叶变换得到震源谱，可以计算拐角频率，结合震源破裂持续时间等信息，可进一步估计震源的特征尺度大小。

7.2 震源运动学

能产生地震波的震源有很多类型，如爆炸型震源、快速相变型震源等，而我们重点要关注的是一个面（断层平面）上发生的剪切型震源。在震源运动学中，如果断层面上的位移间断为断层上位置和时间的已知函数，那么整个介质的运动就可以完全确定下来。本节我们将从远场和近场观测描述震源涉及的运动学。

为了解在震源区实际发生的物理过程，必须研究材料的应力依赖特性，即应力一直在缓慢增大（长期构造作用结果），以致超过震源区内物质的强度，从而使材料中裂纹成核并扩展。这是非常复杂的动力学问题，本节只讨论断层在剪应力作用下的运动情况。

不考虑体力和应力间断，在一个分界面 Σ（隐伏断层的内表面）两侧的位移间断 $[u(\xi, \tau)]$ 所引起的弹性位移 u 具有如下形式：

$$u_i(x, t) = \int_{-\infty}^{\infty} d\tau \iint_{\Sigma} [u_j(\xi, \tau)] c_{jkpq} G_{ip, q}(x, t; \xi, \tau) v_k d\Sigma(\xi) \tag{7-1}$$

式中：c_{jkpq} 为弹性模量；v 是与 Σ 正交的矢量；$G_{ip}(x, t; \xi, \tau)$ 是格林函数；而 $G_{ip, q}(x, t; \xi, \tau)$ 是 G_{ip} 对于 ξ_q 的导数。

地震学中用引起运动的量来表示位移，这些量是体力和施加于所讨论的弹性体表面的牵引力或位移，这种简单源引起的位移场，就是弹性动力学的格林函数。故在最简单的弹性体（均匀、无限、各向同性）中，格林函数能够明确表示出来，取体力为单位冲量，得出式（7-2）。

$$G_{ip}(x, t; \xi, \tau) = \frac{1}{4\pi\rho}(3\gamma_i\gamma_p - \delta_{ip})\frac{1}{r^3}\int_{r/\alpha}^{r/\beta} t'\delta(t - \tau - t')dt' + \frac{1}{4\pi\rho\alpha^2}\gamma_i\gamma_p\frac{1}{r}\delta\left(t - \tau - \frac{r}{\alpha}\right)$$

$$- \frac{1}{4\pi\rho\beta^2}(\gamma_i\gamma_p - \delta_{ip})\frac{1}{r}\delta\left(t - \tau - \frac{r}{\beta}\right) \tag{7-2}$$

式中：γ 是从震源点 ξ 到接收点 x 的单位矢量；$r = |x - \xi|$，是震源点到接收点间的距离；ρ 为介质密度；α 为纵波（P 波）速度；β 为横波（S 波）速度。

7.2.1 近场震源运动学

传统的地震学是从地震远场效应来研究震源情况和地球介质性质的。这里有两个简便之处，一是震源可近似地视为点源，二是可以对震相分别进行研究。但这样做是以丢掉许多近场高频信息为代价的。在远场记录的地震波是从震源处传播了很长距离后被采集到的，在传播过程中地震波会经历衰减、散射、相消等，如果要完全确定断层滑动方程，并对震源机制进行更彻底的研究，就需要观测震源附近地震波的信息以减小路径效应的影响。此外，当地震学为工程服务的时候，这种对近场效应的忽视就不能容许了，因为工程上所感兴趣的地域恰恰是逼近震源一二百千米的范围之内，强震观测工作就是针对这个范围进行的。由于工程上的需要和强震观测工作的推动，20 世纪 60 年代关于地震近场效应的研究日益发展，它研究的主题是近场地面运动和震源机制的关系。

在理想情况下，我们希望直接在断层平面的不同点 ξ 上测量滑动函数 $\Delta u(\xi, t)$，但由于这样的测量实际上是不可能的，所以我们必须找出离断层很近但又有一定距离的地震运动与断层滑动之间的关系。这种关系是十分复杂的，因为在短距离上记录到的地震图是由来自断层上每一个单元的 P 波和 S 波的近场和远场项组成的，这些不同的组成项在记录上不能被分离出来，所以必须计算整个地震图并与观测相比较。掌握了地震断层的近场运动学特点，就可以对震源附近的工程、结构场地的地震效应进行预测。

对于一个埋藏在均匀、各向同性和无界介质内的有限位错源的近场地震运动，能够通过对在无限小断层 $\mathrm{d}\Sigma$ 上滑动为 $[u(\xi, t)]$ 的地震位移的积分来计算。关于一个在有限断层表面 $\Sigma(\xi)$ 上任意滑动函数的解可利用方程式（7-3）来获得。

$$
u_i(x, t) = \iint_\Sigma \mu \left\{
\begin{aligned}
&\left(\frac{30\boldsymbol{\gamma}_i n_{\mathrm{p}} \boldsymbol{\gamma}_{\mathrm{p}} \boldsymbol{\gamma}_{\mathrm{q}} v_{\mathrm{q}} - 6v_i n_{\mathrm{p}} \boldsymbol{\gamma}_{\mathrm{p}} - 6n_i \boldsymbol{\gamma}_{\mathrm{q}} v_{\mathrm{q}}}{4\pi\rho r^4}\right) \\
&\times \left[F\left(t - \frac{r}{\alpha}\right) - F\left(t - \frac{r}{\beta}\right) + \frac{r}{\alpha}\dot{F}\left(t - \frac{r}{\alpha}\right) - \frac{r}{\beta}\dot{F}\left(t - \frac{r}{\beta}\right) \right] \\
&+ \left(\frac{12\boldsymbol{\gamma}_i n_{\mathrm{p}} \boldsymbol{\gamma}_{\mathrm{p}} \boldsymbol{\gamma}_{\mathrm{q}} v_{\mathrm{q}} - 2v_i n_{\mathrm{p}} \boldsymbol{\gamma}_{\mathrm{p}} - 2n_i \boldsymbol{\gamma}_{\mathrm{q}} v_{\mathrm{q}}}{4\pi\rho\alpha^2 r^2}\right) \Delta u\left(\xi, t - \frac{r}{\alpha}\right) \\
&- \left(\frac{12\boldsymbol{\gamma}_i n_{\mathrm{p}} \boldsymbol{\gamma}_{\mathrm{p}} \boldsymbol{\gamma}_{\mathrm{q}} v_{\mathrm{q}} - 3v_i n_{\mathrm{p}} \boldsymbol{\gamma}_{\mathrm{p}} - 3n_i \boldsymbol{\gamma}_{\mathrm{q}} v_{\mathrm{q}}}{4\pi\rho\beta^2 r^2}\right) \Delta u\left(\xi, t - \frac{r}{\beta}\right) \\
&+ \frac{2\boldsymbol{\gamma}_i n_{\mathrm{p}} \boldsymbol{\gamma}_{\mathrm{p}} \boldsymbol{\gamma}_{\mathrm{q}} v_{\mathrm{q}}}{4\pi\rho\alpha^3 r} \Delta\dot{u}\left(\xi, t - \frac{r}{\alpha}\right) \\
&- \left(\frac{2\boldsymbol{\gamma}_i n_{\mathrm{p}} \boldsymbol{\gamma}_{\mathrm{p}} \boldsymbol{\gamma}_{\mathrm{q}} v_{\mathrm{q}} - v_i n_{\mathrm{p}} \boldsymbol{\gamma}_{\mathrm{p}} - n_i \boldsymbol{\gamma}_{\mathrm{q}} v_{\mathrm{q}}}{4\pi\rho\beta^3 r}\right) \Delta\dot{u}\left(\xi, t - \frac{r}{\beta}\right)
\end{aligned}
\right\} \mathrm{d}\Sigma(\xi)
$$

$$（7-3）$$

式中：$F(t) = \int_0^t \mathrm{d}t' \int_0^{t'} \Delta u(\xi, t'') \mathrm{d}t''$，$\boldsymbol{n}\Delta u(\xi, t) = [\boldsymbol{u}]$；$v$ 是断层的法线；$r = |x - \xi|$，而 $|\boldsymbol{\gamma}| = (x-\xi)/r$。面积分下的每一项都有一个以 P 波或 S 波传播的简单形式，其衰减为震源距的某个负次方幂。对于一个给定的滑动函数 $\Delta u(\xi, t)$，上述方程每一项的波形都能够很容易地计算出来。然而要给出整个地震波的位移却很困难，因为在短距离上，这些项几乎是同时到达并经常相互抵消的，要想通过分析每个单项的特征来预测整体状态几乎是不可能的。对于靠

近断层的运动更是如此，因为当 $r \to 0$ 时，每一项都趋于无限。当用数值方法对式(7-3)进行求解时，被积函数的每一项都包含有截然不同的两个因子：一个是 $r = |x-\xi|$ 的负次幂；另外一个是可以从 $\Delta u(\xi, t-r/c)$ 直接导出的函数，其中 c 是波速。

在用近震源波形资料反演震源的破裂过程时，须注意要截取足够长的波形，以使之携带整个震源破裂的完全信息。近震源波形资料能高分辨地反演断层浅部的破裂图像，但对断层深部的反演约束较差。

7.2.2 远场震源运动学

通过近场强震仪加速度波形数据能够得到详细的破裂过程，但由于仪器的自身设计以及难以区分线性加速和旋转等问题，近场强震仪对长周期运动的分辨率较低。另外，即使近场GPS和强震记录可提供较高的空间分辨率解，但这也需要很长的时间，大多数情况下没有这方面的资料。而远场体波主要包含低频信息，可以约束地震矩的释放速率以及破裂的方向和大小，且远场地震波形记录对地震震源破裂的过程有较高的分辨率，因此，根据远场地震波形记录可以迅速地测定地震的破裂过程。例如，美国地质调查局在网上发布了汶川地震发生7 h 内的震源破裂过程以及等震线分布结果，在求解过程中，断层面的走向和倾角预先给定，根据野外地质调查结果，确定断层面的走向和倾角，使得地震有限断层震源模型更加符合实际情况。

1. 远场假设

假定传播介质为各向同性均匀的介质，取断层上一参考点为坐标原点，面元 $d\Sigma$ 和接收点 x 之间的距离 r 可写成式(7-4)。

$$
\begin{aligned}
r = |x-\xi| &= r_0 \sqrt{1 + \frac{|\xi|^2}{r_0^2} - \frac{2(\xi \cdot \gamma)}{r_0}} \\
&= r_0 \left\{ 1 + \frac{1}{2}\left[\frac{|\xi|^2}{r_0^2} - \frac{2(\xi \cdot \gamma)}{r_0} \right] - \frac{1}{8}\left[\quad \right]^2 \cdots \right\} \\
&= r_0 - (\xi \cdot \gamma) + \frac{1}{2}\frac{|\xi|^2}{r_0} - \frac{(\xi \cdot \gamma)^2}{2r_0} + \cdots
\end{aligned}
\tag{7-4}
$$

式中：r_0 为原点到接收点的距离，$r_0 = |x|$；γ 为指向接收点的单位矢量；ξ 为原点到 $d\Sigma$ 的位置矢量，如图7-1所示。

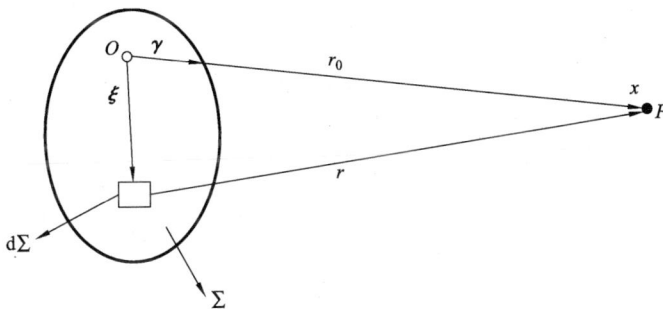

图 7-1　断层面与接收点示意图

因为 r_0 大到可与 Σ 的线性尺度相比，因此，我们可以把方程(7-4)近似为式(7-5)。

$$r \sim r_0 - (\boldsymbol{\xi} \cdot \boldsymbol{\gamma}) \tag{7-5}$$

由这种近似而引起的路径长度的误差为 δr，可以用方程(7-4)的级数展开式中略去的高次项来衡量估计，即式(7-6)。

$$\delta r = \frac{1}{2r_0} \left[|\boldsymbol{\xi}|^2 - (\boldsymbol{\xi} \cdot \boldsymbol{\gamma})^2 \right] \tag{7-6}$$

如果这个误差等于或大于 1/4 波长($\lambda/4$)，积分结果将引入很大的误差。因此，用方程(7-5)来近似时只有当 $\frac{1}{2r_0} \left[|\boldsymbol{\xi}|^2 - (\boldsymbol{\xi} \cdot \boldsymbol{\gamma})^2 \right] \ll \frac{\lambda}{4}$ 时才是正确的，即式(7-7)。

$$L^2 \ll \frac{1}{2} \lambda r_0 \tag{7-7}$$

式中：L 是在 Σ 上 $|\xi|$ 的最大值。这与光学中满足 Fraunhofer 衍射区域的条件是相同的。

2. 均匀、各向同性、无界介质内观测到的远场位移波形

假定传播介质是均匀、各向同性、无界的介质，这种介质能使路径影响的复杂性减到最小。如果接收器位置 x 离断层面 Σ 上所有的点 ξ 足够远，那么在格林函数(7-2)中仅有远场项是显著的。由式(7-1)对 τ 求积分后，得到远场位移，即式(7-8)。

$$u_i(x, t) = -\frac{1}{4\pi\rho\alpha^2} \frac{\partial}{\partial x_q} \iint_{\Sigma} c_{jkpq} \frac{\boldsymbol{\gamma}_i \boldsymbol{\gamma}_p}{r} \left[u_j \left(\boldsymbol{\xi}, t - \frac{r}{\alpha} \right) \right] v_k \mathrm{d}\Sigma$$
$$+ \frac{1}{4\pi\rho\beta^2} \frac{\partial}{\partial x_q} \iint_{\Sigma} c_{jkpq} \left(\frac{\boldsymbol{\gamma}_i \boldsymbol{\gamma}_p - \delta_{ip}}{r} \right) \left[u_j \left(\boldsymbol{\xi}, t - \frac{r}{\beta} \right) \right] v_k \mathrm{d}\Sigma \tag{7-8}$$

这里利用关系式 $\partial/\partial\xi_q = -\partial/\partial x_q$ 对 $\boldsymbol{\gamma}$ 和 r 这样的量进行了运算，它仅取决于 x 和 ξ 之间的距离。在对 x_q 求导后，注意到 $\partial r/\partial x_q$ 无非就是 $\boldsymbol{\gamma}_q$，并略去所有比 r^{-1} 衰减得更快的项，得到式(7-9)。

$$u_i(x, t)\text{ 的远场} = \iint_{\Sigma} \frac{c_{jkpq}}{4\pi\rho\alpha^3 r} \boldsymbol{\gamma}_i \boldsymbol{\gamma}_p \left[\dot{u}_j \left(\boldsymbol{\xi}, t - \frac{r}{\alpha} \right) \right] \boldsymbol{\gamma}_q v_k \mathrm{d}\Sigma$$
$$- \iint_{\Sigma} \frac{c_{jkpq}}{4\pi\rho\beta^3 r} (\boldsymbol{\gamma}_i \boldsymbol{\gamma}_p - \delta_{ip}) \left[\dot{u}_j \left(\boldsymbol{\xi}, t - \frac{r}{\beta} \right) \right] \boldsymbol{\gamma}_q v_k \mathrm{d}\Sigma \tag{7-9}$$

显然，式中第一项对应 P 波，而第二项对应 S 波。

与断层面 Σ 线性尺度相比，如果台站足够远的话，那么完全可以假定距离 r 和方向余弦 $\boldsymbol{\gamma}_i$ 近似为常数，而与 ξ 无关。为了简单，进一步假设断层面 Σ 是个平面，断层上各点位移间断的方向都是相同的，可写成式(7-10)。

$$[u_i(\boldsymbol{\xi}, t)] = n_j \cdot \Delta u(\boldsymbol{\xi}, t) \tag{7-10}$$

式中：Δu 是一个标量函数，我们称之为"震源函数"，或是剪切断层情况下的"滑动函数"。在这些假定下，方程式(7-9)简化为式(7-11)。

$$u_i(x, t)\text{ 的远场} = \frac{\boldsymbol{\gamma}_i}{4\pi\rho\alpha^3 r_0} \cdot c_{jkpq} \boldsymbol{\gamma}_p \boldsymbol{\gamma}_q v_k n_j \cdot \iint_{\Sigma} \Delta \dot{u} \left(\boldsymbol{\xi}, t - \frac{r}{\alpha} \right) \mathrm{d}\Sigma$$
$$+ \frac{\delta_{ip} - \boldsymbol{\gamma}_i \boldsymbol{\gamma}_p}{4\pi\rho\beta^3 r_0} \cdot c_{jkpq} \boldsymbol{\gamma}_q v_k n_j \cdot \iint_{\Sigma} \Delta \dot{u} \left(\boldsymbol{\xi}, t - \frac{r}{\beta} \right) \mathrm{d}\Sigma \tag{7-11}$$

由于 P 波和 S 波来自同一个地震震源，利用上述方程可对远场位移做出非常简单的描述。因为 $\gamma_i\gamma_i = 1$ 和 $\gamma_i(\delta_{ip}-\gamma_i\gamma_p) = 0$，可看出 P 波的质点运动平行于 γ，而 S 波的质点运动则垂直于 γ。波的振幅随着距离以 r_0^{-1} 衰减，且与它们的传播速度的三次方成反比。由于它们之间的其他因子是可以比较的，所以 S 波振幅大约比 P 波振幅大 $\alpha^3/\beta^3(\sim 5)$ 倍。

因子 $(c_{jkpq}\gamma_p\gamma_q v_k n_j)$ 表示 P 波的辐射模式，它由断层平面 (v_k) 的方位、位移间断 (n_j) 的方向，以及断层到台站的方向 (γ_p) 等决定。同样，取 γ' 和 γ'' 为垂直于 γ 平面的单位正交矢量，S 波的辐射模式由在 γ' 方向的振幅 $(c_{jkpq}\gamma'_p\gamma_q v_k n_j)$ 和在 γ'' 方向上的振幅 $(c_{jkpq}\gamma''_p\gamma_q v_k n_j)$ 来表示。两个方向间的相对振幅决定了 S 波的极化角，它有时被用来辅助 P 波初动确定断层面的解。

最后，P 波和 S 波的位移波形可由一个简单的积分式来描述，即式(7-12)。

$$\Omega(x,\ t) = \iint_\Sigma \Delta\dot{u}\left(\xi,\ t - \frac{|\ x-\xi\ |}{c}\right)\mathrm{d}\Sigma(\xi) \tag{7-12}$$

式中：c 为波的传播速度(可以是纵波速度 α，也可以是横波速度 β)。

假定整个断层为一个点源，相当于 $L \ll |\gamma|$，则在适用的频率范围内可将方程(7-12)中所给位移波形改写为式(7-13)。

$$\Omega(x,\ t) = \Omega(\gamma,\ t) = \iint_\Sigma \Delta\dot{u}\left[\xi,\ t - \frac{r_0 - (\boldsymbol{\xi}\cdot\boldsymbol{\gamma})}{c}\right]\mathrm{d}\Sigma \tag{7-13}$$

取式(7-13)关于 t 的傅里叶变换，得到式(7-14)。

$$\Omega(x,\ \omega) = \Omega(\gamma,\ \omega) = \iint_\Sigma \Delta\dot{u}(\xi,\ \omega)\exp\left\{\frac{\mathrm{i}\omega[\ r_0 - (\boldsymbol{\xi}\cdot\boldsymbol{\gamma})\ ]}{c}\right\}\mathrm{d}\Sigma$$

$$= \exp\left(\frac{\mathrm{i}\omega r_0}{c}\right)\iint_\Sigma \Delta\dot{u}(\xi,\ \omega)\exp\left\{\frac{-\mathrm{i}\omega(\boldsymbol{\xi}\cdot\boldsymbol{\gamma})}{c}\right\}\mathrm{d}\Sigma \tag{7-14}$$

式中：$\Omega(x,\ \omega)$ 与 $\Delta\dot{u}(\xi,\ \omega)$ 分别为 $\Omega(x,\ t)$ 与 $\Delta\dot{u}(\xi,\ t)$ 的傅里叶变换。

以上方程表明，位移观测波形的傅里叶变换可表示为形如 $\exp[-\mathrm{i}\omega(\boldsymbol{\xi}\cdot\boldsymbol{\gamma})/c]$ 的平面波的迭加，即式(7-15)。

$$\Omega(\gamma,\ \omega)\mathrm{e}^{-\mathrm{i}\omega r_0/c} = \iint_\Sigma \Delta\dot{u}(\xi,\ \omega)\exp[-\mathrm{i}\omega(\boldsymbol{\xi}\cdot\boldsymbol{\gamma})/c]\mathrm{d}\Sigma \tag{7-15}$$

上述方程在空间上具有双重傅里叶变换的形式，即式(7-16)。

$$\iint_\Sigma \Delta\dot{u}(\xi,\ \omega)\exp[-\mathrm{i}(\boldsymbol{\xi}\cdot\boldsymbol{k})]\mathrm{d}\Sigma = f(k) \tag{7-16}$$

若这一变换在波数空间内对所有的 k 都是已知的，则可以从远场观测中完全地确定 $\Delta\dot{u}(\xi,\ \omega)$。然而方程(7-15)显示，二维空间的变换不是对所有的 k 都已知，只有 $\omega\gamma/c$ 在 Σ 上的投影才是已知的。因为 γ 是一个单位矢量，在远场观测中 k 的范围被限制在 $|k| \leqslant \omega/c$ 内。换言之，我们不能得到尺度小于所观测到的最短波长的震源信息。沿着平面 Σ 波的相速度为 $\omega/|k|$，且 $c \leqslant \omega/|k|$，这就意味着只有相速度(沿平面 Σ)比介质波速 c 大的波才可以辐射到远场，而相速度小于 c 的波是在 Σ 附近被捕获的非均匀波。

由此，在远场假设下(测站间距远大于测量的波长)，地震学界认为测站间交互相关函数就是远场表面波的经验格林函数，通过分析远场地震波资料，可以加强对深层构造的解析能力，进而了解或反演出震源机制。

7.3　地震波频谱参数

由远场运动学分析可知，任何合理的地震运动学模型，其远场位移在低频段应该有一个具有常数值的波谱，而在高频段则正比于频率的负幂。根据 Brune(1970)的工作，把拐角频率定义为频谱中高频渐近线和低频渐近线交点处的频率，故远场频谱大致可由三个参数来表征，即正比于地震矩的低频值、拐角频率、高频渐近线的幂，而不同模型之间的主要差异是由 P 波拐角频率与 S 波拐角频率的相对大小造成的。

7.3.1　低频渐近线

由前文所述的远场位移观测波形可知，当频率 ω 趋于零时，远场位移波形的傅里叶变换 $\Omega(x, \omega)$ 接近一个常数值，即式(7-17)。

$$\Omega(x, \omega \to 0) = \iint_{\Sigma} \Delta \dot{u}(\xi, \omega \to 0)\,\mathrm{d}\Sigma \tag{7-17}$$

因为 $\Delta \dot{u}(\xi, \omega) = \int \Delta \dot{u}(\xi, t)\exp(\mathrm{i}\omega t)\,\mathrm{d}t$ 且 $\Delta \dot{u}(\xi, \omega \to 0) = \int \Delta \dot{u}(\xi, t)\,\mathrm{d}t = \Delta u(\xi, t \to \infty)$，得到式(7-18)。

$$\Omega(x, \omega \to 0) = \iint_{\Sigma} \Delta u(\xi, t \to \infty)\,\mathrm{d}\Sigma \tag{7-18}$$

从而 $\Omega(x, \omega \to 0)$ 接近一个常数，它是断层区上整个滑动的积分。换言之，远场位移波形的频谱(傅里叶变换的绝对值)在低频区变得平坦，它的高度正比于地震矩。这个结果对任何 $\Delta u(\xi, t)$ 都是正确的，因此它与断层面破裂过程的细节无关。

对于简单的点矩张量的位移脉冲，通过傅里叶变换可得到下式：

$$u_c(r, \omega) = \frac{1}{4\pi\rho c^3}\frac{\Re_c}{R}\widetilde{\Omega}(\omega)\,\mathrm{e}^{-\mathrm{i}\omega R/c} \tag{7-19}$$

式中：$\Re_c$ 是一种辐射模式，是射线从源出发方向的函数，以 $\Re_c(\theta, \varphi)$ 表示；$\widetilde{\Omega}(\omega)$ 是震源时间函数 $\Omega(t)$ 的傅里叶变换，傅里叶变换的一个特有的性质为式(7-20)。

$$\lim_{\omega \to 0}\widetilde{\Omega}(\omega) = M_0 * \int_0^{\infty} \dot{s}(t)\,\mathrm{d}t = M_0 \tag{7-20}$$

由式(7-20)可知震源时间函数谱的低频极限接近标量矩。

7.3.2　拐角频率和高频渐进线的幂

地震波谱是震源、路径和接收点的函数，震源谱形状函数是震源中最关键的一个参数，最常用的是 Aki 于 1967 年提出的震源谱密度 ω^{-2} 模型，之后 Brune 对其进行了研究和改进，其研究结果显示地震动位移幅值谱在低频范围内基本为恒定的值，当越过一个频率后，幅值谱按照 ω^{-2} 衰减。

Aki 和 Brune 通过对许多地震谱的观察以及对不同频带的震级的计算，得出结论：地震谱具有一个通用的形状，其低频渐近线接近常数，是地震学家称为角频率的某种特征频率。Brune 在 1970 年提出一种震源断层位错的理论，把断层等效为一个半径为 a 的圆盘，并假定剪切应力在整个断层上同时作用。以往的研究表明,大多数中小地震符合 Brune 圆盘模型,这个模型可以用式(7-21)描述。

$$\widetilde{\Omega}(\omega) = \frac{M_0}{1+\omega^2/\omega_0^2} \tag{7-21}$$

上式是 Brune 圆盘模型的位移震源谱。其中,M_0 是地震矩;ω_0 是低频渐近线和高频渐近线交点的频率,称为拐角频率。拐角频率通常随地震震级的增大而减小,表明大地震低频丰富,小地震高频丰富。在上述简单的 ω^{-2} 模型中,震源仅由两个独立的标量参数表征,即地震矩 M_0 和拐角频率 ω_0,如图 7-2 所示。

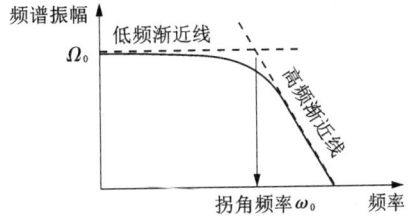

图 7-2　震源频谱随频率的变化

Brune 的模型很好地描述了 P 波和 S 波的频谱,但 P 波和 S 波的拐角频率却不一样,Abercrombie 和 Rice 等人证实 P 波的拐角频率比 S 波高,大致有如下关系:

$$\omega_0^P \cong 1.6\omega_0^S \tag{7-22}$$

从式中可以看出 P 波和 S 波速度的比值非常接近 $\sqrt{3}$。

7.4　圆形裂纹扩展运动方程模型

仅靠远场观测的波形不能唯一确定震源函数 $\Delta u(\xi, t)$,因此引入少量能够适当描述震源函数的震源参数十分重要。由此,地震学家提出了多种震源模型,可在远场有限观测时有效测定这些参数,从而更深一步了解震源机制。

虽然地震学家提出的模型细节不同,但地震谱和滑动分布的波数谱都可以用一个简单的圆形裂纹扩展模型来解释,如图 7-3 所示。当在靠近破裂过程的成核处观测时,Haskell 矩形断层模型中的破裂的单向传播是对破裂过程的过度简化,为了使模型更接近实际,最好让破裂从一点开始(而不是同时沿着一线段各处开始),然后以辐射状(而不是沿着一个方向传播)匀速向外扩展,直至能覆盖断层平面上任意的二维表面。Savage(1966)首先利用运动方程研究了这种震源模型的远场波形,即式(7-23)。

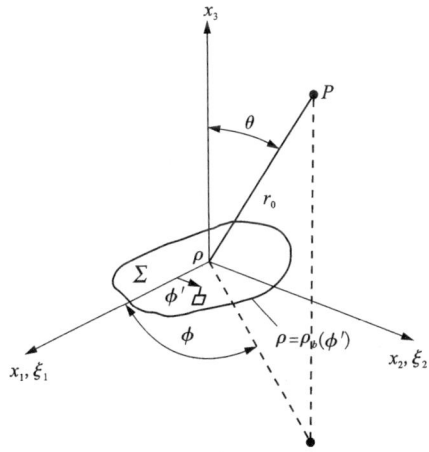

图 7-3　圆形裂纹扩展模型

$$\Omega(x, t) = \Omega(\boldsymbol{\gamma}, t) = \iint_\Sigma \Delta \dot{u} \left[\xi, \, t - \frac{r_0 - (\boldsymbol{\xi} \cdot \boldsymbol{\gamma})}{c} \right] \mathrm{d}\Sigma \tag{7-23}$$

把断层放在 $x_3 = 0$ 的平面内,并假定破裂从原点以匀速 v 向各个方向传播,然后在断层平面 Σ 的周围停止。初始破裂前断层是一个由半径为 $\rho = vt$ 来描述的圆周,但最后的断层将

成为一个由 $\rho=\rho_b(\phi')$ 确定的圆周，其中 (ρ,ϕ') 是断层平面的柱坐标。Savage(1966)假定位移间断是一个具有最终值为 $\Delta U(\rho,\phi')$ 的时间的阶梯函数，模型能够表示为式(7-24)。

$$\Delta u(\xi,t)=\Delta U(\rho,\phi')H(t-\rho/v)[1-H(\rho-\rho_b)] \tag{7-24}$$

把它代入式(7-23)，求得式(7-25)。

$$\Omega(x,t)=\iint_{\Sigma}\Delta\dot{u}\left[\xi,t-\frac{r_0-(\xi\cdot\gamma)}{c}\right]d\Sigma(\xi)$$

$$=\iint\delta\left[t-\frac{r_0}{c}+\frac{\rho\sin\theta\cos(\phi-\phi')}{c}-\frac{\rho}{v}\right]\Delta U(\rho,\phi')$$

$$\times[1-H(\rho-\rho_b)]\rho d\rho d\phi' \tag{7-25}$$

对于均匀滑动圆形断层的情况，其中 $\rho_b=\rho_0$(常数)，$\Delta U(\rho,\phi')=\Delta U_0$(常数)及 $\Delta u(\xi,t)$ 是一个 ρ 和 t 的函数，由此，远场位移波形 $\Omega(x,t)$ 在 $\theta=0$ 处有一跳跃间断，此时 $\Omega(x,t)$ 突然变成零。这个跳跃间断表明质点的速度和加速度此时是无限大的，位移的谱密度将有一个按 ω^{-1} 频率衰减的渐近线。与破裂终止相关联的地震信号，Savage 命名为"停止震相"。

Brune(1970)提出震源断层位错理论，把断层等效为一个半径为 a 的圆盘，并假定剪切应力在整个断层面上同时作用，假设断层破裂模型为圆盘模型(图7-4)，岩石介质为 Hooke 介质，则震源半径可以表示为

$$a=\frac{2.34\beta}{2\pi\omega_0} \tag{7-26}$$

图 7-4 Brune 圆盘模型

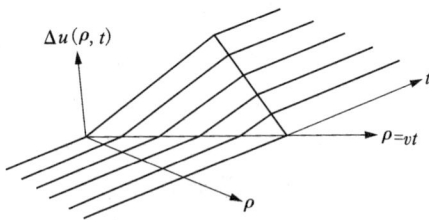

式中：β 为横波速度；ω_0 为拐角频率。

Molnar 等(1973)提出圆形破裂运动学模型，滑动速度函数为式(7-27)。

$$\Delta\dot{u}(\rho,t)=\Delta V\left[H\left(t-\frac{\rho}{v}+\frac{\rho_0}{v}\right)-H\left(t+\frac{\rho}{v}-\frac{\rho_0}{v}\right)\right]H(\rho_0-\rho) \tag{7-27}$$

式中：ρ_0 是圆形破裂区域的半径，而 ΔV 是质点相对速度，假定它在这个圆形破裂区域内是常数，破裂在中心成核，并在所有方向上都以常速度 v 沿径向扩展到半径 ρ_0，然后又以同样的速度收缩回中心。这是一个自发破裂过程的粗糙的运动学模型，在这个模型中，滑动沿着自破裂前锋的到达开始，持续到信息从断层边缘辐射回震源点。这个模型的滑动函数如图7-5所示，此断层上一愈合阵面(从产生运动到停止)在断层达到其最终尺寸之后向内传播。

图 7-5 圆形断层上的滑动模型

把式(7-27)的傅里叶变换代入式(7-15)，并求积分值，Molnar 等获得了取决于 θ 的 ω^{-2} 至 ω^{-3} 的高频渐进衰减。这种情况下，对于一个停止震相，可预期衰减为 $\omega^{-5/2}$，与均匀滑动情况下得到的 $\omega^{-3/2}$ 衰减相比，相当于在滑动函数和裂纹尖端距离的线性关系上增加了一

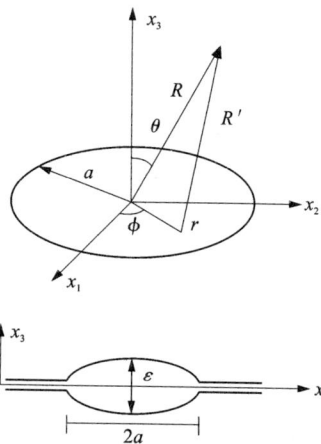

个 ω^{-1}。就初始部分而言，这个滑动函数是均匀阶梯函数情况下滑动函数对时间的简单积分，所以远场位移最初的上升部分是线性递增的时间积分，呈抛物线形递增。

7.5 震源机制

对地震发生机制研究来说，仅知道震源产生的时间和空间位置是远远不够的，还需要知道震源产生的类型和滑移方向，才能更深层次了解断层之间的相互作用以及扩展和贯通机制，因此，震源机制研究对深入认识地震机理起着至关重要的作用。

7.5.1 震源定标律

表征一个震源可以用不同的震源物理参数，如震级、地震矩、断层长度、断层宽度、断层面积、平均位错、上升时间、破裂速度、应力降、拐角频率、地震辐射能量和视应力等，但这些表示震源的参数并非相互独立，而是互有联系，震源参数之间的关系称作定标关系，也称定标律(scaling law)。地震现象的标度不变性(scale-invariance)，有时又称为自相似性，而定标关系与地震的自相似性有关。定标律的一个直接结果是总断裂能必须像辐射和应变释放能一样进行标度，因此断裂能应该按照许多地震和某些实验室试验中观察到的断层大小进行标度。地震破裂过程的标度不变性最早由 Aki(1967)提出，并在许多地质过程中在一个非常宽的尺度内与自相似性的观测结果一致。

1. 应力降

应力降(stress drop)定义为地震时断层面上所释放的应力，以式(7-28)表示。

$$\Delta\sigma = \sigma_0 - \sigma_1 \tag{7-28}$$

式中：$\Delta\sigma$ 为应力降；σ_0 为地震前断层面上的平均应力，即初始应力；σ_1 为地震后断层面上的平均应力，即最终应力，也称剩余应力。很明显，此处的 $\Delta\sigma$ 是静态应力降，所以也用 $\Delta\sigma_s$ 来表示。通常所说的应力降是指静态应力降。

与此相对应，动态应力降的定义如下式：

$$\Delta\sigma_d = \sigma_0 - \sigma_d \tag{7-29}$$

式中：σ_d 为动摩擦应力。

2. 地震辐射能量与地震效率

地震是地下岩石快速破裂的过程。地震时，断层附近的介质通过断层错动释放所贮存的应变能，把它转化为克服摩擦阻力做功的摩擦热、破裂扩展所消耗的破裂能以及地震波辐射能量。

1)地震时释放的弹性应变能

设断层面面积为 S，地震前断层面上的平均剪切应力为 σ_0，因而断层面上的应力降 $\Delta\sigma = \sigma_0 - \sigma_1$。

设地球是一个孤立系统，即没有能量从这个系统内输出，也没有能量从外界输入这个系统内。在这个假设下，地球介质对外做的功 $W = \frac{1}{2}(\sigma_0 + \sigma_1)\overline{D}S$（$\overline{D}$ 为地震的平均滑动量）就等于地震时介质所释放的总位能。如果不考虑重力的效应，那么这个总位能也就是地震前后整个系统所释放的总弹性应变能 E，可由式（7-30）得到。

$$E = W = \frac{1}{2}(\sigma_0 + \sigma_1)\overline{D}S \qquad (7\text{-}30)$$

通常把 $\overline{\sigma} = \frac{1}{2}(\sigma_0 + \sigma_1)$ 称作平均应力，所以

$$E = \overline{\sigma}\,\overline{D}S \qquad (7\text{-}31)$$

2）地震波能量

地震时以地震波形式传播的能量叫地震波辐射能量 E_r，简称地震波能量或地震能量。在断层从滑动到停止的过程中，系统要克服摩擦做功。若以 σ_d 表示动摩擦应力，以 W_f 表示系统克服摩擦所做的功，则有下式：

$$W_f = \sigma_d \overline{D}S \qquad (7\text{-}32)$$

设地震破裂过程中产生断层面所消耗的能量（破裂能）亦称表面能 E_γ，则地震波辐射能量 E_r 可由式（7-33）得到。

$$E_r = E - W_f - E_\gamma \qquad (7\text{-}33)$$

破裂能 E_γ 与破裂速度 V 有关。若 $\frac{V}{\beta} = 0.7 \sim 0.8$，$\beta$ 为横波速度，则破裂能 E_γ 约为 $\frac{1}{4}(E - W_f)$。由此，地震波能量 E_r 约为 $\frac{3}{4}(E - W_f)$。比值 $\frac{E_r}{E - W_f}$ 也与地震断层的纵横比有关。

如果暂不考虑破裂能，则地震波辐射能量 E_r 为

$$E_r = E - W_f = (\overline{\sigma} - \sigma_d)\overline{D}S = \frac{\sigma_0 + \sigma_1 - 2\sigma_d}{2}\overline{D}S \qquad (7\text{-}34)$$

3）地震效率

地震波辐射能量 E_r 只是地震时释放的总应变能 E 的一部分，通常把 E_r 和 E 通过公式联系起来，即

$$E_r = \eta E \qquad (7\text{-}35)$$

式中：η 为地震效率，联立上式可以求得地震效率，即式（7-36）。

$$\eta = \frac{(\sigma_0 + \sigma_1 - 2\sigma_d)}{(\sigma_0 + \sigma_1)} = 1 - \frac{\sigma_d}{\overline{\sigma}} \qquad (7\text{-}36)$$

式（7-36）是在不考虑重力的效应以及忽略破裂能的前提下得到的。

3. 视应力

在弹性力学的前提下，利用地震资料无法计算绝对应力的大小，然而，在做出一些合理假定之后，可以由地震资料得到关于应力大小的有意义的估计，其中一个常用的估计是视应力（apparent stress）。视应力定义为

$$\sigma_{app} = \eta\overline{\sigma} \qquad (7\text{-}37)$$

式中: σ_{app} 称为视应力。由于 $\eta \leqslant 1$, 所以视应力 σ_{app} 是平均应力 $\bar{\sigma}$ 的下限, $\sigma_{app} \leqslant \bar{\sigma}$。

由 $E = \bar{\sigma} \, \overline{D} S$(不考虑重力效应的结果)、$E_r = \eta E$ 和地震矩 $M_0(M_0 = \mu \overline{D} S)$, 可以推导得到式(7-38)。

$$\eta \bar{\sigma} = \frac{\mu E_r}{M_0} \tag{7-38}$$

式中: μ 为断层周围介质的剪切模量或刚性模量。注意到, 地震矩 $M_0 = \mu \overline{D} S$ 和前面的总弹性应变能 $E = \bar{\sigma} \, \overline{D} S$ 形式上相似, 只是 $\overline{D} S$ 前面的系数不同, 由此推导得到式(7-39)。

$$\sigma_{app} = \frac{\mu E_r}{M_0} \tag{7-39}$$

显然, 视应力 σ_{app} 是与地震波辐射能量 E_r 直接相关的物理量, 即视应力是单位地震矩上地震波辐射能量的大小, 表征了单位地震矩上地震波的辐射能量, 它和断裂速度、断面驱动力、断面摩擦力及滑动停止条件等多种因素有关, 是一种动力学参数。1995 年, Choy 和 Boatwright 利用 NEIC(美国国家地震信息中心)测定的能量和 CMT(质心矩张量)结果, 估算了全球地震视应力的分布, 得到全球平均视应力的大小为 0.47 MPa。同时, 不同震源机制类型的地震, 其视应力水平不同。其中, 逆冲型地震的视应力水平总体上低于走滑型地震的视应力水平。

4. 折合能量

地震波辐射能量与地震矩之比 $\bar{e}(\bar{e} = E_r/M_0)$, 被称作折合能量或定标能量(scaled energy), 可以解释为, 断层面上单位面积、单位滑动所辐射的能量, 用于解释地震的动态震源过程。

折合能量 $\bar{e}$ 乘以介质的剪切或刚性模量 μ, 就是上面介绍的视应力。在对震源区的情况不十分了解, 并采用一个平均的、假定的系数 μ 时, 折合能量与视应力是等价的。

5. 震源力学参数的标度关系

标量地震矩(M_0), 简称地震矩, 是地震学家用来描述地震强度的物理量。它由 Aki 于 1966 年提出, 定义可由下式表示:

$$M_0 = \mu \overline{D} S \tag{7-40}$$

式中: μ 为断层周围介质的剪切模量或刚性模量; $\overline{D}$ 为地震的平均滑动量; S 为断层面面积。

地震矩是对断层滑移引起的地震强度的直接测量, 它由地震波频谱的低频渐近线的大小(图 7-2 中的 Ω_0)决定。因为 M_0 由震后相对震前的状态决定, 所以它是一个状态量, 而不是一个过程量, 与断层实际错动的时间和过程无关。

地震矩是能够可靠测定的震源参数, 通常测定地震矩的方法有两类, 一种是野外测量法, 从地震矩的定义出发, 根据野外测定的断层长度、断层宽度及断层平均位错量, 基于给定的介质剪切模量, 估算地震矩; 另一种是远场地动位移频谱测量法, 一般根据 Brune 的圆盘形位错模型测定地震矩, 计算公式如式(7-41)~式(7-43)。

$$M_0 = \frac{4\pi \rho \beta^3 \Omega_0}{\Re_{\theta\varphi}} \tag{7-41}$$

$$a = \frac{2.34\beta}{2\pi\omega_0} \tag{7-42}$$

$$\Delta\sigma = \frac{7M_0}{16a^3} \tag{7-43}$$

式中：ρ 为介质密度；β 为横波速度；a 为震源的半径；Ω_0 为震源位移谱的低频渐近线水平，可根据震源谱读出；$\Re_{\theta\varphi}$ 为辐射因子，一般不考虑方位，取平均值 0.63。

震源半径表示断层位移的规模，震源半径与拐角频率成反比，应力降是地震发生前后震源断层面上剪切应力的差，应力降与地震矩和震源半径的大小有关。

相关学者研究了地震矩 M_0 与可直接根据地震观测测定的其他参数之间的定标关系，例如，M_0 与地震波辐射能量 E_r 的关系，M_0 与断层面积 S 的关系，以及 M_0 与应力降 $\Delta\sigma$、拐角频率 ω_0 和震源半径 a 等之间的关系。Mayeda 和 Walter(1996) 的研究结果表明，小地震的应力降 $\Delta\sigma$ 随地震矩 M_0 按 $\Delta\sigma \propto M_0^{0.25}$ 的规律增加。

地震学家提出能量辐射模型，研究表面地震波辐射能量与地震矩比满足以下关系，其可由式(7-44)表示。

$$\frac{E_r^c}{M_0} = C_r \frac{M_0}{\rho} \frac{\omega_0^3}{c^5} \tag{7-44}$$

式中：C_r 为 2 阶的数值常数；c 为纵波速度 α 或横波速度 β。

Aki 在研究几个不同震级地震的光谱数据后提出，通过比较频谱可以得出拐角频率与地震力矩的比例关系，这个关系也就是地震谱的定标律。Abercrombie 和 Rice 等人得出结论，大多数地震的视应力几乎与时刻无关，它的直接结果是地震力矩的大小与拐角频率的负三次方相近，即

$$M_0 \propto \omega_0^{-3} \tag{7-45}$$

如果视应力不变，地震矩与拐角频率的立方成反比，它独立于所使用的特定震源模型，可以直接从地震观测中得到。

由此，Kanamori 引入矩震级 M_W，假设所有可用的应变能转换成地震波，即 $E_r \approx \Delta W$，这一假设意味着没有能量用于传播断裂，利用应变能变化的定义，我们可以得到下式：

$$E_r = \frac{1}{2}\Delta\sigma\overline{D}S \tag{7-46}$$

式中：$\overline{D}$ 为地震的平均滑动量；S 为断层面的面积。

这个表达式表明，从辐射能量中我们只能得到应力降的信息，而不能得到在断层过程中作用在断层上的绝对应力水平的信息。Eshelby 利用地震矩的定义确定半径为 a 的圆形断层的标量地震矩可由式(7-47)表示。

$$M_0 = \frac{16}{7}\Delta\sigma a^3 \tag{7-47}$$

结合应变能公式有

$$M_0 = \frac{16}{7\pi^{\frac{3}{2}}}\Delta\sigma S^{\frac{3}{2}} \tag{7-48}$$

对上式取对数有

$$\lg M_0 = \frac{3}{2}\lg S + \lg\left(\frac{16\Delta\sigma}{7\pi^{\frac{3}{2}}}\right) \tag{7-49}$$

由式(7-49)可以得出，对于恒定的应力降，$\lg S$ 会与 $\frac{2}{3}\lg M_0$ 成比例缩放。

假定应力降恒定，Kanamori 根据表面波震级与地震能量之间的 G-R 关系定义了矩震级，如下式：

$$\lg E_r = 1.5M_S + 4.8 \tag{7-50}$$

$$M_W = \frac{2}{3}\lg M_0 - 6.07 \tag{7-51}$$

式中：M_S 为面波震级，即根据面波计算出来的震级。

地震矩是震源力学状态的基本参数之一，等效于震源断层位移的点源力矩，可用作度量地震强度的参数。将地震矩转换为矩震级已成为衡量地震大小的标准方法。M_W 和地震矩 M_0 都可以通过一些经验关系与其他震级测量相联系。另外，矩震级 M_W 与里氏震级 M_L 的估算方法不同，在计算震源释放出来的能量时，矩震级实质考虑了断层几何形态及地震破裂的规模，因而较 M_L 更能反映震级的真实情况。

对于同样大小的地震，如果发生在高应力背景条件下，地震震源时间脉冲高而窄，拐角频率大，相应的高频成分就多。在地震矩相同的情况下，高频成分多意味着地震能量大，由于视应力与地震能量成正比，所以地震能量大意味着视应力高；由于应力降与拐角频率的三次方成正比，所以拐角频率大意味着应力降大。因此，视应力、应力降和拐角频率等震源力学参数的变化可以反映地壳应力水平的变化。

7.5.2　基于矩张量反演的震源机制解

震源机制是描述震源在地震发生时的力学过程的物理量，在远场条件下其数学形式一般用等效体力的一阶近似来表示。使用等效体力描述震源时需将其近似为点源，当震源距和所论及的波长远大于震源的尺度时，可将震源视为空间上的点源；当所论及的地震波周期远大于地震的上升时间时，可将震源视为时间上的点源。如果将震源视为内源，即满足净力与净力矩为零，则其对应的等效体力可由地震矩张量来表示（对称的二阶张量）。地震矩张量有 6 个独立的元素，在主轴坐标系下分别为 3 个描述主轴方位的未知数和 3 个描述主方向上矩张量大小的未知数。

广义的震源机制包含了各种形式的震源类型，比如剪切位错、爆破与塌陷等。考虑到矩张量反演的稳定性，结合天然地震的震源特征，通常约束矩张量的未知数个数。比如不考虑爆炸分量，对应矩张量元素的迹为 0，此时地震矩张量的未知数个数为 5；再比如将震源模型假定为剪切位错，此时矩张量的未知数个数减少为 4。当约束震源模型为剪切位错时，4 个未知数可表示为断层的走向、倾角、滑动角和标量地震矩，也可表示为描述主轴坐标系方位的 3 个角度和标量地震矩。剪切位错是最常见的天然地震震源类型，一般将剪切位错对应的震源模型称为地震的断层面解或震源机制解。

1. 矩张量反演

通常所说的地震矩张量反演，是指在点源近似下的地震矩张量反演，给出震源过程在空间尺度上的平均结果。反演得到的地震矩张量在空间上具有总体意义。地震台站观测到的地震图，是震源信号、传播介质信号和记录仪器响应信号的耦合体。地震矩张量依赖于震源强度和断层空间取向，并且表征着从波长比震源尺度大得多的地震波中所能了解到的所有震源信息。引入地震矩张量，可将地震图表示为震源信号、传播介质信号和记录仪器响应信号的褶积，从而使从地震图中提取震源信息的问题线性化，使求解变得简单。

将随时间变化的地震矩张量的各分量 $M_{ij}(t)$ 分解为 $M_{ij} \cdot S_{ij}$，其中 $S_{ij}(t)$ 是归一化的时间变量，称为震源时间函数。震源时间函数 $S_{ij}(t)$ 描述了地震矩张量各分量随时间变化的过程，是描述地震震源破裂历史的一个重要物理量。引入同步震源假设，即假设地震矩张量的各分量同步变化（这个假设在大多数情况下是合理的），则用一个震源时间函数 $S(t)$ 即可完全描述地震点源的破裂过程。

不加任何约束，用线性反演方法可同时反演出矩张量的 6 个独立分量分别随时间变化的过程 $M_{ij}(t)$，从而得到描述震源破裂过程的震源时间函数 $S_{ij}(t)$。做同步震源假设，用试错法设定 $S(t)$，求解 $M_{ij}(t)$，使理论地震图最佳拟合观测地震图。利用这种反演方法不但能得到正确的地震矩张量解 M_{ij}，最后选定的震源时间函数 $S(t)$ 也能粗略地描述震源破裂过程。

用经验格林函数方法提取地震的震源时间函数 $S(t)$，是地震学研究中的一个重要进展。1978 年，Hartzell 提出了用余震记录作为经验格林函数模拟主震的强地面运动的方法。与理论格林函数相比，经验格林函数的优点是考虑了实际地球介质对地震波的影响，用相同位置、相同机制的小震记录与大震记录反褶积，从而剔除地球介质和仪器的影响，得到大震的震源时间函数。

1）矩张量的数学原理

通过地震位移表示定理，在源区域内任意位置 r、任意时间 t 产生等效体应力密度分布 f_k 的观测位移 U_i 可表示为

$$U_i(r, t) = \int_{-\infty}^{\infty} \int_V G_{ij}(r, t; \bar{r}, \bar{t}) f_j(r, \bar{t}) \mathrm{d}V(\bar{r}) \mathrm{d}\bar{t} \tag{7-52}$$

式中：$U_i(r, t)$ 为 t 时刻 r 处的位移在 i 方向的分量；$G_{ij}(r, t, \bar{r}, \bar{t})$ 为介质传播效应的格林函数，它表示 $\bar{t}$ 时刻作用于 $\bar{r}$ 处的 j 方向的单位脉冲集中力在 r 处、t 时刻产生的位移在 i 方向的分量；V 为 $f_j \neq 0$ 处的震源体积；f_j 为物理真实体力和等效体力之和，简称等效体力。

假设格林函数在震源体中以比较缓慢的频率平滑地变化，通过泰勒级数在震中位置展开，如式（7-53）所示，即 $r = \varepsilon$。物理源区域通过等效力的形式描述，这些力由模型应力和实际物理特征引起的差异而增大，在震源外，应力过量将随着等效应力而消失。

$$G_{ij}(x, t; \bar{r}, \bar{t}) = \sum_{n=0}^{\infty} \frac{1}{n!} (r_{k1} - \varepsilon_{k1}) \cdots (r_{kn} - \varepsilon_{kn}) G_{ijk1\cdots kn}(r, t; \varepsilon, \bar{t}) \tag{7-53}$$

定义依赖于事件信息的力震源机制，随时间变化的等效力的 n 阶矩定义为式（7-54）。

$$M_{jk1\cdots kn}(\varepsilon, \bar{t}) = \int_V (r_{k1} - \varepsilon_{k1}) \cdots (r_{kn} - \varepsilon_{kn}) f_j(r, \bar{t}) \mathrm{d}V \tag{7-54}$$

由于地震震源是内源，根据动量守恒定律，等效力的零阶矩 $M_i = 0$。等效力的一阶矩，可由式（7-55）表示。

$$M_{jk}(\varepsilon, t) = \int_V x_k f_j(r, t) \mathrm{d}V(\bar{r}) \tag{7-55}$$

即通常所说的地震矩张量随时间的变化率，为地震矩率张量，简称矩率张量。由于等效力的

角动量守恒, 矩率张量 $M_{jk}(\varepsilon, t)$ 是一个对称二阶张量, 即 $M_{jk}(\varepsilon, t) = M_{kj}(\varepsilon, t)$。

通过式(7-53)和式(7-54), 地震位移可以表示为一系列关系式之和, 如下式:

$$U_i(r, t) = \sum_{n=1}^{\infty} \frac{1}{n!} G_{ijk1\cdots kn}(r, t; \varepsilon, \bar{t}) * M_{jk1\cdots kn}(\varepsilon, \bar{t}) \tag{7-56}$$

式中: $*$ 表示卷积, 若仅考虑(7-55)中的第一项, 则简化式(7-55), 从而得到式(7-57)。

$$U_i(r, t) = G_{ijk}(r, t; \varepsilon, \bar{t}) * M_{kj}(\varepsilon, \bar{t}) \tag{7-57}$$

上式即地震震源在点源近似下位移的表达式。在震中距和观测波长远大于震源尺度的情况下, 式(7-57)能够很好地描述实际地震位移。

假设地震矩张量的所有分量都依赖于相同的时间 $s(t)$, 即同发震源, 得到式(7-58)。

$$U_i(r, t) = M_{kj}[G_{ijk} * s(\bar{t})] \tag{7-58}$$

式中: M_{kj} 表征二阶矩张量分量, 通常简称为矩张量; 位移 U_i 与矩张量分量呈线性关系。

2)矩张量的物理模型

由断层滑动而产生的地震可以模拟为由 4 个力组成的双力偶, 然而, 这种力的组合只是可能的力组合中的一种。一般首先考虑单力和力偶, 然后是双力偶。如图 7-6 所示为单力、单力偶、双力偶模型的等效体力描述(断层上的滑动可以表示为任意类似 M_{xy} 和 M_{yx} 的力偶和类似 M_{xx} 和 $-M_{yy}$ 型的力偶极子的叠加)。力偶有三种形式: M_{xy} 的形式, 两个力 f 之间因力的作用点的距离为 d 而存在扭矩; M_{xx} 偶极子形式且不存在扭矩, 如图 7-6(b)所示; 断层面上的滑动往往被认为是 4 个力组成的双力偶, 即力偶 M_{xy} 或 M_{yx} 型或 $M_{x'x'}$ 或 $-M_{y'y'}$ 型, 如图 7-6(c)所示。

(1)单力与双力模型。

自然界中大部分地震波均是因地震活动而激发, 工程地质上的塌方则是由单力引起, 如图 7-6(a)。单力偶需要两个力相互作用, 就像地球磁场的两极。如图 7-6(b)显示了两种基本力偶: 模式Ⅰ, 两个力大小相同、方向相反但力的作用点存在偏移, 即 M_{xy} 包含了两个大小为 f 的力, 且力在 y 轴上作用点的距离为 d, 方向分别为 $\pm x$。M_{xy} 的大小为 fd, 在地震学中量纲单位为 dyn-cm 或 n-m。如果力偶作用于一个点, 则 d 的极限为 0, 因此 fd 保持常数。模式Ⅱ, 矢量偶极子, 它的偏移方向与力的方向平行, 即 M_{xx} 包含两个大小为 f、方向为 $\pm x$ 的力, 且这两个力的作用点在 x 方向上的距离为 d, 这对力偶的大小为 fd。可见模式Ⅰ和模式Ⅱ的最大差异在于模式Ⅱ不存在扭矩。

不同方向的力偶可以形成地震矩张量 M(如图 7-7 所示)。该张量是对不同震源的一个通用描述。没有一种地球物理过程可以很好地描述为单力偶, 这可能是因为这种力偶会产生大的力矩, 并产生可观测到的沿不同轴的旋转。两组和三组力偶的组合可以模拟地震和爆炸, 且不产生净力矩。

(2)双力偶模型。

图 7-6(c)描述了断层激发的地震与等效体力的双力偶的关系。例如, 对于在 yz 平面内沿 $\pm y$ 方向的左旋走滑断层, 其等效体力 $M_{xy} + M_{yx}$ 组成一个双力偶源。由于等效体力是一个双力偶, 其滑动可以由 xz 平面的右旋滑动代替。因此, 双力偶源可以等效为一个断层面或与断层面垂直的辅助面。

等效体力的大小往往用标量地震矩 M_0 表示(亦刻度地震的大小), 其单位为 dyn-cm, M_{xy} 和 M_{yx} 则是力偶的单位震级, 矩张量可以表示为

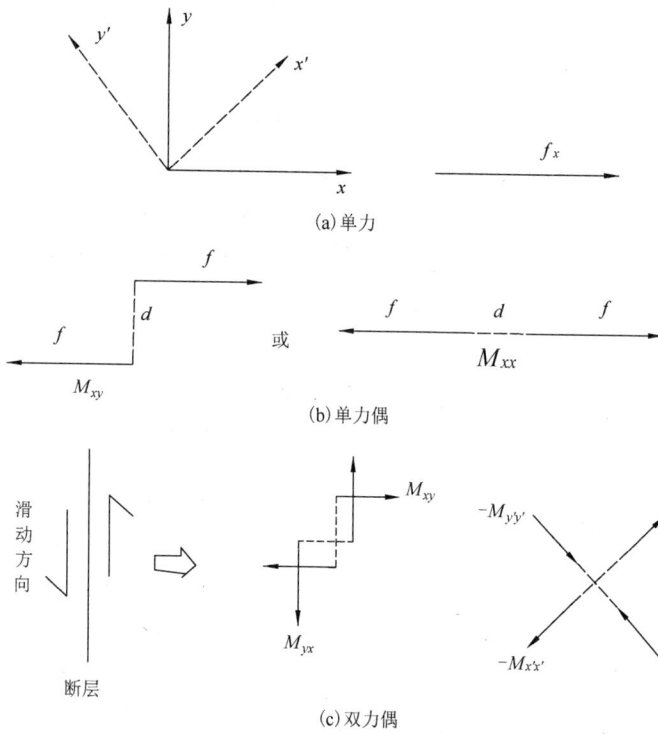

(a)单力

(b)单力偶

(c)双力偶

图 7-6　单力、单力偶、双力偶模型的等效体力描述

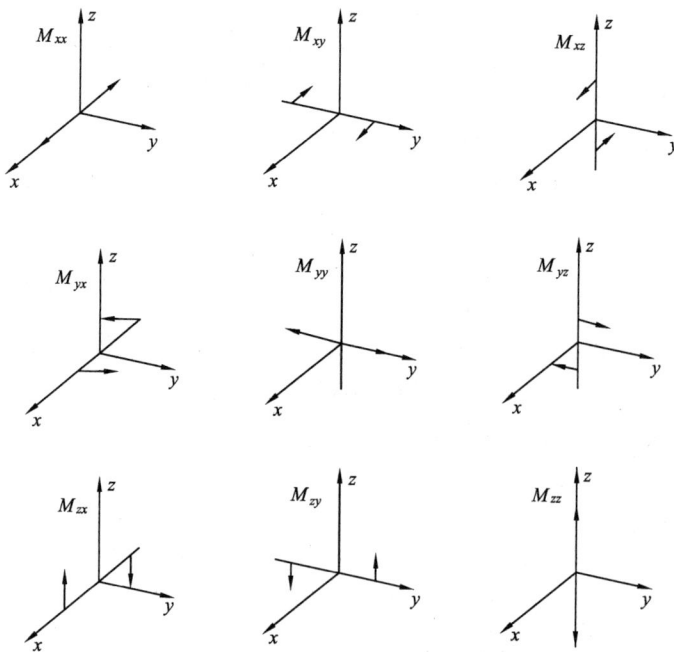

图 7-7　矩张量中 9 个张量的力偶示意图

$$M = M_0 (M_{yx} + M_{xy}) \tag{7-59}$$

可见，地震的矩张量可以通过其不同的分量、大小和标量地震矩表征断层的几何特性。

地震矩张量的分量和标量矩，分别代表了地震的断层几何形状和大小。鉴于不同的作用点和方向，任意作用点和方向的力偶可以用地震矩张量表示，矩张量的每个元素表示一个力偶，故它的分量是 9 个力偶：

$$M = \begin{bmatrix} M_{xx} & M_{xy} & M_{xz} \\ M_{yx} & M_{yy} & M_{yz} \\ M_{zx} & M_{zy} & M_{zz} \end{bmatrix} \tag{7-60}$$

因此，矩张量可以表示任意震源模型。在双力偶的力矩远小于地震波的波长时，矩张量可以很好地模拟震源，更大更复杂的地震源也能够通过很微小震源的叠加而得到，因此我们可以对如下几种介质产生的地震波的经典形式，用地震矩张量表示出来：

$$\text{爆炸型源}(ISO)：\begin{bmatrix} 1 & & \\ & 1 & \\ & & 1 \end{bmatrix}$$

$$\text{补偿线性偶极子震源}(CLVD)：\begin{bmatrix} -1 & & \\ & -1 & \\ & & -2 \end{bmatrix}$$

$$\text{线性偶极子震源}(LVD)：\begin{bmatrix} 0 & & \\ & 0 & \\ & & 1 \end{bmatrix}$$

$$\text{双偶极子震源}(DC)：\begin{bmatrix} 1 & & \\ & -1 & \\ & & 0 \end{bmatrix}$$

3）矩张量反演算法

通常所说的地震矩张量反演，指的是点源地震矩张量反演。反演所用的资料，是含有地震仪器响应的位移记录、速度记录和加速度记录。速度记录和加速度记录可通过积分得到位移记录。反演有两种做法：①通过记录谱除以仪器响应谱，将地震仪器对位移的影响从地震记录中消除掉，然后与理论位移波形比较；②通过格林函数谱乘以仪器响应谱，将加了仪器响应的理论位移波形与观测记录比较。由于除以仪器响应谱可能会在所涉及的某些频率上产生奇异性，故而倾向于第二种做法，观测资料与地震矩张量间的关系是将式（7-57）两边与仪器响应褶积得到关系式（7-61）。

$$I(t) * U_i(r, t) = I(t) * G_{ijk}(r, t; \varepsilon, \bar{t}) * M_{jk}(\varepsilon, t) \tag{7-61}$$

式（7-61）的左边就是加了地震仪器响应的位移记录。为了简洁，将仪器响应的位移 $I(t) * U_i(r, t)$ 用 $D_i(r, t)$ 记；将加了仪器响应的格林函数的空间导数 $I(t) * G_{ijk}(r, t; \varepsilon, \bar{t})$ 仍用 $G_{ijk}(r, t; \varepsilon, \bar{t})$ 记，并简称为格林函数，则式（7-61）变为式（7-62）。

$$D_i(r, t) = G_{ijk}(r, t; \varepsilon, \bar{t}) * M_{jk}(\varepsilon, t) \tag{7-62}$$

反演所用的格林函数 $G_{ijk}(r, t; \varepsilon, \bar{t})$，可用理论地球模型计算得到。将式（7-62）的时间和褶积离散化，通过求解线性方程组，可反演出地震矩张量 $M_{jk}(\varepsilon, t)$。对时间积分 $M_{jk}(\varepsilon, t)$，即可求出随时间变化的地震矩张量 $M_{jk}(\varepsilon, t)$ 的 6 个独立分量。这就是在时间域中做地震矩张量反演的基本思路。由于时间域反演占计算机内存大，计算时间长，故地震矩张量反演一般都是在频率域中进行。

在频率域中，用远场体波反演地震矩张量的问题，转化为求解线性方程组如下式。

$$D_{N\times l}(\omega_l) = G_{N\times 6}(\omega_l) * M_{6\times l}(\omega_l) \tag{7-63}$$

式中：ω_l 为离散频率；$D_{N\times l}(\omega_l)$ 为加了仪器响应的 N 个震相的位移谱，是一个 N 维数据向量；$G_{N\times 6}(\omega_l)$ 为加了仪器响应的 N 个震相的格林函数谱，是一个 $N\times 6$ 维系数矩阵；$M_{6\times l}(\omega_l)$ 为矩张量的 6 个独立分量的频谱，是一个 6 维解向量。

求解线性方程组(7-63)，有很多现成的方法可用，一般采用广义逆法。对每一离散频率 ω_l，分别求出 $M_{6\times l}(\omega_l)$，再变换到时间域，经积分后便得到随时间变化的矩张量的 6 个独立分量 $M_{6\times l}(t)$。

原则上说，选择 N 个震相（$N \geq 6$），由式(7-63)的 N 个方程，在最小二乘法意义上可解出矩张量 6 个独立分量在每个离散频率 ω_l 的值 $M_{6\times l}(\omega_l)$。但实际工作中，可供选择的震相个数很有限，式(7-63)中方程的个数不可能很多，只能用少数几个方程求解，且由于用于求解的方程组是病态方程组，结果将是不稳定的。

为了便于直观了解震源矩张量反演结果及其破裂机制，将矩张量结果可视化表达，如图 7-8 所示的震源沙滩球。震源沙滩球的表达基于 P 波初动，并按照赤平极射投影原理将断层面参数投影于平面大圆上，且一般以下半球投影表示，其能表示震源的破裂类型。如图 7-8 所示，黑色区域表示张拉，白色部分代表压缩。断层面参数（走向、倾角、滑移角）也称震源机制解，震源沙滩球在研究纯双力偶剪切破坏的震源机制中应用最广泛。

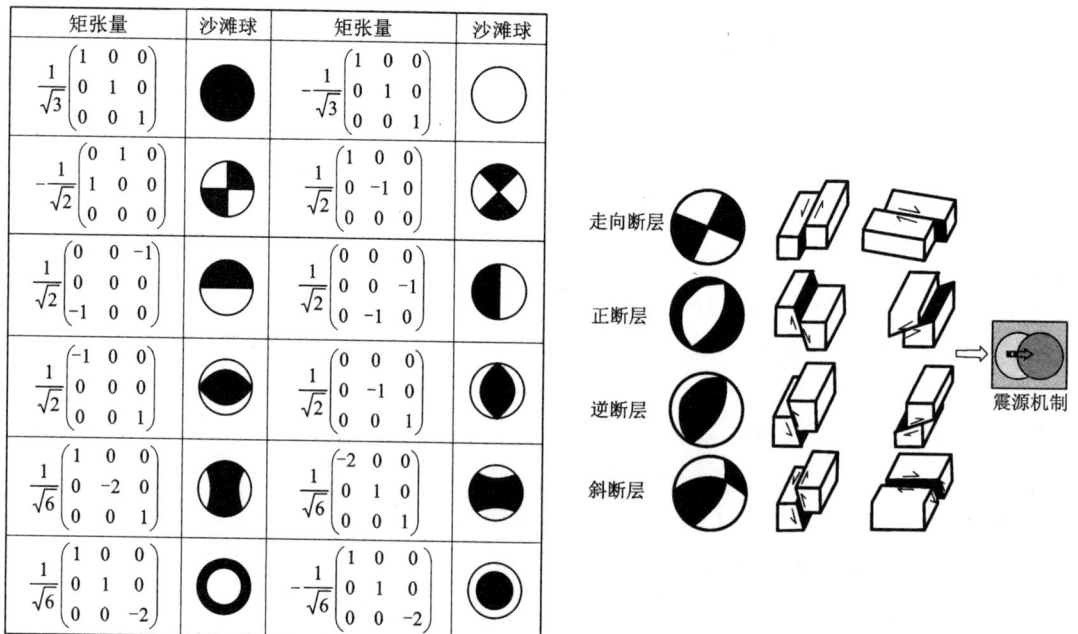

图 7-8　震源沙滩球原理

2.声发射源的简易矩张量反演

矩张量反演技术一直被用于得到震源方程,用矩张量表示震源无须事先对震源机制做任何假设,并且远场位移用矩张量表达是线性关系。尽管地震源与声发射源释放的能量及频率在数量级上存在差异,但二者在原理上几乎一致,因此,矩张量同样可以考虑应用于声发射源机理研究中。矩张量是岩石破裂震源等效力的概念,就如同应力张量一样,一定的应力张量在一定的判别标准下,可以获得岩石破裂类型和破裂面。因此,通过对岩石破裂点的矩张量的反演,可得到岩石破裂的走向、倾角、滑动角等破裂面参数,然后结合岩石破裂的位置信息,判断破裂带的破裂类型、过程及发展的趋势,从而对岩石破裂可能诱发的岩体破裂灾害进行机理分析及预测。

Ohtsu 和 Chang 等人应用弹性波理论和矩张量分析,对岩石破裂过程中的裂纹扩展机制进行了研究,表明该方法应用于岩石失稳破坏机制研究是可行的。在岩石声发射试验中如果不等式 $L^2 \ll \lambda r_0 / 2$ 成立,则接收器与声发射系统可认为是远场。

由于全波形反演计算复杂,不便于大量震源事件的处理分析,Ohtsu 将矩张量反演法进行了简化处理,假定震动波的传播介质为各向同性的均匀介质,则只采用震源定位与 P 波初动振幅即可求解矩张量,从均匀各向同性材料的全空间格林函数中选取 P 波部分,同时开发了一套基于声发射源定位的矩张量分析软件 SiGMA(simplified Green's function for momenttensor analysis),并将其应用于室内混凝土试件的声发射试验研究。虽然对于大多数介质来说存在很大误差,但在室内声发射试验震源机制分析中,由于试验试件可被看成各向同性均质体,所以矩张量在室内试验中的结果精确度较高且应用较为广泛。

Ohtsu 利用点源假设、均匀介质假设和远场近似,将震源监测端接收到的位移场 $u(x)$ 简化为下式:

$$u(x) = Cs \frac{\text{Re}(t, r)}{R} r_i r_j M_{ij} \tag{7-64}$$

展开为

$$u(x) = Cs \frac{\text{Re}(t, r)}{R} (r_1 r_2 r_3) \begin{bmatrix} m_{11} & m_{12} & m_{13} \\ m_{12} & m_{22} & m_{23} \\ m_{13} & m_{23} & m_{33} \end{bmatrix} \begin{bmatrix} r_1 \\ r_2 \\ r_3 \end{bmatrix} \tag{7-65}$$

式中:Cs 为传感器耦合系数(需试验前确定);$\text{Re}(t, r)$ 为震源波的发射系数;R 为震源与传感器之间的距离矢量;r_1、r_2、r_3 为其方向余弦矩阵。

$\text{Re}(t, r)$ 可利用下式进行求解:

$$\text{Re}(t, r) = \frac{2k^2 a [k^2 - 2(1-a^2)]}{[k^2 - 2(1-a^2)]^2 + 4a(1-a^2)\sqrt{k^2 - 1 + a^2}} \tag{7-66}$$

式中:t 为传感器灵敏度的方位矢量;$k = \alpha/\beta$;a 为矢量 r 和矢量 t 的内积。特别地,当 P 波由垂直方向到达试样表面时,$a = 1$,$\text{Re}(t, r) = 2$。

因绝对矩张量反演 Ohtsu 方法假设介质是各向同性且均匀的,介质中波的传播速度、传播路径等参数均不受介质影响,所以格林函数的求解只需震源坐标和传感器坐标等较易获取的信息,矩张量结果计算非常简便快速,因而成为目前微震及声发射领域研究常用的反演方法。

然而，矩张量反演在岩石声发射试验中的可靠性仍是值得关注的问题。刘培洵等人的人工激发试验和花岗岩单轴压缩试验表明，在观测精度较高，且假设条件得到较好满足的情况下矩张量反演是可靠的。但要想实现可靠的矩张量反演并不容易，首先要保证声发射到时识别和定位的准确性，这是进行矩张量反演的基础；其次要确保各通道的频响和增益的一致性，这包括传感器的一致性、传感器与样品机械耦合的一致性以及传感器与采样系统的电器特性的一致性。矩张量反演得到各测点初动振幅，通道间的不一致对振幅的影响远大于对到时的影响。而试验中要想做到各测点一致是困难的，需要反复检测甚至重新进行传感器粘接，同时进行相对标定也是必要的。

7.5.3 基于 P 波初动极性的声发射震源机制分析

在声发射试验中，声发射信号数据量大、频率高，对监测设备的精度有着很高的要求。同时，由于震源距传感器较近，震源处的弹性波通过短距离的传播到达传感器并被拾取后，信号 P 波和 S 波不能有效分离。这些都导致精确的 P 波到时拾取和定位非常困难，因此在声发射试验中实现可靠的矩张量反演并不容易，不仅要保证声发射到时识别和定位的准确性，还要确保各通道频响和增益的一致性。

Zang. A 等通过在声发射试验中采用声发射传感器接收到的 P 波初动振幅极性平均值来表示单个事件的初动极性值，即

$$pol = \frac{1}{k} \sum_{i=1}^{k} sign(A_i) \tag{7-67}$$

式中：k 为传感器个数；A_i 为第 i 个传感器的 P 波初动振幅。$sign$ 为符号函数，具体表达式为

$$sign(A_i) = \begin{cases} 1, & A_i > 0 \\ 0, & A_i = 0 \\ -1, & A_i < 0 \end{cases} \tag{7-68}$$

根据 pol 值可确定破裂类型，当 $-0.25 \leqslant pol \leqslant 0.25$ 时，为剪切破坏（S 型）；当 $-1 \leqslant pol < -0.25$ 时，为张拉型破裂（T 型）；当 $0.25 < pol \leqslant 1$ 时，为压缩破裂（C 型）。

区分断裂类型的简单方法就是计算具有正向和负向第一运动的压电图之间的比率，如果大多数传感器具有压缩或扩张的第一运动，则事件分别命名为 T 型和 C 型；否则（极性在 $-0.25 \sim 0.25$），它们被命名为 S 型。

参考文献

[1] Nakano H. Note on the nature of forces which give rise to the earthquake motions [J]. Seismol Bull Centr Meteorol Obs, Tokyo, 1923, 1: 92-120.

[2] Maruyama T. On the force equivalent of dynamic elastic elastic dislocation with reference to the earthquake mechanism [J]. Bull. Earthq. Res. Inst., 1963, 41: 467-488.

[3] Burridge R, Knopoff L. Body force equivalents for seismic dislocations [J]. Bulletin of the Seismological Society of America, 1964, 54(6A): 1875-1888.

[4] Madariaga R. Dynamics of seismic sources [C]//Identification of Seismic Sources—Earthquake or Underground Explosion. Berlin: Springer, 1981: 71-96.

[5] Lay T, Wallace T C. Modern global seismology[M]. Amsterdam：Elsevier, 1995.

[6] Udias A, Buforn E. Principles of seismology [M]. Cambridge：Cambridge University Press, 1999.

[7] 许力生, 严川, 张旭, 等. 一种确定震源中心的方法：逆时成像技术（二）—基于人工地震的检验 [J]. 地球物理学报, 2013, 56(12)：4009-4027.

[8] Brune J N. Tectonic stress and the spectra of seismic shear waves from earthquakes[J]. Journal of Geophysical Research, 1970, 75(26)：4997-5009.

[9] Aki K. Scaling law of seismic spectrum[J]. Journal of Geophysical Research, 1967, 72(4)：1217-1231.

[10] Aki K. Seismic displacements near a fault [J]. Journal of Geophysical Research, 1968, 73(16)：5359-5376.

[11] Aki K. Scaling law of earthquake source time-function[J]. Geophysical Journal International, 1972, 31(1-3)：3-25.

[12] Aki K. Characterization of barriers on an earthquake fault[J]. Journal of Geophysical Research：Solid Earth, 1979, 84(B11)：6140-6148.

[13] Abercrombie R E. Earthquake source scaling relationships from −1 to 5 ML using seismograms recorded at 2.5-km depth[J]. Journal of Geophysical Research：Solid Earth, 1995, 100(B12)：24015-24036.

[14] Savage J C. Radiation from a realistic model of faulting[J]. Bulletin of the Seismological Society of America, 1966, 56(2)：577-592.

[15] Savage J C, Hastie L M. Surface deformation associated with dip-slip faulting[J]. Journal of Geophysical Research, 1966, 71(20)：4897-4904.

[16] Molnar P, Tucker B E, Brune J N. Corner frequencies of P and S waves and models of earthquake sources [J]. Bulletin of the Seismological Society of America, 1973, 63(6-1)：2091-2104.

[17] Mayeda K, Walter W R. Moment, energy, stress drop, and source spectra of western United States earthquakes from regional coda envelopes[J]. Journal of Geophysical Research：Solid Earth, 1996, 101(B5)：11195-11208.

[18] Kanamori H. The energy release in great earthquakes[J]. Journal of Geophysical Research, 1977, 82(20)：2981-2987.

[19] Eshelby J D, Peierls R E. The elastic field outside an ellipsoidal inclusion[J]. Proceedings of the Royal Society of London. Series A. Mathematical and Physical Sciences, 1959, 252(1271)：561-569.

[20] Hartzell S H. Earthquake aftershocks as Green's functions[J]. Geophysical Research Letters, 1978, 5(1)：1-4.

[21] Ohtsu M. Acoustic Emission Testing[M]. Berlin：Springer, 2008.

[22] 刘培洵, 陈顺云, 郭彦双, 等. 声发射矩张量反演[J]. 地球物理学报, 2014, 57(3)：858-866.

[23] Zang A, Christian W F, Stanchits S, et al. Source analysis of acoustic emissions in Aue granite cores under symmetric and asymmetric compressive loads [J]. Geophysical Journal International, 1998, 135(3)：1113-1130.

[24] Aki K, Richards P G. Quantitative seismology[M]. 2002.

[25] 华卫. 中小地震震源参数定标关系研究[D]. 北京：中国地震局地球物理研究所, 2007.

第8章　岩石声发射的室内试验研究

岩石声发射试验是在室内模拟自然环境的条件下进行的可控制试验，通过声发射系统对岩石破裂过程中的声发射信号进行实时监测和采集，分析声发射信号特征进而探索岩石破裂失稳的机理并识别有效的破裂前兆信息，这对现场岩体工程稳定性分析和安全预警有着重要的理论意义和实际应用价值。本章介绍几种目前常用的岩石声发射试验流程及声发射特征参数基本规律，按照加载速率可分为静载下岩石声发射试验和冲击荷载下岩石声发射试验，静载下岩石声发射试验又有单轴压缩岩石声发射试验、劈裂或拉伸荷载岩石声发射试验、围压下岩石声发射试验等。

8.1　静载下岩石声发射试验研究

8.1.1　单轴压缩岩石声发射试验

单轴压缩试验是一种常见的岩石力学试验，指对圆柱或角柱形岩样只在其轴向施加荷载进行的试验。试验时，岩样只在一个方向上受力，即单向应力状态，并假定作用在各个岩样上的压应力呈均匀分布。岩样承受的最大荷载为抗压强度，它与试件长度、应力变化以及试件材质均匀程度等有关。单轴压缩试验用于测定岩石强度、变形、应变、杨氏模量、泊松比等力学参数，同时也可观察和测定岩石在荷载作用下伴随变形所出现的若干微观或宏观现象。目前，常采用外部加载设备对静态岩样进行单向恒定速率的加载，并辅以高速摄像机、裂纹扩展计等最新研究设备，获取岩石试件对外部加载的力学响应特征参数并做分析和研究。

1.试验设计

岩样按照国际岩石力学与岩石工程学会(ISRM)的建议方法分别制成标准加压试件。试件一般选用整齐的圆柱体，其高与直径之比为 2.0~3.0，直径最好不超过 50 mm。试件直径与岩石内最大颗粒尺寸的比值至少是 10：1，加载时在岩样端面抹润滑剂，降低端面摩擦系数以尽量减小端面摩擦效应对试验数据的影响，加载设备可采用位移控制和力控制模式。

试验中，声发射传感器直接粘贴在试件表面，传感器的数量应根据具体的试验目的设置，传感器越多对定位越有利，如图 8-1 所示。加压设备与声发射采集设备外参数链接，以保证力学试验系统和声发射监测系统同步工作。由于岩石宏观破坏发生前裂纹萌生、扩展和贯通过程随着应变率的增大变得不显著，高应变率加载条件下声发射数据采集不完整，这就会对声发射特性和岩石不同阶段力学特性的对比分析产生影响。因此，为了获得完整岩样破坏过程的声发射数据，加载速率不宜过高。若要通过声发射技术完整地分析岩石从裂纹萌生到宏观破坏的全过程，或比较不同加载条件下岩石的声发射特性，岩石声发射试验中的应变率应小于 $10^{-5}\ \mathrm{s}^{-1}$，若试件加载方向长度为 100 mm，则加载速率要小于 $10^{-3}\ \mathrm{mm \cdot s}^{-1}$。

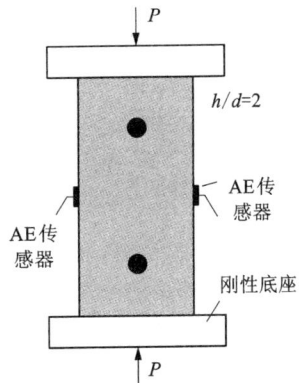

图 8-1　单轴压缩试验传感器设置

注：根据试验目的和要求，增加传感器，
图中是定位需要的最小传感器数量

常用的声发射采集系统主要需设定的参数包括门槛值、采样频率、撞击定义参数等。门槛值可根据现场环境和试验目的进行设定，环境噪声、背景噪声大，则需设定较大的门槛值；环境噪声、背景噪声小，则设定较小的门槛值。但需注意的是，较大的门槛值也限制了小幅值破裂所释放的声发射信号的采集，而这些小幅值破裂在孕育宏观破坏的过程中起到了非常重要的作用，因此，在门槛值的选择上要根据具体情况慎重设定。根据 Nyquist 采样定理，采样频率大于信号中最高频率的 2 倍时，则采样之后的数字信号完整地保留了原始信号中的信息，因此，一般在实际应用中保证采样频率为信号最高频率的 5~10 倍。岩石声发射信号的频率一般认为在 100 kHz 以上，破裂尺度越小，产生信号频率越高，理论上，声发射信号频率可以非常大，但由于高频信号衰减很快，即使产生也无法被传感器采集到。因此，需根据岩样特征、试验目的、加载方式等具体情况设定采样频率，但对采样频率的设定要保证每个声发射通道分配的采样频率至少是破裂信号频率的 2 倍以上。对撞击定义参数，在第 4 章 4.3.2 节中以 PAC 公司的声发射系统为例说明了撞击定义参数 PDT、HDT 和 HLT 的设置方法，撞击定义参数的设定需根据岩样特征、试验目的、加载方式等具体情况而定。一般情况下，单轴压缩试验中 PDT、HDT 和 HLT 建议值分别为 50 μm、200 μm、300 μm。

2. 声发射参数基本特征

常用来分析声发射信号的参数主要有振铃计数（counts）、幅值（amplitude）、能量（energy）、峰值频率（peak frequency）、RA 值、AF 值、b 值等，如图 8-2 所示，能够反映岩石单轴压缩过程中力学与声发射参数随加载时间变化的基本规律。

振铃计数能较好地反映岩石实时损伤演化过程，而幅值能在一定程度上作为评判岩石破裂尺度大小的指标。一般来说，在起始阶段，累计振铃计数增加缓慢，而至临近破坏时，由于裂纹起裂、扩展、贯通形成大尺度破裂，释放出高能量高幅值信号，致使累计振铃计数激增，说明此过程岩石内部损伤加剧，以此可作为岩石失稳破坏的先兆特征；而且加载前期信号以幅值和能量较小的为主，记录了较明显的裂纹萌发和扩展的过程，并且在应力接近峰值时信号的幅值和能量突然增大，说明大尺度的破裂形成。

频率是分析信号特征的重要参数，在频谱分析中，峰值频率是最大能谱点的频率，是分析信号频谱特征的一个重要参数，可将其近似看作声发射信号主频。如图 8-3 所示，加载前期由于发生的破裂大多为小尺度破裂，峰值频率高的信号较多，在接近峰值应力出现前，大尺度破裂较多，峰值频率较高的信号会减少，即使有高频信号，也会因为岩样在这一阶段较

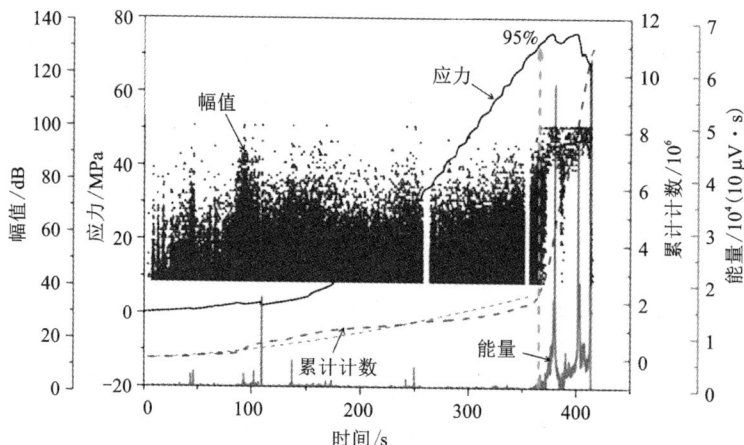

图 8-2 单轴压缩下声发射参数变化特征

破碎而使高频信号衰减较快无法被传感器接收到。值得注意的是，采集到的信号频率不仅与岩样中的破裂尺度有关，还与岩样的特征、传感器谐振频率有关，因此在进行声发射信号频率特征分析时，尤其是在对比分析不同类型岩样或不同加载方式下声发射信号频率特征时，需首先明确传感器谐振频率。

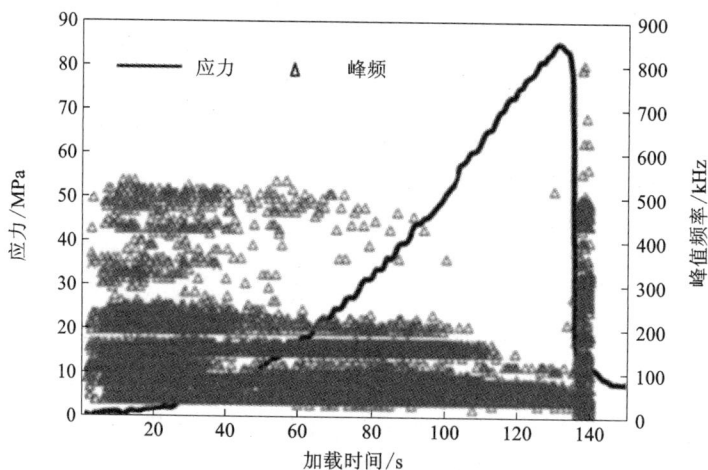

图 8-3 单轴压缩下峰值频率随时间的变化特征

RA 值和 AF 值是基于波形参数提取的声发射特征参数，在一定程度上能反映震源的特征。图 8-4 为典型的 RA 和 AF 值随加载的变化趋势，在单轴压缩试验中，RA 值在加载前期较小，到加载后期有增大的趋势；AF 值在加载前期较大，到加载后期有减小的趋势。在单轴压缩下岩石的破坏过程中 b 值也有明显的变化，随着应力水平的不断提高，b 值逐渐减小，在应力达到峰值时，b 值降到最小。b 值的变化反映了岩样从裂纹的萌生、扩展到最终形成宏观破坏的过程中，小尺度破裂逐渐发展形成大尺度破坏，如图 8-5 所示。

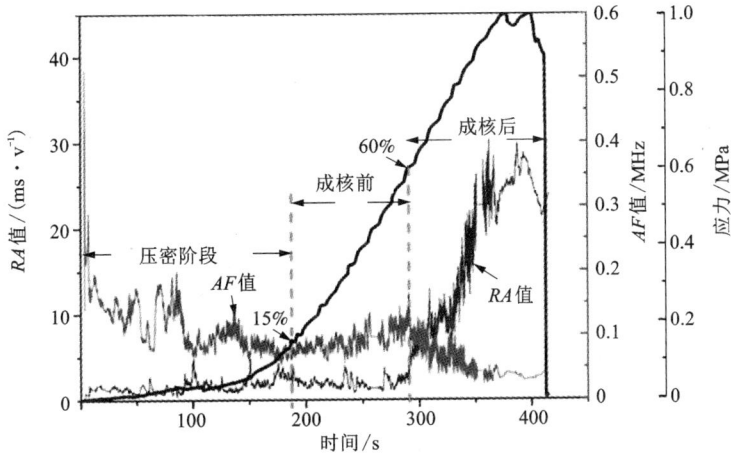

图 8-4　单轴压缩下 RA-AF 随加载时间的变化特征

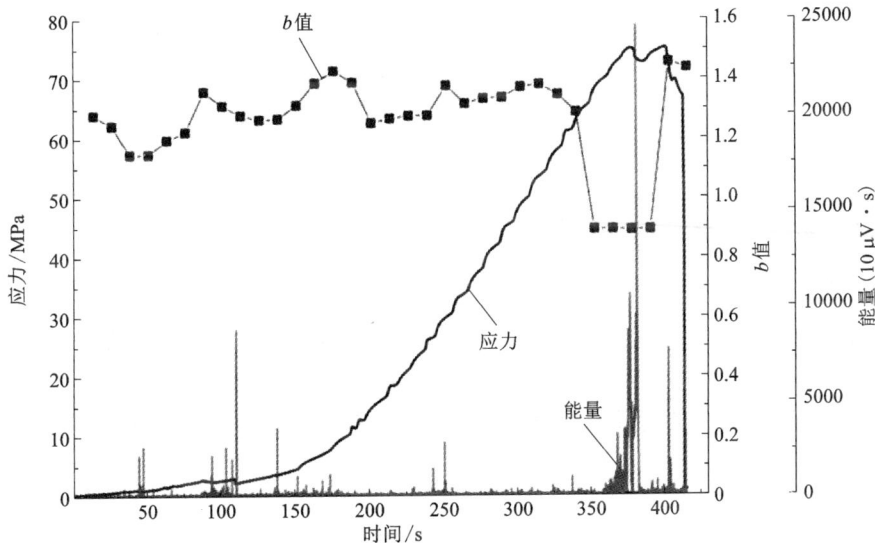

图 8-5　单轴压缩试验中 b 值随加载时间的变化特征

8.1.2　劈裂荷载下岩石的声发射试验

抗拉强度是影响压裂过程起裂压力的重要参数，岩石抗拉强度的室内测定一般采用直接拉伸法和劈裂法，其中，巴西劈裂试验是测量岩石抗拉强度的一种简单而有效的手段。声发射技术也被广泛应用于巴西劈裂试验，通过声发射参数对岩石试件在劈裂荷载下的破裂特性进行分析和评估。

1. 试验设计

岩样可按照国际岩石力学与岩石工程学会（ISRM）的建议方法分别制成标准加压试件，如图 8-6 所示。加载可采用位移控制和力控制模式，对试验施加恒定、连续的荷载。声发射传感器可分别粘贴于试件端面靠近劈裂中心位置，也可以粘贴在试件的圆柱面上，传感器的数量应根据具体的试验目的而定，传感器越多对定位越有利。声发射系统门槛值的选择也需根据具体情况设定。在巴西劈裂试验中，岩样沿着中心面破裂，一般情况下，单个震源的破裂尺度都较小，且大部分破裂形式为张拉破坏，所以产生的声发射信号频率会偏高。因此，在巴西劈裂试验中需要将声发射采集系统的采样频率设置得高一些。此外，撞击定义参数PDT、HDT 和 HLT 建议设置为 50 μm、200 μm、300 μm。

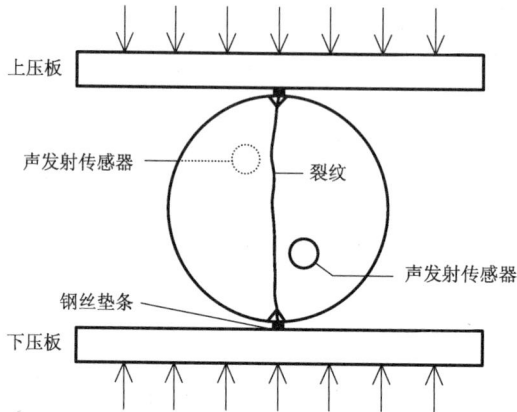

图 8-6　巴西劈裂试验示意图
（注：可根据试验目的和需求增加传感器的个数）

2.声发射参数基本特征

在劈裂荷载下，岩样受压后产生横向张拉力，岩样会沿着加载方向的中心面破裂。如图 8-7 所示，劈裂荷载下岩石声发射参数在起始阶段，即微裂纹萌发和扩展阶段，累计振铃计数、幅值和能量增加缓慢，至临近破坏时，这些参数随着大尺度破裂的形成而激增并达到峰值。由于巴西劈裂试验的特殊破裂方式，破裂尺度较小且多为拉伸破坏，因此具有较高峰值频率的信号所占比例较大（如图 8-8 所示）。

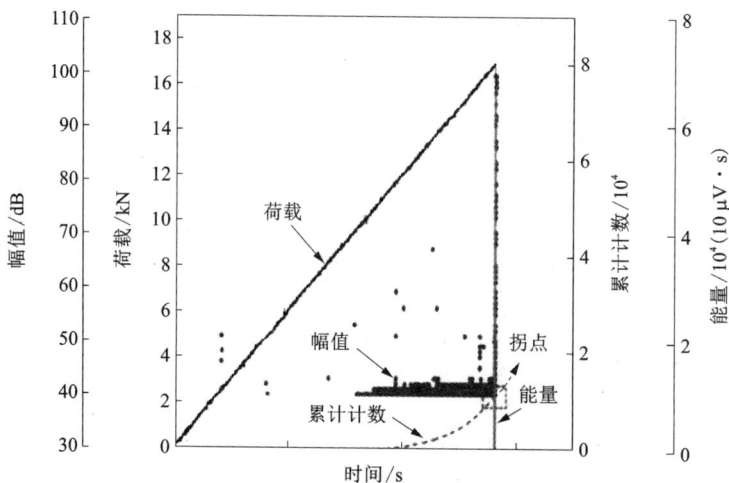

图 8-7　劈裂荷载下声发射参数的变化特征

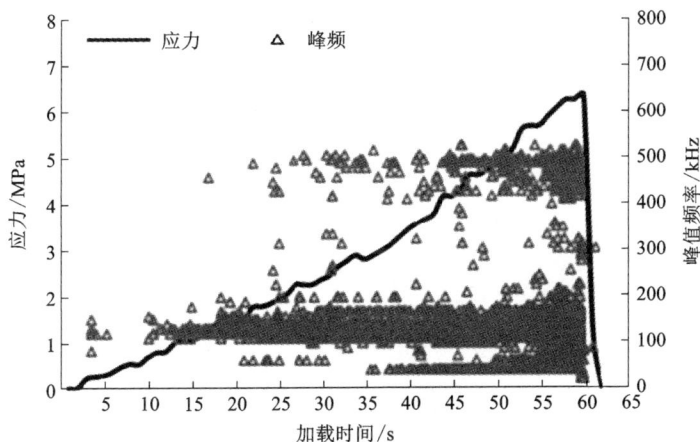

图 8-8　劈裂荷载下峰值频率随时间的分布特征

　　拉伸破坏产生的信号一般具有低 *RA* 值、高 *AF* 值的特征，而剪切破坏产生的信号一般具有高 *RA* 值、低 *AF* 值的特征。如图 8-9 所示，劈裂荷载下，加载前期 *RA* 值较小，加载后期临近破坏阶段，*RA* 值明显升高；*AF* 值在加载前期较大，加载后期临近破坏阶段 *AF* 值有下降的趋势。

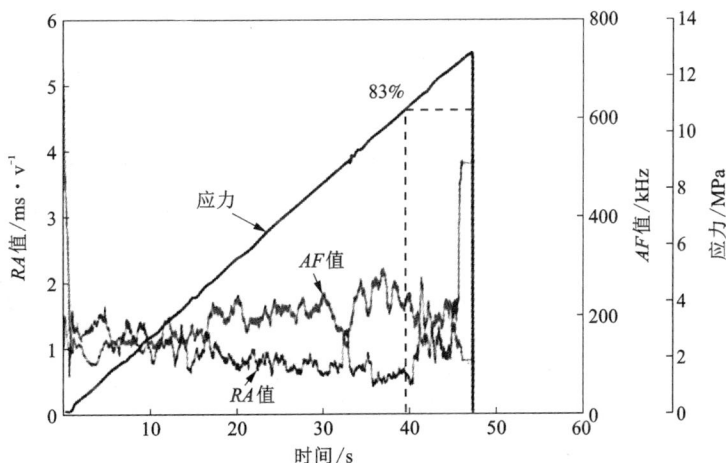

图 8-9　劈裂荷载下岩石破坏的 *RA-AF* 分布特征

　　如图 8-10 所示，与单轴压缩下 *b* 值的变化情况类似，劈裂荷载下，加载前期 *b* 值的变化趋势较为平缓，在应力达到峰值时，*b* 值降到最小。

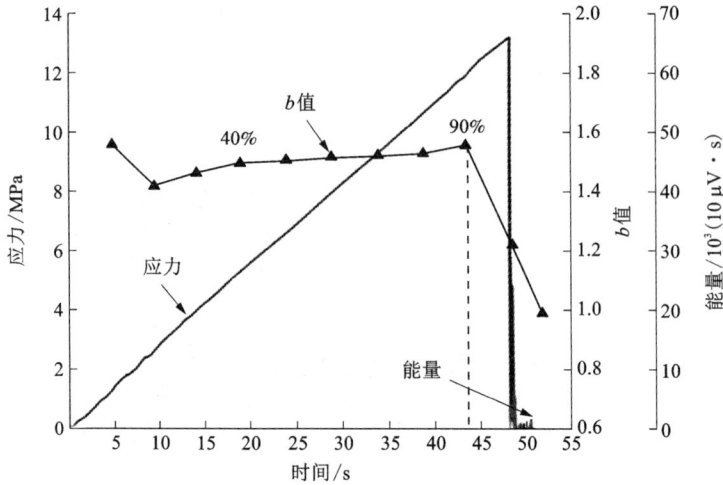

图 8-10　劈裂荷载下 b 值随加载时间变化的曲线

8.1.3　围压作用下岩石的声发射试验

地下工程岩体均处于三向受压状态，研究岩石在不同方向应力下的破坏过程对岩体工程的安全性评价、设计与施工有着非常重要的指导意义。同时，岩石三向受压状态的声发射试验也是通过室内类比研究地震机理的重要手段。在岩石三轴压缩试验中，岩石试件除受轴向压力外，还受侧向压力，侧向压力限制试件的横向变形，因而三轴试验是限制性抗压试验。

1）常规三轴压缩的声发射试验

将圆柱形的岩样放在容器中，在周围加以液压即围压的同时，用活塞往轴向加压。因为是在环向施加围压状态下的单轴加载，所以在 3 个主应力中，有 2 个相等，如图 8-11 所示，应力状态 $\sigma_1 > \sigma_2 = \sigma_3$。

常规三轴压缩试验中，声发射传感器和应变计粘贴在岩样柱面上，为了防止围压油浸入岩样内，需用硅树脂等材料包裹岩样再放入加压腔内施加围压和轴压。为了实现声发射信号的精确定位，不仅需要较多的传感器，还需在加载的不同阶段通过控制信号采集系统，利用声发射传感器对岩样在不同方向上的 P 波速度进行测定。常规三轴加载的声发射试验示意图及传感器布置图分别如图 8-12 和 8-13 所示，声发射参

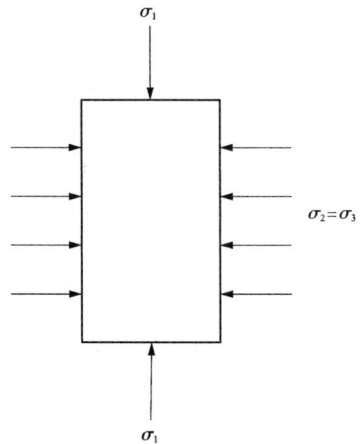

图 8-11　岩样受力状态

数特征需要根据具体的试验目的及试验现象和结果来分析。

2）真三轴加载的声发射试验

常规三轴试验采用圆柱体岩石样本加侧向围压，增加轴向荷载直到岩石发生破坏，这种常规三轴试验只是模拟了一些地壳表层条件下的一种两个主应力相等的特殊应力情况。但是工程应用中岩石受力很少是轴对称的，对一些主要类型的断层和数千米的原位应力测量的结

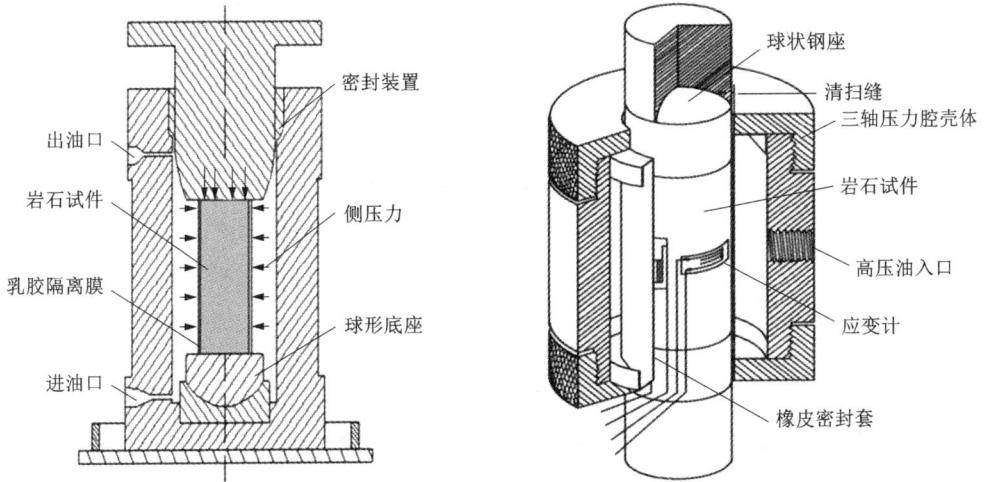

图 8-12　常规三轴加载的岩石声发射试验示意图

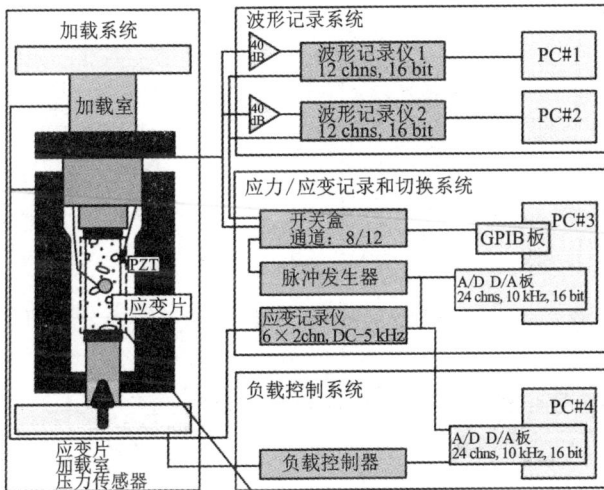

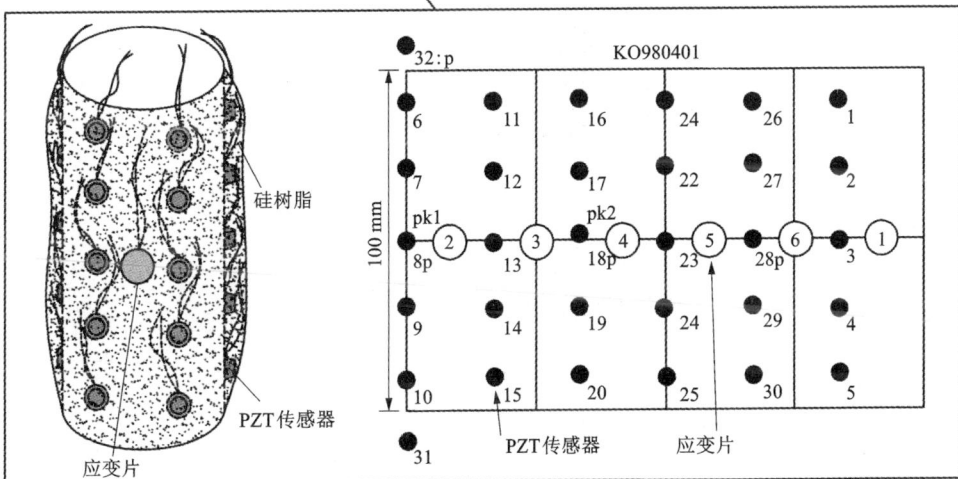

图 8-13　常规三轴加载的岩石声发射传感器布置图

果表明，地壳中的应力状态是三维的，即3个主应力不相等，因此需要用真三轴加载系统来研究岩石在三向应力下的力学特性。根据国际岩石力学协会推荐的真三轴岩石力学试验方案，真三轴岩石力学试验采用的岩样为矩形柱状，平行于主应力方向的岩样长度为宽度的两倍（岩样的宽度与长度之比近似为1∶2），具体尺寸可根据所使用的试验仪器设置。

　　真三轴加载条件下，声发射传感器可通过在加压板上开孔，直接贴在岩样表面。有学者提出将声发射传感器内置于真三轴腔室内（如图8-14所示），即将岩石试件夹具内的T字形空腔长槽穿透岩石试件夹具的两端面，一面为与岩石试件接触端面，另一面为加载端面；声发射传感器内置于T字形空腔内靠近岩石试件一端与岩石试件紧贴，另一端与传力机构一端相连（传力机构的另一端与所述的岩石试件夹具连接），声发射传感器通过传力机构与岩石试件始终保持接触状态。对于真三轴岩石声发射试验，由于试验目的、试验条件等不同，需要根据具体的试验方案、现象和结果，来具体分析在真三轴加载条件下岩石的声发射参数特征。

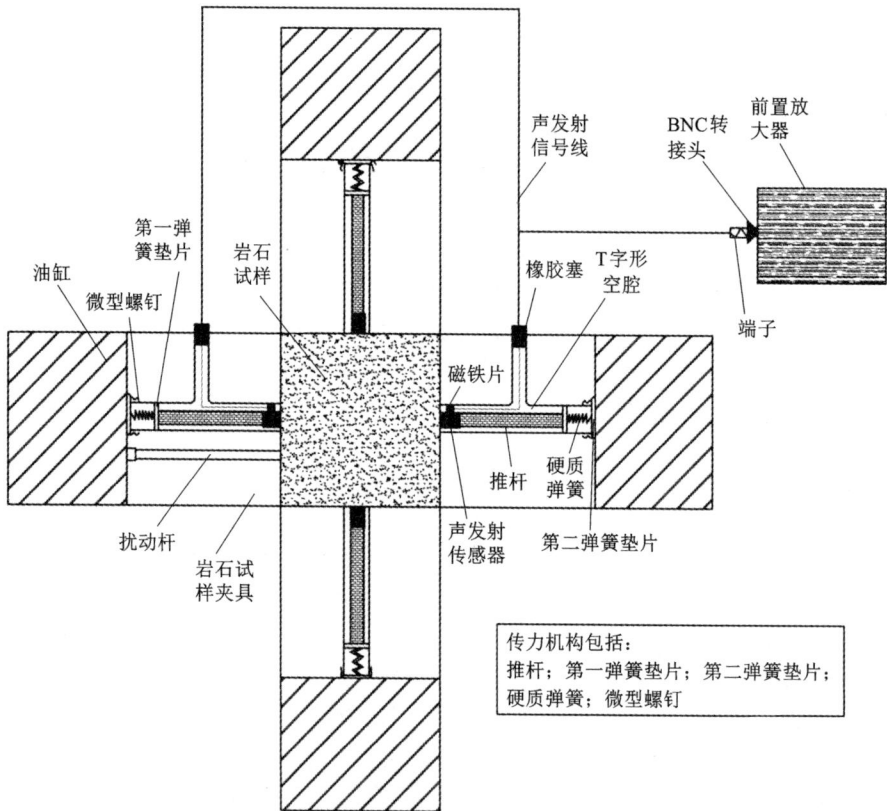

图 8-14　真三轴试验传感器布置示意图

8.2　冲击荷载下岩石声发射试验研究

在岩土工程的实践中，动荷载的作用是普遍的，如钻爆法施工时的爆破荷载，军事打击下炸弹爆炸的应力波，地震荷载作用下的地震波，以及在深部高地应力区开挖可能诱发的岩爆灾害等，都是动荷载作用的表现形式。这些动荷载的作用对岩土体的稳定性也有很大的影响，因此，人们希望了解岩石在诸如爆破、机械冲击等中、高应变率加载条件下的力学特性，相应地，声发射监测技术也被用来对中、高应变率加载条件下岩石的破裂特性进行研究。

1. 试验设计

常用的中、高应变率加载设备为 SHPB 试验系统，SHPB 装置主要由子弹、入射杆、透射杆三部分组成，装置系统如图 8-15 所示。发射腔里的子弹受到高压气体的作用后，以一定的速度射出，经过测速系统后撞击入射杆，并在入射杆端形成应力波，应力波传至入射杆与岩样的交界面处发生反射和透射，透射波传至岩样与透射杆的界面处再次发生反射和透射，岩样两端面的应力、应变在经过几次透反射后达到基本平衡。通过粘贴在入射杆和透射杆上的应变片以及与之相连的动态应变仪，能够捕捉到入射波、反射波和透射波的时程变化，绘制出 3 个应力波的时程曲线。

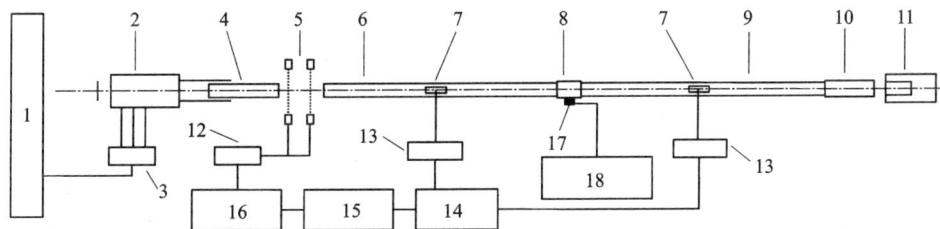

1—高压气罐；2—发射腔；3—控制阀；4—冲头；5—光束；6—入射杆；7—电阻应变片；
8—试件；9—透射杆；10—吸收杆；11—缓冲器；12—计时器；13—电桥；14—超动态应变仪；
15—波形存储器；16—数据采集处理单元；17—声发射传感器；18—声发射信号采集处理单元。

图 8-15　霍普金森（SHPB）试验系统示意图

目前 SHPB 加载系统中所用的岩样直径多在 36~100 范围内，由于静态岩石试验规范中建议岩石试件的直径为 50 mm，为了与静态岩石试验对比，SHPB 试验中 50 mm 的试件直径是比较常用的，然而这具体还需要根据试验所用压杆直径确定。试验中多采用"纺锤型"子弹加载的方法进行高应变速率加载试验，这种形状的子弹能够产生稳定的半正弦波，减少高频振荡，最大限度地消除弥散效应。由图 8-15 可知，应变片粘贴于弹性入射杆和透射杆中间位置，用以获取入射波、反射波和透射波对应的应变数据，从而计算得到冲击荷载下岩石应力、应变关系。声发射传感器可直接粘贴在岩样上，由于冲击作用可能会造成传感器损坏，也可以通过波导杆连接传感器和岩样。在 SHPB 冲击试验中，撞击定义参数 PDT、HDT 和 HLT 建议设置为 200 μm、800 μm、1000 μm。

2.声发射参数基本特征

一般而言，由于快速的动态加载和破裂，与静态和低加载速率测试相比，冲击荷载下采集到的声发射信号要少得多。同时，冲击作用下，岩石内部微裂纹来不及充分扩展，也只产生少量的声发射事件。在 SHPB 试验中，传感器不仅会采集到岩样破裂的声发射信号，还会拾取到冲击荷载产生的应力波在岩样中传播所形成的信号，如图 8-16 所示。由于应力波在岩样中作用一定时间后岩样才开始起裂破坏，因此，采集的声发射信号在前期都有一个幅值、计数、能量很大且低频成分显著的信号，这被认为是采集到的应力波传播产生的信号。如果以出现的幅值、计数、能量很大且低频成分显著的信号为界限，可把冲击荷载下的岩石声发射信号分为两个阶段，首先是冲击荷载下岩石横向膨胀引起的信号幅值、计数、能量突然增大的阶段，这一阶段历时很短，且具有最大的幅值、能量、信号强度和计数；而后则是试件破裂的开始直至破坏，这一阶段历时较长，除在开始时事件数较大外，其余时间内声发射事件数较小且变化不大。

如上所述，在 SHPB 声发射试验中，声发射传感器不仅会拾取到岩样破裂的信号，还会拾取到冲击荷载产生的应力波在岩样中传播所形成的信号，并且应力波传播产生的信号还会与岩样破裂的信号叠加而被传感器采集到。而我们关注的是岩石破裂的声发射信号，应力波传播产生的信号无疑会对构建岩石在冲击荷载下破裂机制与声发射信号的关系产生影响，因此，分离这两种信号就显得很有必要。然而，由于应力波传播产生的信号贯穿于岩样的破裂过程，要完全分离这两种信号非常困难。但是，如果我们认为应力波传播产生的信号是冲击荷载下岩石声发射试验的固有特征，那么这些信号就可以被认为是冲击荷载下岩石声发射试验特有的性质。

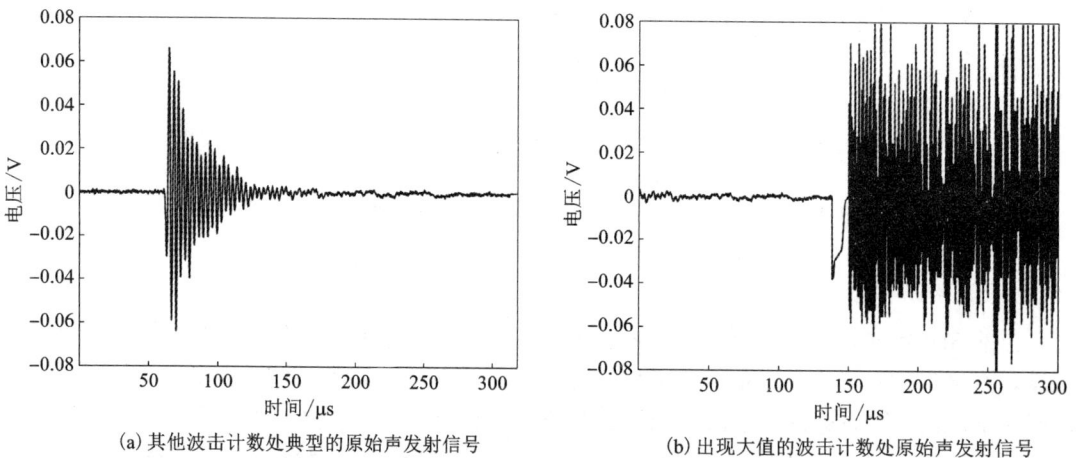

(a) 其他波击计数处典型的原始声发射信号   (b) 出现大值的波击计数处原始声发射信号

图 8-16 SHPB 岩石声发射试验中采集到的典型信号

参考文献

[1] Liu X L, Liu Z, Li X B, et al. Experimental study on the effect of strain rate on rock acoustic emission characteristics [J]. International Journal of Rock Mechanics and Mining Sciences, 2020, 133: 104420.

[2] 刘希灵, 王金鹏, 李夕兵, 等. 压缩与劈裂条件下矿岩声发射信号的频率特性[J]. 实验力学, 2018, 33(2): 201-208.

[3] 刘希灵, 刘周, 李夕兵, 等. 单轴压缩与劈裂荷载下灰岩声发射 b 值特性研究[J]. 岩土力学, 2019, 40(S1): 267-274.

[4] 刘希灵, 崔佳慧, 王金鹏, 等. 不同应变率下岩石冲击破坏的声发射特性研究[J]. 爆破, 2018, 35(1): 1-8.

[5] Grosse C U, Ohtsu M. Acoustic Emission Testing[M]. Berlin: Springer-Verlag, 2008.

[6] Liu X L, Li X B, Hong L, et al. Acoustic emission characteristics of rock under impact loading[J]. Journal of Central South University, 2015, 22(9): 3571-3577.

[7] Fieseler C, Mitchell C A, Pyrak-Nolte L J, et al. Characterization of acoustic emissions from analogue rocks using sparse regression-DMDc [J]. Journal of Geophysical Research: Solid Earth, 2022, 127(7): e2022JB024144.

[8] 李地元, 李夕兵, 冯帆, 等. 一种将声发射传感器内置于真三轴腔室的声发射试验装置: CN20220276141[P]. 2016-08-10.

[9] Lei X, Kusunose K, Rao M V M S, et al. Quasi-static fault growth and cracking in homogeneous brittle rock under triaxial compression using acoustic emission monitoring[J]. Journal of Geophysical Research, 2000, 105(B3): 6127-6139.

[10] Lei X, Nishizawa O, Kusunose K, et al. Fractal structure of the hypocenter distributions and focal mechanism solutions of acoustic emission in two granites of different grain sizes[J]. Journal of Physics of the Earth, 1992, 40: 617-634.

[11] Mogi K. Study of elastic shocks caused by the fracture of heterogeneous materials and its relations to earthquake phenomena[J]. Bulletin of the Earthquake Research Institute, University of Tokyo: Tokyo, Japan, 1962, 40: 125-173.

[12] Scholz C H. Experimental study of the fracturing process in brittle rock[J]. Journal of Geophysical Research, 1968, 73(4): 1447-1454.

[13] Lei X, Kusunose K, Rao M V M S, et al. Quasi-static fault growth and cracking in homogeneous brittle rock under triaxial compression using acoustic emission monitoring [J]. Journal of Geophysical Research, 2000, 105(B3): 6127-6139.

[14] Goodman R E. Subaudible noise during compression of rocks[J]. GSA Bulletin, 1963, 74(4): 487-490.

[15] Gowd T N. Factors affecting the acoustic emission response of triaxially compressed rock[J]. International Journal of Rock Mechanics and Mining Sciences & Geomechanics Abstracts, 1980, 17(4): 219-223.

［16］Boyce G M, McCabe W M, Koerner R M. Acoustic emission signatures of various rock types in unconfined compression［J］. ASTM special technical publications, 1981, 142−154.

［17］Stanchits S, Vinciguerra S, Dresen G. Ultrasonic Velocities, acoustic emission characteristics and crack damage of basalt and granite［J］. pure and applied geophysics, 2006, 163: 975−994.

第9章 声发射技术在典型岩体工程稳定性监测中的应用

基于前面几章的介绍，我们知道声发射监测的最终目标是将监测到的声发射信号与材料破裂过程相关联，通过分析声发射信号的特征，起到对发生宏观破坏的预警作用。声发射常被用于室内岩石破裂过程和现场岩体的实时监测，岩石内部有微裂纹和节理，而岩体内部亦存在类似的结构(断层、裂隙)，在室内对岩石破裂机理的研究最终都将推广到岩体中，这也意味着研究范围从厘米级转变到米甚至千米级的尺度上。如今，声发射技术已被广泛应用于现场岩体的稳定性监测，本章将对声发射监测仪器的发展以及监测应用进行介绍。

9.1 声发射监测系统的构成及发展历程

基本上所有的声发射监测系统都由传感器、放大器和分析系统三个基本部分组成，如图9-1所示，而声发射监测系统的发展也集中表现在这三个系统上。岩体内部破裂产生弹性波，被安置在其表面或内部的声发射传感器接收，使传感器内部具有相应谐振频率的压电陶瓷片产生振动，并转化为电信号，电信号通过放大器来到了分析系统，在分析系统内信号的一些特性通过数字的形式表现出来，这便是我们所监测到的声发射信号。而我们就是通过这些数字参数，来分析所接收到的声发射信号的特征，从而获取岩体内部裂纹的发展变化情况，常用的声发射特征参数见第5章。岩体声发射监测方法一般分为两类：一类是流动的间断性监测，采用便携式声发射监测仪对某些测点不定期实施监测；另一类是连续监测，采用多通道声发射监测系统对某一区域实施连续监测。

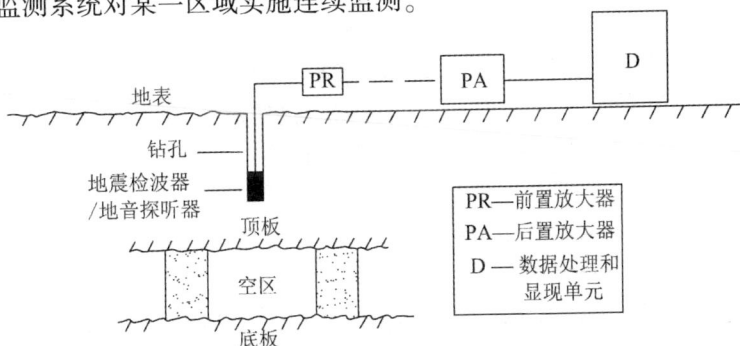

图 9-1 典型的声发射监测系统

声发射仪器的发展与声发射技术的发展息息相关，近几十年来，声发射监测系统在不断地更新，质量不断提高，特别是声发射传感器和声发射分析系统。

早在1933年，日本学者Kishinoue就研究了一种木材试件在弯曲应力作用下发生冲击的过程。试验装置如图9-2所示，这便是声发射装置的雏形。它是在弯曲应力作用下，将钢针插入木梁受拉侧的声带拾取器，用示波器记录电流，随着弯曲的进行，会听到开裂的声音，而示波器会记录许多听不见的振动。

最早出现的声发射仪，可以简单到仅仅是一个测量信号有效值的毫伏表，或者是一个脉冲计数器，这是第一代声发射仪器，代表了20世纪50—60年代的水平。当时的声发射信号主要通过人耳来接收，人们在岩体的监测部位贴上传感器，通过听每分钟声音发出的次数（破裂次数）、声音的大小（能量）和总计数来获得岩体内部的破裂情况。岩体内部微破裂产生的弹性波通过传感器转化为电信号，电信号转化为振动，最终形成耳机中人们所听到的声音。早期声发射信号的记录受人为主观因素的影响较大，只能得到岩体内部破裂的大致情况。

20世纪70年代的声发射仪器已使用计算机技术，把形成各种声发射特征量输出的多通道硬件模块插在一个机箱内，通过内部总线与

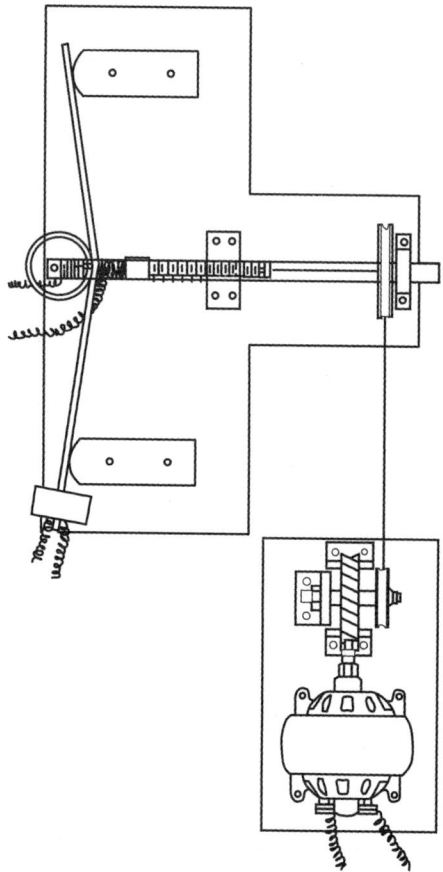

图9-2　Kishinoue采用的试验装置

一台标准小型计算机相连。这些仪器在进行声发射参数提取时，是通过模拟电路输出模拟参量，然后通过后续电路的高速模/数转换器（A/D）或计数器转换成数字参量来实现的。这种声发射仪的特点是采集数据的信息比较直观，能给后续的数据处理提供便利。但由于系统完全采用模拟电路来获取声发射信号特征参数，采集系统的抗干扰能力不强，可靠性差，集成度低，工作速度慢和存储能力不足。除此之外，其最大缺点来自性能很差的总线结构，各个通道声发射信号的采集、传递、计算、存储和显示都要占用中央处理单元（CPU）的时间，不但速度慢，而且系统极易出现闭锁状态。因此，这种早期的声发射仪器已被逐步淘汰。

20世纪80年代后期出现了利用并行处理技术解决实时采集和处理问题的仪器，如美国物理声学公司（PAC）的SPARTAN-AT和LOCAN-320等，仪器在声发射数据处理能力上有了较大提高（每秒数千个声发射事件）。PAC公司于1983年开发了国际上第一套参数型声发射系统SPARTAN-AT，该系统采用专用模块组合式，第一次引入了计算机技术，把采集功能、存储及计算功能相分离，并且利用IEEE488标准总线和并行处理技术解决实时采集和数据处理的问题。这类仪器实际上为每两个通道形成一个单元，配有专用微处理器，形成独立通道控制单元（ICC），完成实时数据采集的任务，而数据处理的任务则比较合理地分配给一些并

行的计算单元,仪器的实时性得到增强。该类仪器是模拟和数字电路结合的模式,使声发射仪的可靠性大大提高,由此也推动了声发射应用技术的发展,使得声发射在许多领域,如压力容器、油罐、管道、复合材料、航空、航天、建筑、桥梁等的应用由起步阶段发展到了完善阶段。随后,许多国家颁布了声发射在特定监测领域的国家标准。

20 世纪 90 年代后,声发射监测系统进入了全数字模式阶段。它是在高速 A/D 转换及有关集成电路(IC)芯片性能大幅度提高,价格又大幅度下降的背景下形成的。全数字化声发射仪器的问世标志着声发射仪器的研制进入一个全新的阶段,它在系统结构和软件配置上保留了前面产品的优点,但放大后的声发射信号不必再经过一系列模拟、数字电路形成数字特征量,而是直接进行高速 A/D 转换,提取相应特征量。这样做的好处是数字信号有良好的抗干扰特征,信息能够准确地发送、传递而无畸变,没有模拟器件因存在噪声或饱和造成的失真以及因器件离散等因素产生的数据不一致等问题,从而使仪器的可靠性得到更好的保证。数字技术的运用使这类仪器有很高的信噪比、良好的抗干扰性、较宽的动态范围。另外,从数字化的声发射信号中提取特征量比模拟方法更容易实现,如采用模拟方法很难在严格意义上给出声发射信号的能量和有效值,而在数字信号的基础上却容易实现。数字化后的信号保留了更多的声发射信息,也为信号分析和特征提取提供更大的开发潜力。尤其进入 21 世纪以来,全波形全数字化多通道声发射监测系统开始面世并迅猛发展,为国内外科研人员开展声发射试验研究提供了良好的条件。

如今声发射系统类型有很多,如 PAC 公司的 PCI-2 系统,Vallen 的 4 通道、12 通道和38 通道声发射系统,ITASCA 的 Milne16 数据采集单元系统,北京软岛时代的 DS5-32B 系统,ISSI 的微震监测系统及 ESG 的微震监测系统,等等。

9.2　声发射技术在岩体工程稳定性监测中的应用

岩体在破坏之前,必然持续一段时间以声发射形式释放积蓄的能量,这种能量释放的强度,随着结构临近失稳而变化,每一个声发射与微震信号都包含着岩体内部状态变化的丰富信息,对接收到的信号进行处理、分析,可作为评价岩体稳定性的依据。因此,可以利用岩体声发射与微震的这一特点,对岩体稳定性进行监测,判定边坡的失稳状态及其位置,从而预报岩体塌方、冒顶、片帮、滑坡和岩爆等地压现象。

早在 20 世纪 40 年代初,美国就将声发射技术监测系统用于岩爆预测。自 20 世纪 60 年代以来,苏联、波兰、法国、日本、美国、英国、加拿大、澳大利亚等国在研究和应用以声发射预测技术为基础的矿山动力灾害监测方法和装备方面做了大量工作,分别开发出了 BA-6 型、SAK 型矿用声发射监测系统、RBM 系统、AMMS 系统等,在监测煤岩体破坏方面取得了较好的效果。苏联在这方面进行了较早也较多的研究工作,获得了大量监测数据,积累了丰富的实践经验,还把声发射监测作为工作面日常冲击危险性预测的方法正式列入了有关安全规程。此外,声发射技术目前也已在多个边坡工程的稳定性监测和地下工程岩爆监测与预报中得到了广泛应用。

微震和声发射监测的应用实例见表 9-1,表中包括了监测地区、监测范围、监测网络、记录事件数、拐角频率、震级等信息。这些应用可大致分为低频和高频微震以及声发射监测。

低频微震监测范围在 5 赫兹到几百赫兹之间，它们被用于监测整个矿区，如德国的鲁尔（Ruhr）煤矿区和沿波兰与捷克共和国边界分布的上西里西亚（Upper Silesian）煤矿区。高频微震监测范围在 100~500 Hz，用于监测长达几千米线性尺寸的整个矿区或矿段，也用于地热区域的开发和环流试验，其中关于储层大小、裂缝位置以及环流过程中储层体积是否扩大的监测对储层生成的控制极为重要。更高频的声发射监测一般在 1 kHz 以上，常用于小范围岩体破裂状态或水压致裂等方面的监测。

表 9-1　微震（MS）及声发射（AE）监测的应用实例

	作者[年份]	监测地区	监测范围	监测网络	记录事件数	拐角频率	震级
微震监测（低频）	Cete［1977］	Ruhr District, Germany	50 km	3 个地震计	—	200 Hz	not available
	Ahorner and Sobich［1988］	Potash Basin, Germany	50 km	每个台阵 4 个地震计，共 4 个台阵	—	50 Hz	2~2.6
	McGarr and Bicknell［1990］	Witwatersrand Basin, South Africa	200 km	7 个地震计	—	100 Hz	0~3
	Talebi et al.［1997］	Sudbury Basin, Canada	50 km	6 个单分量地震计	28 次/年	40 Hz	1.5~3
	Mutke and Stec［1997］	Upper Silesian Coal Basin, Poland	10 km	10 个地震计	50000 次/22 年	100 Hz	≤4.5
微震监测（高频）	Hente et al.［1989］	Salt Mine Asse, Germany	1 km	7 个检波器	209 次/2 年	300 Hz	-2.3~1.7
	Will［1980］	Coal Mine in the Ruhr District, Germany	100 m	17 个三分量检波器	1000 次/4 个月	400 Hz	
	Albrigth and Pearson［1982］	Fenton Hill Hot Dry Rock Site, USA	400 m	水力压裂工具，12 个检波器	1979 次	100 Hz	-6~-2
	Trifu et al.［1997］	Strathcona Mine Sudbury, Canada	200 m	49 个单轴和 5 个三轴加速度计	1503 次/2 个月	10 kHz	0.5
	Scott et al.［1997］	Sunshine Mine, Kellogg, USA	1 km	三轴检波器	31 次/3 个月	500 Hz	0.5~2.5
	Phillips et al.［2002］	Austin Chalk, USA	600 m	3 个检波器（1 个三分量检波器）	1250 次	100 Hz	-4~-2
	Phillips et al.［2002］	Frio Formation, USA	200 m	25 个三分量检波器	2900 次	100 Hz	-4~-2

续表9-1

作者[年份]		监测地区	监测范围	监测网络	记录事件数	拐角频率	震级
微震监测（高频）	Phillips et al.[2002]	Cotton Valley, USA	60 m	2个48级三分量检波器	290 次	100 Hz	-4~-2
	Phillips et al.[2002]	Clinton County, USA	60 m	3个检波器	1200 次	100 Hz	-4~-2
	Phillips et al.[2002]	Fenton Hill, USA	1000 m	3个检波器	11000 次	100 Hz	-4~-2
	Phillips et al.[2002]	Soultz, France	2000 m	3个四分量检波器 1个水听器	16000 次	100 Hz	-4~-2
岩石中的声发射监测	Martin and Young [1993]	Underground Research Laboratory, Canada	50 m	16个三轴加速度计	3500 次/10 个月	20 kHz	-4~1-2
	Yaramanci [1992]	Salt Mine Asse, Germany	300 m	7个三轴加速度计	3407 次/14.5 个月	10 kHz	-5.6~-3.3
	Ohtsu [1991]	Underground Tunnel, Japan	10 m	17个加速度计，17个声发射传感器	200 次/4 次水压致裂测试	100 kHz	
	Niitsuma et al.[1993]	Kamaishi Mine, Japan	30 m	三轴压电加速度计	234 次/4 次水压致裂测试	10 kHz	
	Eisenblätter et al.[1998]	Salt Mine Asse, Germany	100 m	29个声发射传感器	250000/11 个月	100 kHz	
	Manthei et al.[1998]	Salt Mine Bernburg, Germany	10 m	8个声发射传感器	1500 次/11 次水压致裂测试	250 kHz	
	Young and Collins [2001]	Underground Research Laboratory, Canada	10 m	16个加速度计，16个声发射传感器	15350/5 个月	250 kHz	-6.6~-5
	Manthei et al.[2003]	Salt Mine Bernburg	5 m	水力压裂工具，8个声发射传感器	15000 次/4 次水压致裂测试	1.25 MHz	
	Spies et al.[2004]	Southern Part of Salt Mine Morsleben, Germany	100 m	24个声发射传感器	50000/月	100 kHz	-8.6~-2.2

续表9-1

作者[年份]		监测地区	监测范围	监测网络	记录事件数	拐角频率	震级
岩石中的声发射监测	Spies et al. [2005]	Central Part of Salt Mine Morsleben, Germany	200 m	48 个声发射传感器	100000/月	100 kHz	−8.6~ −2.2
	Yabe et al. [2009]	Gold Mine Cook 4 in South Africa	100 m	24 个声发射传感器和 6 个三轴加速度计	289015 次/2 个月		−3.7~ 1.0
	K. Plenkers et al. [2010]	Mponenggold Mine in Carletonville, Republic of South Africa	500 m	三轴加速度计, 8 个声发射传感器, 2 个应变计	9444 次/2002 小时	25 kHz	−2~4
	Manthei, Gerd et al. [2012]	Salt MineMerkers in Germany	60 m	12 个声发射传感器	170000 次/天		
	Philipp et al. [2015]	Salt Mine Asse in Germany	200 m	16 个声发射传感器	7000 次/月		
	Zang et al. [2017]	Underground Äspö Hard Rock Laboratory in Sweden	30 m	11 个声发射传感器, 4 个加速度计	69400 次/20 天		−4.2~ −3.5
	AngeloPisconti et al. [2020]	Asse II Salt Mine in Lower Saxony Germany	120- 150 m	16 个压电传感器	—		

9.2.1 花岗岩体中开挖隧道的声发射监测

岩体声发射监测的第一个例子即新开挖隧道周围应力重分布引起的花岗岩裂缝的形成。加拿大原子能有限公司(the Atomic Energy of Canada Limited)开展了一项研究计划,主要目的是研究岩体对开挖的响应和地下洞室长期稳定性的影响因素,并基于此开发安全和永久处置核废料的技术。

在位于马尼托巴省皮纳瓦(Pinawa, Manitoba)的地下研究试验室里,加拿大原子能有限公司对埋深 420 m 的花岗岩进行了一次试验。在试验中,通过钻孔和机械破坏岩柱,以 1 m 或 0.5 m 的进尺开挖了一个 46 m 长的试验隧道(如图 9-3 所示);采用套孔应力解除法和水力压裂法测量了试验现场的原岩应力。试验隧道位于中间主应力 σ_2 方向,目的在于最大化试验隧道周围的应力集中(主应力方向如图 9-3 的右侧)。该试验的一个主要任务是利用声发射技术研究开挖过程中岩体的破裂特性。此次试验除了其他机械仪器,在试验隧道周围还安装了 16 个三轴加速度计。

在整个试验隧道挖掘期间,记录了 25000 个事件。如图 9-4 显示开挖后的试验隧道和部分定位的声发射事件,图中可以清楚地看见开挖后隧道顶底板出现的裂缝,定位的声发射事

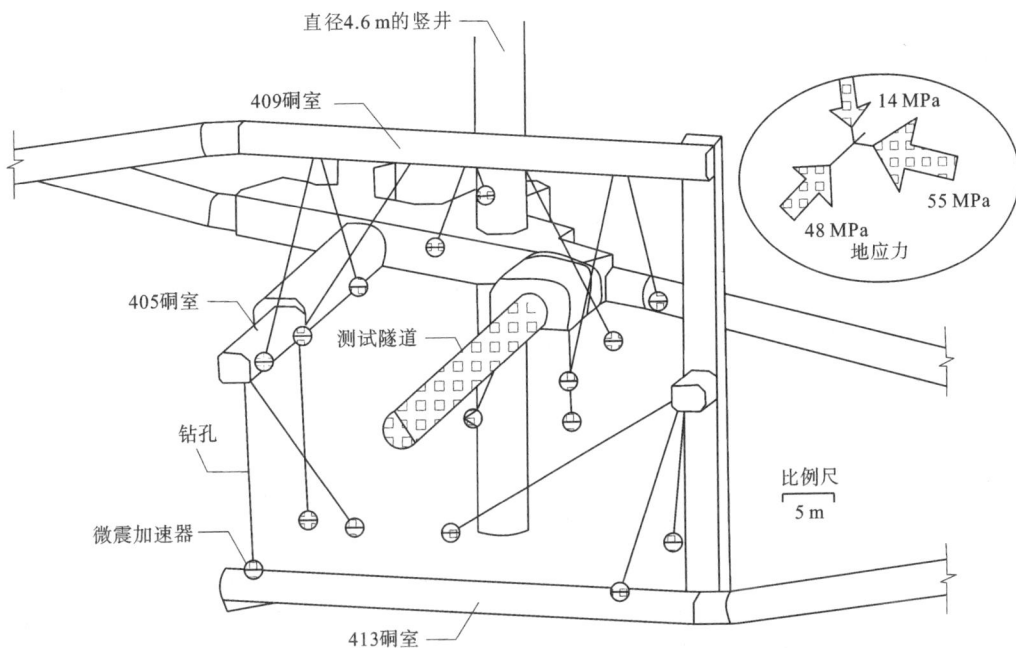

图 9-3　监测现场井巷方位、传感器位置和主应力的方向

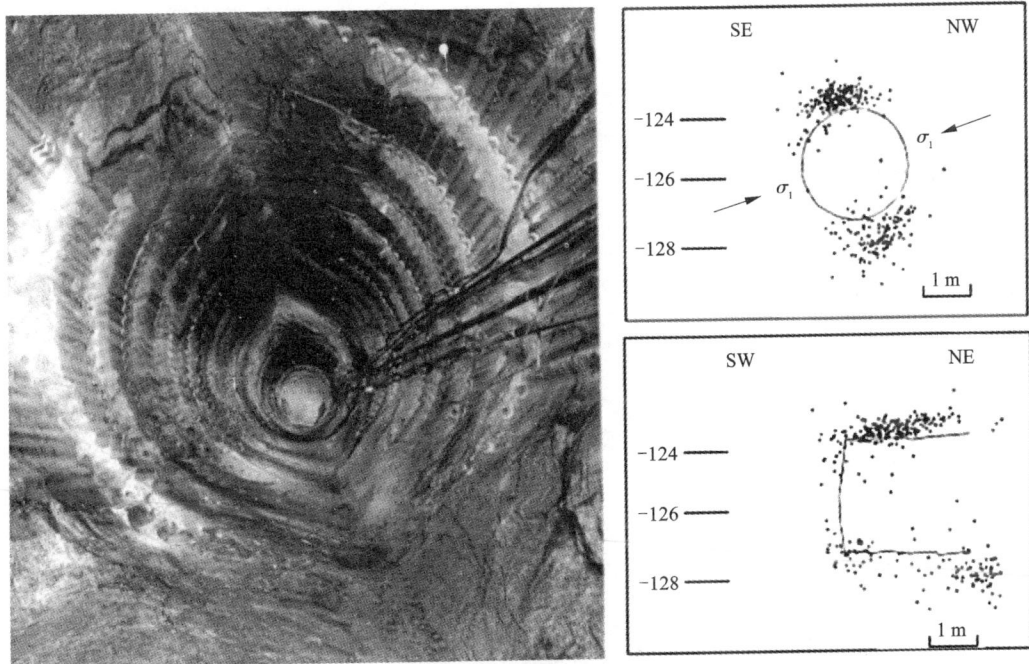

图 9-4　开挖后的试验隧道及定位的声发射事件

件大都集中在顶底板裂缝的位置，最大声发射事件密度区也出现于开挖开始后在隧道顶板和底板形成的断裂槽附近，且在这些区域，会出现最大的切向应力。这些断裂槽在持续开挖剥落过程中不断加深，断口方向与最大主应力 σ_1 方向正交，剥落平面平行于 σ_1 和 σ_2，垂直于最小主应力 σ_3。采用矩张量法对位于顶板的 37 个强震事件进行分析，发现大多数事件显示出显著的非剪切分量。

9.2.2　盐岩地下储存库的声发射监测

与花岗岩一样，盐岩是地下处理和储存放射性废物的理想岩石，因为它在大多数情况下发生的是蠕变变形而不是断裂。但是，高偏应力会使其产生微裂纹，而微裂纹会破坏岩石的完整性，从而导致渗透率提高，因此，需要通过声发射分析来确定其内部裂纹的发展状况。

现列举一个位于德国北部某盐矿的莫斯莱本(Morsleben)地下储存库的现场监测实例。该盐矿监测中使用了相对较宽频率范围(1~100 kHz，谐振频率为 70 kHz)的 PZT 压电片来监测声发射信号，通常测得的信号频率都在 30 kHz 以下的低频范围内，只有在声源和接收机之间的距离小于 20 m 时高频成分才比较明显。在盐矿的长期声发射监测过程中，可以监测到大量的事件，因此，快速的数据采集系统对所有数据的处理至关重要。声发射事件的定位是通过反演从信号中提取的 P 波和 S 波的传播时间来确定的。其主要监测的是地下储存库的两个部分，最初，每个部分分别由一个声发射网络(由 24 个声发射传感器组成)进行监测，每个监测网络覆盖 150 m×100 m×120 m 的区域。其中一个网络在监测一段时间后扩大到 48 个通道，覆盖 250 m×200 m×120 m 的区域。

在地下储存库的中部，传感器分布在 3 个开挖水平面上，并安装在 3~20 m 深的钻孔中，监测区域的平均深度为 400 m。声发射监测的目的是研究岩体微观和宏观开裂的过程，这对于评价洞室稳定性和岩石水力完整性具有重要意义，进而为盐岩中危险废物的地下处置提供参考。图 9-5 显示了在厚大硬石膏块体下方盐岩中开挖出空区时，穿过中部并垂直于平均走向的横截面。实际的地质情况和空区沿走向的排列变化情况较为复杂多变，应力的重新分布导致空区壁中的高声发射活动，特别是在空区相互靠近的地方以及盐岩与硬石膏的分界处声

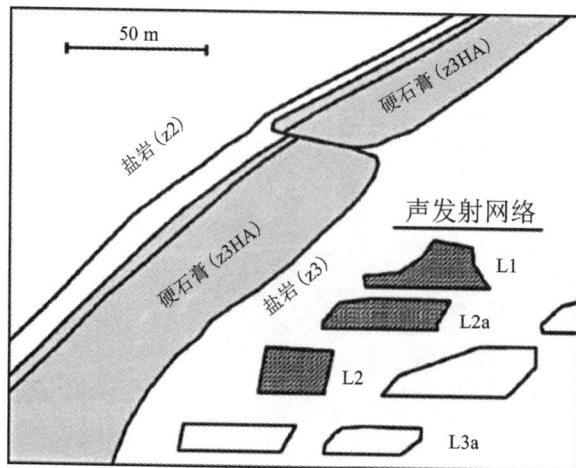

图 9-5　安装声发射网络的中央矿段示意图(L1~L3 水平)

发射活动密集。但声发射事件发生的时间和空间是不同的，除了可能因湿度变化引起的声发射活动的季节性波动外，空区壁中的声发射活动并不随时间变化。在靠近硬石膏边界的空区外侧，声发射事件成簇发生。在某些情况下，这种成簇发生的声发射事件是以同样的体积重复发生的，在其他情况下，只有在有限的时间段内才会出现显著的声发射现象。

在监测期间某一天的时间段内，从盐岩和硬石膏边界观察到了一个非常明显的大约有800个声发射事件的簇团，这些事件形成了直径约 10 m 的平面环形结构，图 9-6(a) 显示了第一个声发射事件簇团的平面视图。而第二个簇团发生在前一个簇团上方 20 m 处，如图 9-6(b) 所示。两个簇团均为平面，方向大致相同，与地层的倾角和走向一致（图 9-5）。通过两个钻孔对第一个簇团的中心和外围进行钻探，证实了该簇团出现在盐岩和硬石膏的边界，在边界后几厘米的薄黏土层中，即在硬石膏地层中发现了一个开放的不连续面。通过对簇团的研究，发现了一个大致呈椭圆形间歇性增长的断裂面，这是由硬石膏岩块下方塑性盐岩中空区交会产生的应力引起的。很可能其他观察到的簇团也位于盐岩和硬石膏岩块的边界，但这些簇团都是空间孤立的，没有证据表明簇团有明显的扩展。

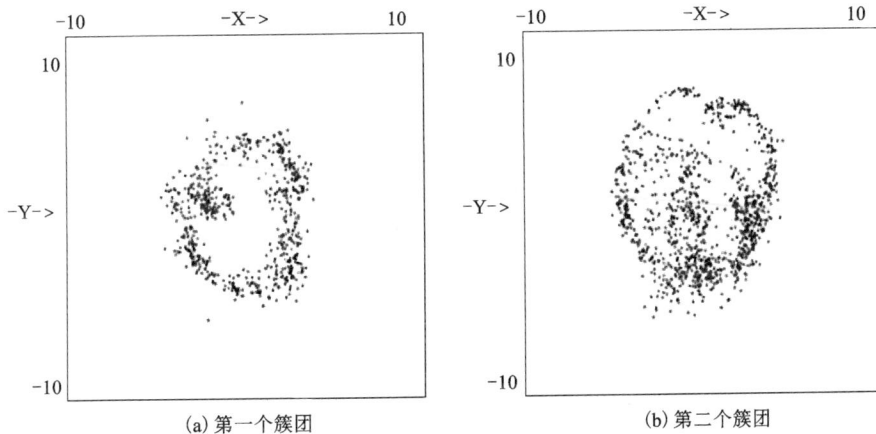

图 9-6　在盐岩和硬石膏边界处的两个簇团的平面图

在盐岩中，开挖扰动区空区壁的高偏应力导致蠕变过程的高声发射活动，这种声发射活动表明了空区附近正在持续变形。另外，在盐岩与硬石膏交界处观察到的聚集的声发射事件也是由硬石膏层下方塑性盐岩中空区交会产生的高偏应力引起的。

9.2.3　露天开采台阶面下伏空区顶板的声发射监测

20 世纪末，我国矿业开采秩序较为混乱，非法无序的乱采乱挖在一些矿山及其周边留下大量的采空区，成为影响矿山安全生产的主要危害。一些地下开采矿山由于这些空区的存在，无法继续维系安全生产，经过评估后转为露天开采，而这些矿山在后续露天开采的过程中所要面对的就是之前地下开采遗留的各种空区带来的安全问题。下面以洛阳栾川钼业集团股份有限公司三道庄钼矿为例介绍声发射技术在露天开采台阶面下伏空区稳定性监测中的应用。

20 世纪 80 年代以后，因历史原因，三道庄矿区出现了大规模掠夺资源的现象，矿区内的乱采乱挖，不仅导致形成大量不规则的空区，而且开采过程中采富弃贫，资源浪费现象十分严重,井下伤亡事故不断发生。因此,洛阳栾川钼业集团股份有限公司根据当时矿山采选能力严重失调的状况以及三道庄钼矿区矿体厚大集中、埋藏浅、表土覆盖层薄、平均剥采比小、适宜露天开采的特点,决定停止三道庄矿区的地下开采,并对矿区露天开采场进行扩建,实施露天开采。然而,由于之前各种地下开采遗留的为数众多且大小不详的空区长期以来受到地压、岩石风化及爆破震动的影响,矿岩发生变形、破坏,其位置、大小和形状均发生了改变。一方面,原来预留的大量矿柱受到破坏,空区面积与高度均发生了变化;另一方面,民采多年来存在乱采乱掘的情况,残留的多层空区复杂难辨。随着三道庄露天开采的进一步剥离,采场各台阶越来越邻近空区群,露天矿作业人员与大型设备受到空区的直接威胁,随时有可能因地表坍塌而发生重大安全事故,空区顶板的稳定性问题已成为矿山生产过程中迫切需要解决的难题。

因此,三道庄矿采用声发射监测技术对空区顶板的破裂状况进行监控,及时预报空区的稳定状况,以对露天开采起到安全预警作用,保障作业人员和设备的安全。对露天开采台阶面下伏空区顶板的稳定性监测而言,一方面,由于无法从地下进入空区,声发射传感器只能通过地表钻孔埋设在空区顶板中;另一方面,随着露天开采台阶的逐步剥离,对此类空区顶板的稳定性监测是短期的,考虑到成本和监测范围问题,只通过少量传感器采集岩体破裂产生的信号,分析信号的一些特征参数来评估顶板的稳定状况。

在三道庄露天开采台阶面下伏空区顶板的声发射监测中,通过分析采集到的信号可以得到 3 个主要的特征参数:总事件数、大事件数和能率。其中,总事件数是单位时间内仪器监测到的声发射事件累计总数,反映声发射事件发生的频率,它是岩体出现破坏的重要标志;大事件数是单位时间内仪器监测到的振幅大于设定值(阈值)的声发射事件次数,反映声发射幅度,在总事件中大事件所占比例预示了岩体破坏的趋势;能率是单位时间内仪器监测到的声发射能量的相对累计值,能率是岩体破坏速度和大小变化程度的重要标志。下面分别介绍顶板稳定空区、顶板不稳定空区以及台阶爆破作用下顶板破裂状态的声发射监测结果。

1)顶板稳定空区的声发射监测结果

表 9-2 为该空区每天声发射的监测数据(由于每天不同时段都有技术人员前往监测点进行监测,表中只列出当天各时段监测的最大值),图 9-7 是该空区顶板监测期间大事件数、总事件数和能率的累加图。从表 9-2 和图 9-7 可以看出,该空区监测结果的各数据在大多数时段都是零,反映在图上就是各参数监测数据的累加值曲线呈跳跃性增长,且大事件数、总事件数和能率都很小,这说明在监测过程中,该空区顶板的破裂没有持续发生,稳定状况较好,这也是顶板稳定空区声发射参数的典型特征。

表 9-2   顶板稳定空区声发射监测结果

监测时间	大事件数/(个·min⁻¹)	总事件数/(个·min⁻¹)	能率
2007 年 6 月 28 日	0	0	0
2007 年 6 月 29 日	0	0	0
2007 年 6 月 30 日	0	0	0
2007 年 7 月 1 日	0	0	0
2007 年 7 月 2 日	0	0	0

续表9-2

监测时间	大事件数/(个·min^{-1})	总事件数/(个·min^{-1})	能率
2007 年 7 月 3 日	1	1	36
2007 年 7 月 4 日	4	6	236
2007 年 7 月 5 日	0	1	36
2007 年 7 月 6 日	0	1	106
2007 年 7 月 7 日	0	0	0
2007 年 7 月 8 日	0	0	0
2007 年 7 月 9 日	0	0	0
2007 年 7 月 10 日	1	3	130
2007 年 7 月 11 日	0	0	0
2007 年 7 月 12 日	0	0	0
2007 年 7 月 13 日	0	0	0
2007 年 7 月 14 日	0	0	0
2007 年 7 月 15 日	0	0	0
2007 年 7 月 16 日	0	1	104
2007 年 7 月 17 日	0	0	0
2007 年 7 月 18 日	0	0	0

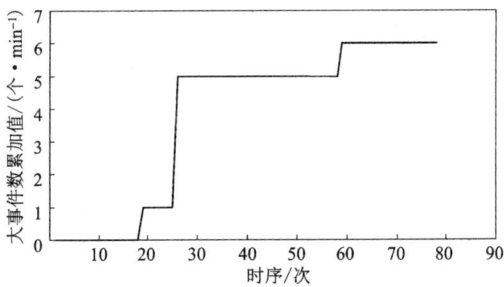

(a)大事件数累加图

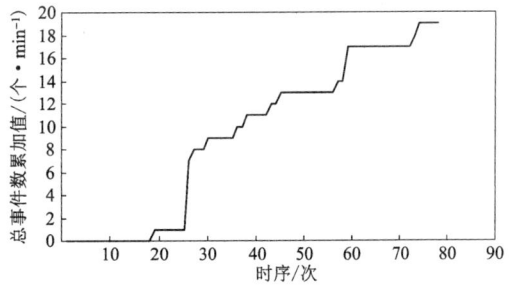

(b)总事件数累加图

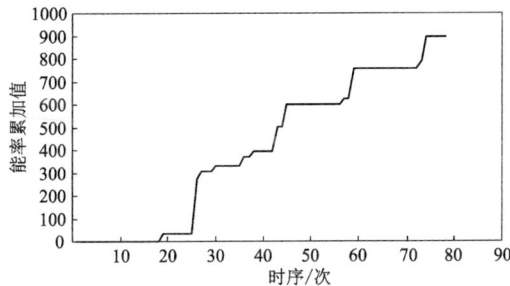

(c)能率累加图

图 9-7　顶板稳定空区声发射监测的大事件数、总事件数和能率的累加图

2）顶板不稳定空区的声发射监测结果

表 9-3 为该空区每天声发射的监测数据（由于每天不同时段都有技术人员前往监测点进行监测，表中只列出当天各时段监测的最大值），图 9-8 是该空区顶板监测期间大事件数、总事件数和能率的累加图。从表 9-3 和图 9-8 中可以看出，在每天的监测中声发射仪都有数据显示，该空区顶板中的声发射事件一直贯穿监测始终，且累加曲线近似呈线性增长，这说明该空区顶板一直处于破裂状态，很不稳定，需拉设警戒线并尽快进行消空处理，防止顶板内部失稳或外部扰动造成塌陷而引发安全事故。

表 9-3　顶板不稳定空区声发射监测结果

监测时间	大事件数/（个·min⁻¹）	总事件数/（个·min⁻¹）	能率
2007 年 6 月 28 日	4	6	416
2007 年 6 月 29 日	3	7	517
2007 年 6 月 30 日	2	5	690
2007 年 7 月 1 日	2	5	291
2007 年 7 月 2 日	3	3	369
2007 年 7 月 3 日	2	3	276
2007 年 7 月 4 日	2	6	517
2007 年 7 月 5 日	2	3	189
2007 年 7 月 6 日	1	2	198
2007 年 7 月 7 日	1	3	143
2007 年 7 月 8 日	2	3	247
2007 年 7 月 9 日	1	2	233
2007 年 7 月 10 日	3	4	393
2007 年 7 月 11 日	1	2	127
2007 年 7 月 12 日	1	1	151
2007 年 7 月 13 日	3	6	599
2007 年 7 月 14 日	2	5	537
2007 年 7 月 15 日	3	5	540
2007 年 7 月 16 日	3	7	481
2007 年 7 月 17 日	1	4	174
2007 年 7 月 18 日	1	2	125

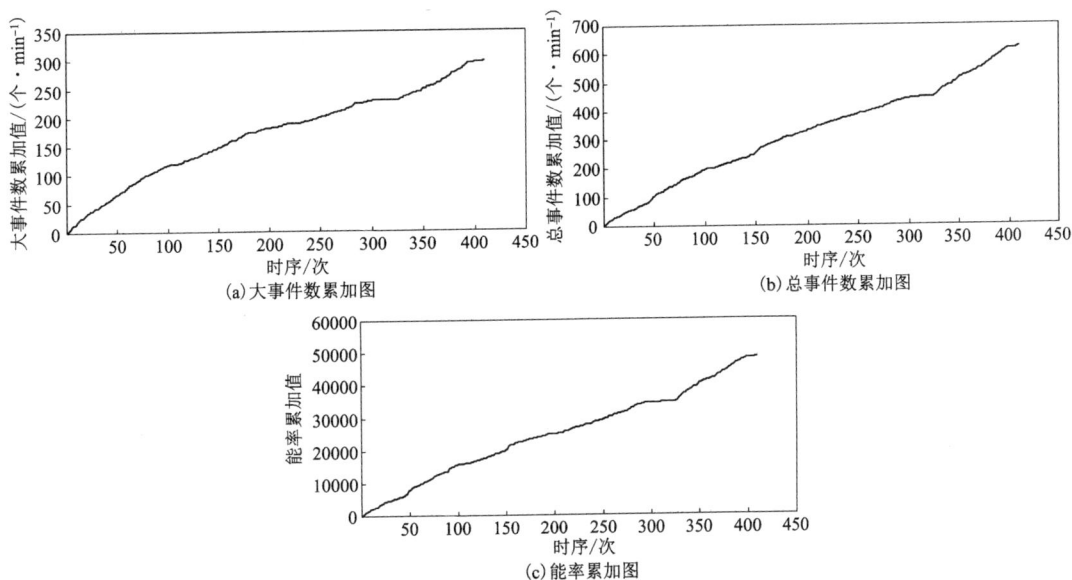

图9-8 顶板不稳定空区声发射监测的大事件数、总事件数和能率的累加图

3)台阶爆破对空区顶板影响的声发射监测结果

台阶爆破是露天开采的重要工序,由于装药量大且频繁爆破,爆破中产生的应力波会对邻近空区顶板的稳定性产生影响。为了观察台阶爆破对空区顶板稳定性的影响,对邻近爆区的空区顶板在台阶爆破前后进行了监测。表9-4为该空区每天的声发射监测数据(由于每天不同时段都有技术人员前往监测点进行监测,表中只列出当天各时段监测的最大值),图9-9是该空区顶板监测期间大事件数、总事件数和能率的累加图。从长期的监测数据看,台阶爆破前采集的数据都为零,说明空区顶板较稳定;台阶爆破刚结束后连续两天记录到了声发射事件,而自此之后记录到的数据又都为零,这说明爆破对空区顶板的影响很大,且影响的持续时间较长,因此大爆破后应立即在空区周围设置警戒线,并持续对空区顶板进行监测,待空区顶板处于稳定的状态后再取消警戒。

表9-4 台阶爆破影响空区顶板稳定性的声发射监测结果

监测时间(2007年)	大事件数/(个·min⁻¹)	总事件数/(个·min⁻¹)	能率	备注
8月6日—8月15日	0	0	0	
8月16日	3	7	256	大爆破刚结束
8月17日	0	3	139	大爆破结束后次日
8月18日—8月26日	0	0	0	

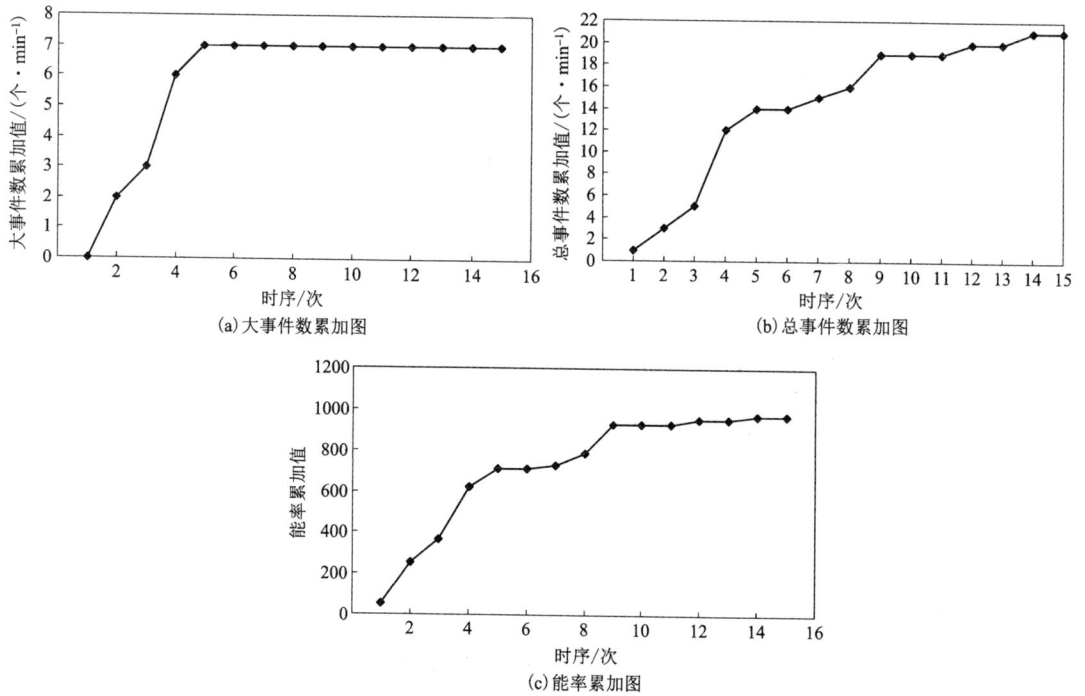

(a)大事件数累加图

(b)总事件数累加图

(c)能率累加图

图 9-9　大爆破后空区顶板声发射监测的大事件数、总事件数和能率的累加图

9.2.4　水力压裂试验中的声发射监测

水力压裂是利用地面高压泵组，以超过地层吸液能力的排量将高黏压裂液泵入井内从而在井底产生高压，当该压力超过井壁附近地应力并达到岩石抗张强度时，地层产生裂缝；继续注入压裂液使水力裂缝逐渐延伸；随后注入带有支撑剂的混砂液，使水力裂缝持续延伸的同时在缝中充填支撑剂；停泵后，由于支撑剂对裂缝壁面的支撑作用，在地层形成足够长的、足够宽的填砂裂缝，从而实现油气井增产和注水井增注。水力压裂裂缝的形成和延伸是一种力学行为，水力裂缝的形态与方位对于有效发挥压裂作用以及储层的改造作用密切相关，因此，必须掌握水力压裂的裂缝起裂与延伸过程的力学机制。

水力压裂主要用于砂岩油气藏及部分碳酸盐岩油气藏，在页岩气开采及增强型地热系统(enhanced geothermal systems, EGS)中也有广泛的应用。除此之外，水力压裂法能够直接测量原岩应力，在水力压裂试验中，需要使钻孔密封体积中的水压增加，直到岩石开始破裂。裂缝的尺寸、形状和方向对确定岩石的原位应力状态至关重要，而声发射技术则可用于水力压裂过程中裂纹扩展的监测。

1)声发射传感器布置在不同钻孔中的水力压裂试验

Manthei 等人在位于德国伯恩堡(Bernburg)海拔 420 m 的盐矿中开展了水力压裂的声发射监测试验，8 个声发射压电传感器被放置在中心注水井周围的 4 个独立钻孔(长度 10 m，直径 100 mm) 中。如图 9-10 为试验场地的透视图，一个大洞室(长 120 m、宽 25 m、高 30 m)的西侧壁距离入口约 20 m，水平注水井(直径 42 mm，长约 12 m)位于入口一侧，并切断了阻隔柱。由于开挖程度高，阻隔柱承受高压应力和差应力，最大和最小主应力分别约为

25 MPa 和 10 MPa。在注水井中进行了 6 次水力压裂试验和附加的重复压裂试验，注入量分别为 100 cm³ 和 300 cm³，注入时间间隔为 15 min，深度约为 1.3 m、2.0 m、3.4 m、5.8 m、7.0 m 和 8.8 m，并利用 P 波和 S 波的到达时间对声发射事件进行定位。

图 9-11 显示了在井深 5.8 m 的水力压裂试验中，由 8 个通道记录的声发射事件。信号经过低通滤波，拐角频率为 17 kHz，低于传感器的谐振频率。该信号具有明显的 P 波和 S 波起始点，易于自动提取，且起始点具有相似的小波特征。在 6 次水力压裂试验和重复压裂试验中，能够精确定位 735 个声发射事件，残差小于 10 cm。

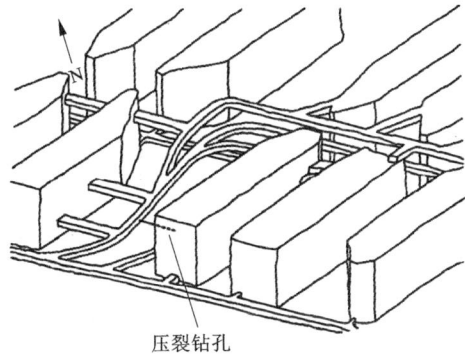

图 9-10　在 420 m 水平的大洞室附近的水力压裂系列试验场地

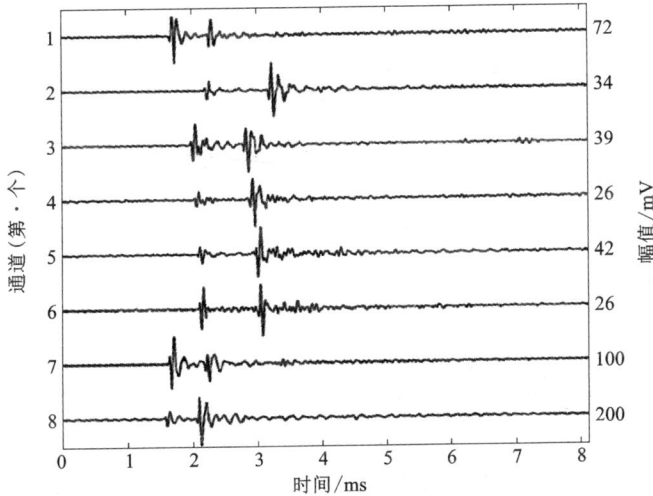

图 9-11　在 5.8 m 钻孔深度的水力压裂试验中检测到的声发射事件信号

图 9-12 显示了试验现场垂直横截面上的应力计算结果，其中，水平线代表注入井，在右侧可以看到大洞室的部分轮廓线；左侧为出入口通道的轮廓线；图中的交叉点代表了在试验现场周围计算出的主应力方向。可以看出，在洞室(洞壁和顶底板)的自由表面附近，仅存在平行于表面的应力分量，在离表面较远的地方，第二个应力分量出现。图 9-12 底部的图形为主应力沿注入井的方向以及 yz 平面放大视图中的定位事件(侧视图)。

将声发射测量所得到的宏观断裂面的方向与单独的应力计算结果进行了比较(这些有限元计算基于长期地表沉降测量和地下收敛测量)，结果发现，通过声发射测量的断裂面方向与计算出的主体的方向非常吻合，断裂面方向似乎与最大主应力方向一致，而在 2 m 以下的较小钻孔深度中，宏观断裂平面平行于巷道壁并垂直于水平注入井，这表明了断裂面方向垂直于最小主应力方向。

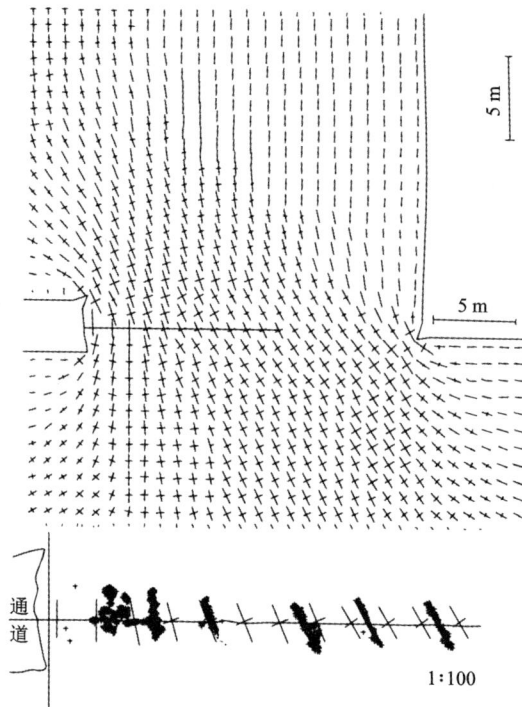

图 9-12 试验场地周围的应力场(顶部)计算结果

[注:左右侧分别为通道和大洞室的轮廓线;底部的图形为沿注入井应力场(交叉)的放大视图和定位的声发射事件]

2)声发射传感器布置在同一钻孔中的水力压裂试验

为了确定裂缝位置和延伸方向,传统的方法是将声发射传感器放置在进行压裂试验的中心钻孔周围的单独钻孔中,过程烦琐且需要耗费更多的物力和财力,而一种新的钻孔工具则可以利用一个钻孔完成同样的工作。该钻孔工具含有附带声发射传感器的液压装置。由于注入层段与传感器阵列的距离相同,声发射的灵敏度始终与钻孔深度无关,因此,可以追踪实际裂缝在距离钻孔直径 20 倍以上范围内的扩展,并且不需要其他昂贵的监测方法。自其投产以来,已经对不同盐矿的盐岩和硬石膏进行了 100 多次水平和垂直钻孔的压裂试验。

该工具由德国 IfG Leipzig 和 GMuGOber-Mörlen 公司开发,如图 9-13 所示。它由中间的液压单元和两端的两个声发射传感器阵列组成;适用钻孔直径为 98~104 mm,钻孔总长约为 2 m,每个传感器阵列都包括 4 个声发射传感器,声发射阵列之间的距离约为 1.5 m。这些带有集成前置放大器的声发射传感器被置于一个拧在加压单元上的外壳表面,它们可以被气动地压在钻孔壁上。预放大的信号记录在一个由便携式个人计算机控制的 8 通道瞬态记录卡中,每次信号通过并触发阈值时,都会读取瞬态记录卡(采样频率 5 MHz,分辨率 14 位)。使用压力单元测量钻孔压力和施加于封隔器的压力,一般情况下,压力单元的信号每秒都被数字化,并存储在笔记本的硬盘上。

图 9-14 显示了在深度分别为 2 m、4 m、7 m 和 10.4 m 的伯恩堡(Bernburg)盐矿水平钻孔中进行的所有水力压裂试验。声发射传感器阵列的位置和注入层段分别用圆形和矩形

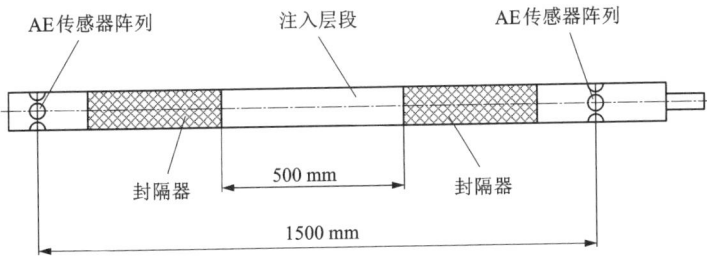

图 9-13　水力压裂工具示意图

表示，注入井与 y 轴平行。俯视图和侧视图显示了大约 15000 个定位事件，其中，11216 个事件可分别在 2 m 和 4 m 钻孔深度的压裂试验中确定。而在较大的钻孔深度中，尽管注入量相同，发生的声发射事件却比较少（3696 个）。此观察结果可用靠近钻孔轮廓的较大偏应力来解释，即裂缝的延伸程度几乎与钻孔深度无关。

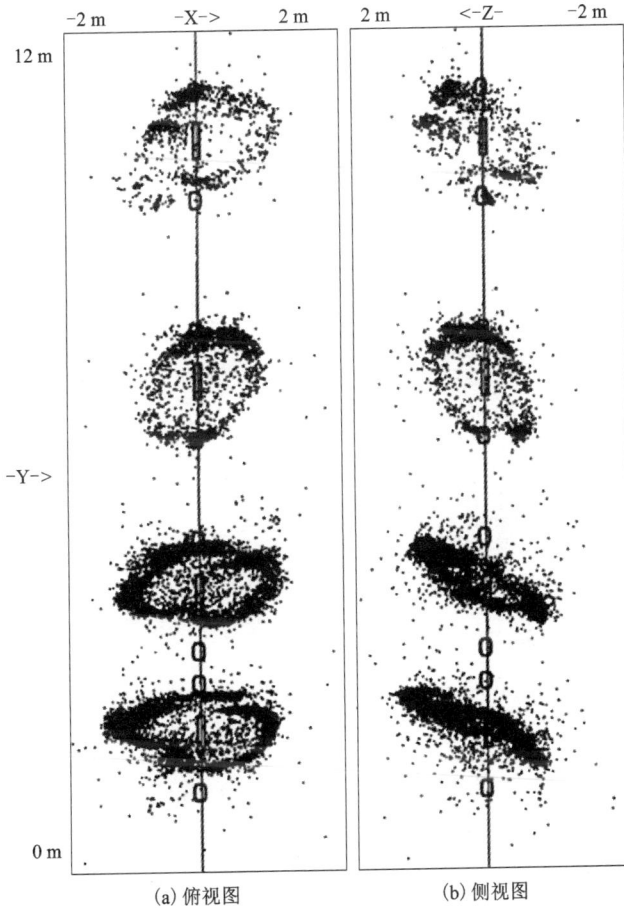

(a) 俯视图　　　　　(b) 侧视图

图 9-14　在伯恩堡（Bernburg）盐矿 500 m 水平面上水力压裂的声发射源定位事件

（注：声发射传感器阵列的位置和注入层段分别用圆形和矩形表示，y 轴平行于注入井）

9.2.5 岩体滑坡的声发射监测

除上述所列举的工程实例外，声发射监测技术还在岩体滑坡监测方面发挥着重要作用。在大型水库库区内，由暴雨、库水位变化等各种复杂因素引起的岩体滑坡事故时有发生，这些滑坡事故对人们造成了巨大的经济损失和人员伤亡。岩体滑坡的发生实际上是滑坡体不断向外散发各种信息的过程，最初的信息只有在滑坡体内才能感知。因此，人们希望在滑动以前就知道滑坡体的变化发展情况，以便及时采取措施进行加固处理，做到防患于未然。声发射监测技术正好满足了人们的这一需要，它能直接、可靠、快捷地从岩体中捕获微弱的声发射信息，通过信息处理就能实时了解岩体内部的变化情况。因此，只要我们事先在岩体内埋设好监测仪器，进行连续监测，就能实时掌握岩体内部裂纹发展的最新动向，以便及时采取切实可行的防范措施，最大限度地避免滑坡事故的发生。

N. Dixon 等人对意大利东阿尔卑斯山的帕索德拉莫特（Passo della Morte）山谷的边坡稳定性进行了监测。监测地点潜在有不稳定斜坡，主要由石灰岩岩体组成，其宽约为 130 m，高约为 250 m，如图 9-15 所示。岩体被一系列随机裂缝和断层等不连续体分成许多大小不同的块，且地层间的贯通裂隙（几厘米宽）以及层间材料强度弱等特性使得降雨期间的水很容易渗入岩体，极易引起边坡失稳。

由于岩体大多数为脆性材料，一般情况下直接监测岩体中产生的滑坡位移比较困难，因此，有必要对岩体范围内各种物理参数的临界点进行测量。N. Dixon 等人利用地质力学测量方法和边坡形态设计了一个监测系统，在岩体上开凿出 4 个钻孔，包括 3 个亚水平钻孔（S1、S2 和 S3）和 1 个垂直钻孔（I22），以确定石灰岩岩体的范围以及地质特征（如地层倾向）等。

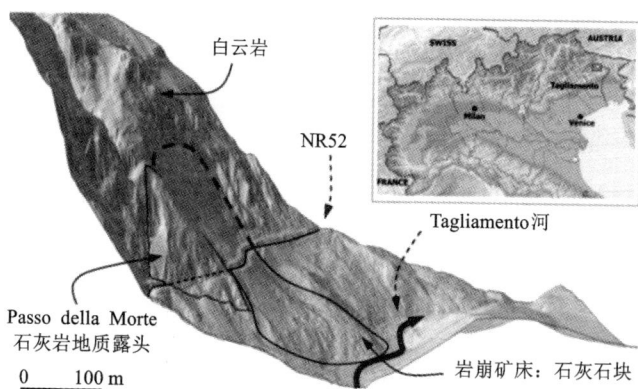

图 9-15 帕索德拉莫特（Passo della Morte）山谷的监测区域和斜坡的三维示意图

对从 S1 钻孔中提取的岩芯进行 RDQ 分析，并利用所得信息确定合格完整岩石中引伸计 EXT1 的锚点，以保障对石灰岩岩体内不稳定破碎岩体带的监测。在钻孔 S1 中安装了 3 个引伸计和 2 个 MEMS 型加速度计，以实时掌握滑坡的发生，并确定主剪切平面。同时，岩芯 RDQ 分析也为观察岩体破裂类型、节理表面形态及其压裂状况提供了条件。钻孔 S1、S2 和 S3 是从 NR52 公路隧道内开凿的，如图 9-16 所示。钻孔 S2 和 S3 分别采用两根直径不同的 TDR 电缆和直径为 50 mm 的钢波导杆（AEWG1 和 AEWG2）进行声发射监测，其中，S2 钻孔

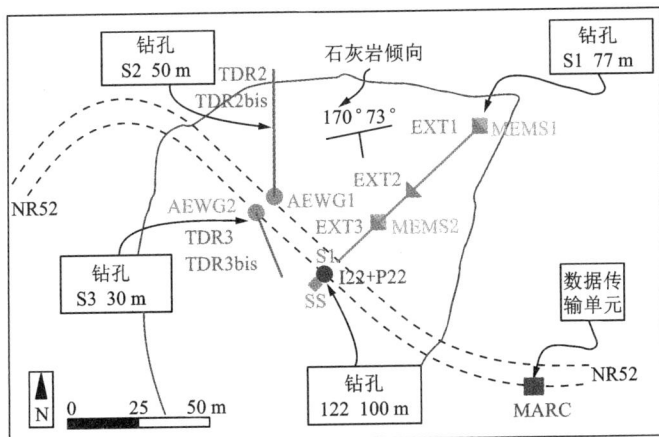

图 9-16　监控系统布局的平面视图

穿过石灰岩与白云岩基岩之间的接触带，S3 钻孔穿过位于隧道与边坡外壁之间的石灰岩层。引伸计（EXT）、TRD 电缆和波导杆（AEWG）都在钻孔中，并使用水泥和细砂浆液混合物进行灌浆。与此同时，一个地震台站（SS）位于测斜钻孔（I22）附近，传感器（MarkL-4C1.0 Hz 地震仪）的采样频率设置为 200 Hz，用于测量石灰岩岩体内由岩石崩落和变形产生的微震动，是区域地震监测台网的一部分。

　　声发射监测的一个关键因素是高监测频率（即 20~30 kHz），使用滤波器将声发射监测聚焦在这一高频范围内，以消除由风、交通、人类和建筑活动等产生的环境噪声。然而，这些相对较高的频率在土体和裂隙岩体中衰减较快，这就是波导通常被用于边坡监测中的原因。在岩质边坡的声发射监测中，波导通常被放置在钻孔内，坡体内部产生的声发射信号可以通过波导杆传播到岩体表面（岩体变形产生的足够强度的声发射信号可以沿波导杆传播数十米至声发射传感器）。

　　声发射和地震读数每 15 min 记录一次，引伸计每 30 min 记录一次，降水量每 60 min 记录一次。实测声发射率是在每 15 min 周期内监测信号超过一个预定阈值的次数（传统上称为振铃计数 RDC），同时，对地震数据进行了分析，以产生等效措施。在监测期间，只有 EXT4 监测到了变形，该引伸计位于横跨层理面裂缝的斜坡表面，测量由几个事件组成的总变形为 3 mm。尽管典型的变形发生在峰值降雨发生后的几个小时，但每次监测到的变形事件都与降雨有关，图 9-17 为降雨量、累计声发射振铃计数和累计 EXT4 变形的时间序列。在 S2 钻孔中，所有的变形事件均未被监测到，这是因为波导 AEWG1 与坡面之间的距离较大，而钻孔 S1 中的引伸计与 EXT4 同时记录到的变形量并不大，因此说明石灰岩体没有发生太大的变形。

　　AEWG1 测得的声发射事件与降雨量之间存在较强的相关性，图 9-18 比较了某监测期间内的降雨量和声发射率。这是一个典型的响应，声发射峰值滞后于降雨量峰值 1~2 h，这种滞后被认为是降雨通过结构面流入岩体所需的时间。但目前尚不清楚实测的声发射信号是由地下水流动直接产生的，还是由岩体内孔隙水压力积累引起的应力和应变增加产生的。尽管钻孔内的引伸计没有在这些降雨事件中监测到变形，但由于声发射监测是一种比较敏感的技术，仍有可能监测到非常低的应变，且已明确有少量的声发射事件不能归因于降雨，但导致

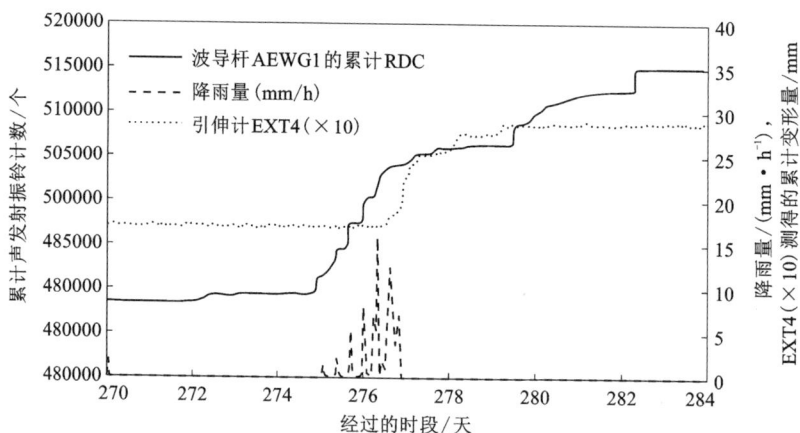

图 9-17　降雨量、累计声发射振铃计数和累计 EXT4 变形的时间序列

这些事件的机制还需日后深入探讨和研究。

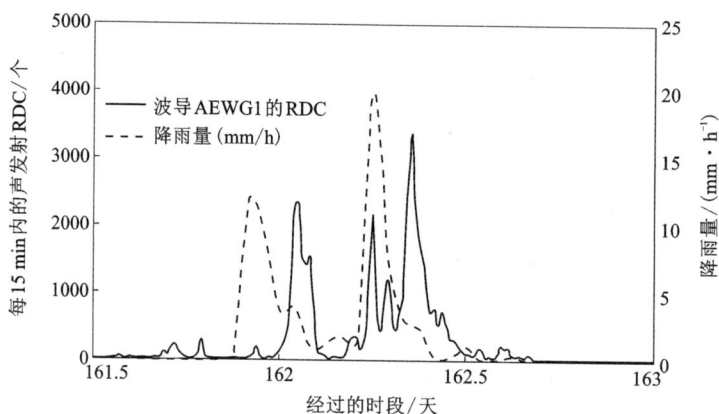

图 9-18　降雨量和声发射率的关系曲线

9.2.6　金矿的声发射监测

Yasuo Yabe 等人对南非的姆波农金矿（Mponeng gold mine）进行了声发射监测，为了避开隧道壁附近的高衰减区，在一条长为 3268 m 的水平隧道内开凿短钻孔（深度为 6~15 m），并在其中安装各种传感器，包括 8 个声发射传感器和 1 个加速度计，以定位声发射事件。传感器端面与钻孔底部或光滑侧壁通过真空润滑油耦合，在每个传感器的 30 cm 范围内安装了 30 dB 的孔内前置放大器，以确保信号的顺利传递。三轴加速度计（ISS 3A25k）由 3 个 Wilcoxon-736T 传感器组成，并被封装在不锈钢探头中，以便在钻孔中灌浆。利用加速度计观测到的波形来校准由共振引起的声发射传感器的复杂特性，声发射传感器和加速度计（声发射传感器频率范围为 1~180 kHz，加速度计频率范围为 0.05~25 kHz）观测到的波形被送入 16 通道 GMuG 声发射监测系统中，通过带通滤波并经放大后，波形以 500 kHz 的采样频率数

字化，分辨率为 16 位。当波形振幅超过每个通道设置的阈值水平时，系统将自动拾取 P 波和 S 波到时来进行震源定位。

在监测期间，离监测点很近的地方发生了一次相对较大的震级 $M_w = 1.9$ 的地震（如图 9-19 所示）。地震发生在漫长的假期中，没有工作噪声，这使得现场可以使用特定程序来分析数据。在主震发生后的前 150 h 内，已经定位到了 20000 多个声发射事件，定位良好事件的震源分布如图 9-19 所示。这些事件成团簇分布（图中的圆圈部分），簇团 T 沿水平通道延伸，代表与开挖扰动有关的损伤破坏活动；簇团 M 位于岩脉的一个岩体内，由 13000 多个事件（86% 的定位良好事件）组成，主震的震源就在这个簇团上。此外，从图 9-19 的左下子图可以看出，该余震簇群是平面的，因此，毫无疑问，这个簇团圈定了主震的破裂面，至少簇团 M 的下半部和北半部位于定位网络的一个非常可靠的区域内。但是，由于 ISS 网络的方位信息存在许多明显的不一致性，目前还无法获得主震的矩张量解。此外，声发射网络得到的主震波形在 P 波的第一个脉冲处都是饱和的，且簇团 N 位于主震断层（簇团 M）的北延部分，但分布明显与簇团 M 分离，因此，簇团 N 是否属于主震破裂面还有待进一步探索。

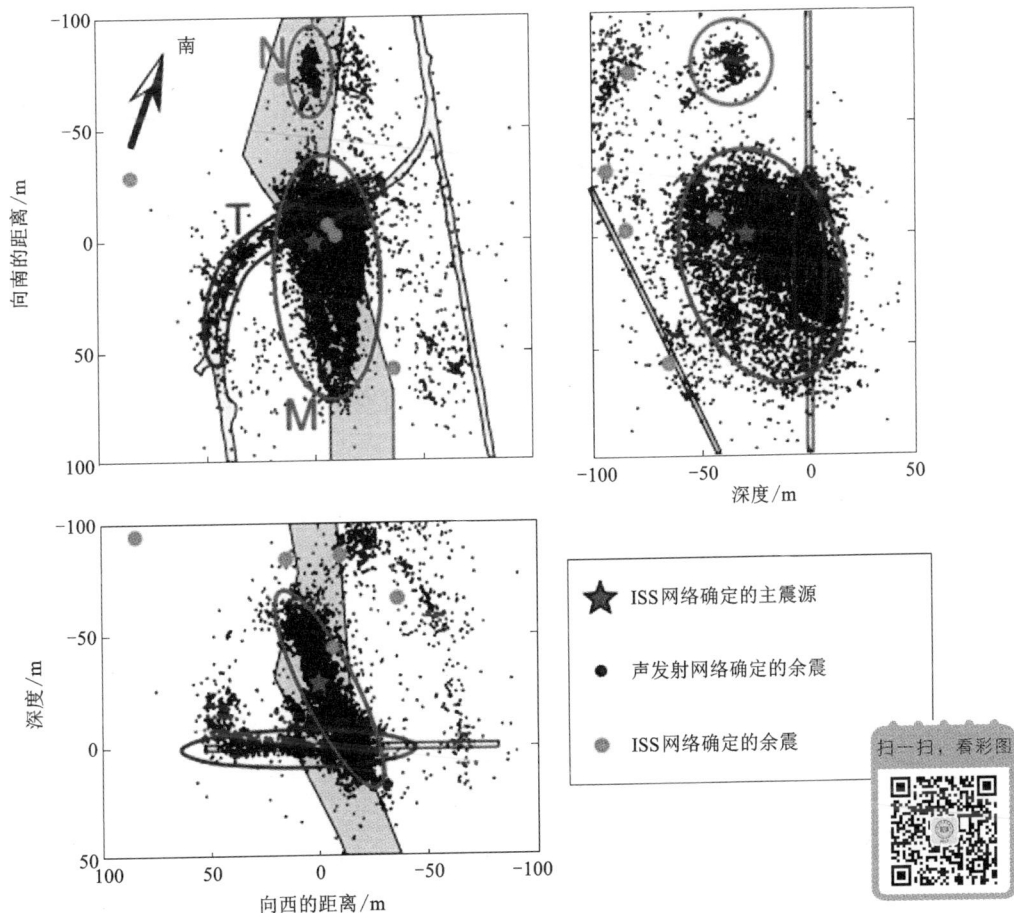

图 9-19　1.9 级矩震级地震后的前 150 h 内定位良好声发射事件（黑点）的震源分布

参考文献

［1］ 蔡美峰, 何满潮, 刘东燕. 岩石力学与工程［M］. 2 版. 北京: 科学出版社, 2013.

［2］ Kishinouye F. An experiment on the progression of fracture (A preliminary report)［J］. Journal of Acoustic Emission, 1990, 9(3): 177-180.

［3］ Obert L. The microseismic method: discovery and early history［C］//Proc 1st Conf on Acoustic Emission/Microseismic Activity in Geologic Structures and Materials. Clausthal-Zellerfeld, 1977: 11-12.

［4］ Drouillard T F, Laner F J. Acoustic emission: a bibliography with abstracts［M］. New York: IFI/Plenum, 1979.

［5］ Drouillard T F. Anecdotal history of acoustic emission from wood［J］. Journal of AE, 1990, 9(3): 155-176.

［6］ Drouillard T F. A history of acoustic emission［J］. Journal of AE, 1996, 14(1): 1-34.

［7］ Robinson G S. Methods of detecting the formation and propagation of microcracks in concrete［C］//On the Structure of Concrete and Its Behavior under Load. Cement and Concrete Association, 1968: 131-145.

［8］ Grosse C U, Ohtsu M. Acoustic Emission Testing［M］. Berlin: Springer-Verlag, 2008.

［9］ Yabe Y, Philipp J, Nakatani M, et al. Observation of numerous aftershocks of an Mw 1.9 earthquake with an AE network installed in a deep gold mine in South Africa［J］. Earth, Planets and Space, 2009, 61(10): e49-e52.

［10］ Plenkers K, Kwiatek G, Nakatani M, et al. Observation of seismic events with frequencies f > 25 kHz at Mponeng deep gold mine, South Africa［J］. Seismological Research Letters, 2010, 81(3): 467-479.

［11］ Manthei G, Philipp J, Dörner D, et al. Acoustic emission monitoring around gas-pressure loaded boreholes in rock salt［J］. Mechanical Behavior of Salt VII-Proceedings of the 7th Conference on the Mechanical Behavior of Salt, 2012: 185-192.

［12］ Philipp J, Plenkers K, Gärtner G, et al. On the potential of In-Situ Acoustic Emission (AE) technology for the monitoring of dynamic processes in salt mines.［C］//Proceedings of the Conference on Mechanical Behavior of Salt. South Dakota School of Mines and Technology. Mechanical Behavior of Salt VIII. Rapid City, SD, USA: CRC Press/Balkema, 2015: 89-98.

［13］ Zang A, Stephansson O, Stenberg L, et al. Hydraulic fracture monitoring in hard rock at 410 m depth with an advanced fluid-injection protocol and extensive sensor array［J］. Geophysical Journal International, 2017, 208: 790-813.

［14］ Pisconti A, Plenkers K, Philipp J, et al. Mapping lithological boundaries in mines with array seismology and in situ acoustic emission monitoring［J］. Geophysical Journal International, 2020, 220(1): 59-70.

［15］ Young R P, Martin C. Potential role of acoustic emission/microseismicity investigations in the site characterization and performance monitoring of nuclear waste repositories［C］//International Journal of Rock Mechanics and Mining Sciences & Geomechanics Abstracts. Elsevier. 1993: 797-803.

［16］ Cai M, Kaiser P K, Martin C D. A tensile model for the interpretation of microseismic events near underground openings［J］. Pure Appl Geophys, 1998, 153: 67-92.

［17］ Spies T, Hesser J, Eisenblätter J, et al. Monitoring of the rockmass in the final repository Morsleben: Experiences with acoustic emission measurements and conclusions［C］//Proc DisTec. Berlin. 2004: 303-311.

[18] Spies T, Hesser J, Eisenblätter J, et al. Measurements of acoustic emission during backfilling of large excavations[C]//Proc 6th Symp Rockbursts and Seismicity in Mines (RaSiM 6). Australian Centre for Geomechanics. Australia. 2005: 379–383.

[19] Manthei G, Eisenblätter J, Dahm T. Moment tensor evaluation of acoustic emission sources in salt rock [J]. Construction Building Materials, 2001, 15(5–6): 297–309.

[20] Manthei G, Eisenblätter J, Kamlot P. Stress measurements in salt mines using a special hydraulic fracturing borehole tool[C]//Proc Int Symp on geotechnical measurements and modelling. Karlsruhe. Germany. 2003: 355–360.

[21] Dixon N, Spriggs M, Marcato G, et al. Landslide hazard evaluation by means of several monitoring techniques, including an acoustic emission sensor[M]. CRC Press, 2012.

[22] Cete A. Seismic source location in the ruhr district [C]//Proceedings First Conference on Acoustic Emission/Microseismic Activity in Geologic, Pennsylvania State University. Clausthal, Germany. 1977: 231–242.

[23] Ahorner L, Sobisch H G. Ein untertägiges Überwachungssystem im kalibergwerk Hattorf zur langzeiterfassung von seismischen ereignissen im Werra-Kaligebiet[J]. Kali und Steinsalz, 1988, 10(2): 38–49.

[24] McGarr A, Bicknell J. Estimation of the near-fault ground motion of mining-induced tremors from locally recorded seismograms in South Africa[J]. Rockbursts and Seismicity in Mines, Editor Fairhurst, Balkema, Rotterdam, 1990: 245–248.

[25] Talebi S, Mottahed P, Pritchard C J. Monitoring seismicity in some mining camps of Ontario and Quebec [C]//Rockbursts and Seismicity in Mines. 1997: 117–120.

[26] Mutke G, Stec K. Seismicity in the upper Silesian Coal Basin, Poland: strong regional seismic events[C]// Rockbursts and seismicity in mines. 1997: 213–217.

[27] Hente B, Quijano A, Dürr K. Microseismic observations in a salt mine with reference to the mine survey results [C]//Proc 4th Conf on Acoustic Emission/Microseismic Activity in Geologic Structures and Materials. Trans Tech Publications. Clausthal-Zellerfeld. 1989: 171–179.

[28] Will M. Seismoacoustic activity and mining operations[C]//Proc 2nd Conf on Acoustic Emission/Microseismic Activity in Geologic Structures and Materials. Trans Tech Publications. Clausthal-Zellerfeld. 1980: 191–209.

[29] Albright J N, Pearson C F. Acoustic emission as a tool for hydraulic fracturing location: experience at the fenton hill hot dry rock site[J]. Soc Pet Eng J, 1982, 5: 23–530.

[30] Trifu C I, Shumila V, Urbancic T I. Space-time analysis of microseismicity and its potential for estimating seismic hazard in mines[C]//Rockbursts and seismicity in mines. 1997: 295–298.

[31] Scott D F, Williams T J, Friedel M. Investigation of a Rockburst site[C]//4th International Symposium Rockbursts and Seismicity in Mines. Krakow. 1997: 311–315.

[32] Phillips W S, Rutledge J T, House L S, et al. Induced microearthquake patterns in hydrocarbon and geothermal reservoirs: six case studies[J]. Pure Appl Geophys, 2002, 159: 345–369.

[33] Martin C D, Young R P. The effect of excavation-induced seismicity on the strength of Lac du Bonnet granite [C]//Proc 3rd Symp Rockbursts and Seismicity in Mines (RaSiM 3). Balkema, Rotterdam. 1993: 367–371.

[34] Yaramanci U. Hochfrequenz-Mikroseismizität im Steinsalz der Asse um den 945−m−Bereich [M]. GSF-Forschungszentrum für Umwelt und Gesundheit, 1991.

[35] Ohtsu M. Simplified moment tensor analysis and unified decomposition of acoustic emission source: application

▶183

to in situ hydrofracturing test [J]. Journal of Geophysical Research: Solid Earth, 1991, 96(B4): 6211-6221.

[36] Niitsuma H, Nagano K, Hisamatsu K. Analysis of acoustic emission from hydraulically induced tensile fracture of rock[J]. Journal of acoustic emission, 1993, 11(4): S1-S18.

[37] Eisenblätter J, Manthei G, Meister D. Monitorindg of micro-crack formation around galleries in salt rock [J]. Series on Rock and Soil Mechanics, 1998: 227-243.

[38] Manthei G, Eisenblätter J, Salzer K. Acoustic emission studies on thermally and mechanically induced cracking in salt rock[J]. Series on Rock and Soil Mechanics, 1998: 245-267.

[39] Young R P, Collins D S. Seismic studies of rock fracture at the Underground Research Laboratory, Canada [J]. International Journal of Rock Mechanics and Mining Sciences, 2001, 38(6): 787-799.

[40] Liu X L, Li X B, Gong F Q, et al. Safety problem of cavity under open pit bench[J]. Archives of Mining Sciences, 2015, 60(2): 613-628.

[41] Liu X L, Luo K B, Li X B, et al. Cap rock blast caving of cavity under open pit bench[J]. Transactions of Nonferrous Metal Society of China, 2017(27): 648-655.

[42] 刘希灵. 基于激光三维探测的空区稳定性分析及安全预警的研究[D]. 长沙: 中南大学, 2008.